팀 플래너리 박사님이 들려주는

신기한 동물 이야기

동물 세계 대탐험

팀 플래너리 글
샘 콜드웰 그림
최현경 옮김
박시룡 감수

글쓴이 팀 플래너리

오스트레일리아의 탐험가, 고생물학자, 포유류학자, 대중 과학 저술가이자 기후 위기 전문가입니다. 오스트레일리아박물관 전문 학예사로 일하면서 사람의 발길이 잘 닿지 않는 곳에 탐험을 떠나 30종 넘는 새 포유류 종을 찾아내고 공룡 화석과 포유류 화석을 발견하기도 했습니다. 사우스오스트레일리아박물관 관장과 매쿼리대학교 교수 등을 역임하였고, 오스트레일리아 기후 위원회를 이끌면서 기후 위기를 해결하기 위한 전문적 조언과 강연, 저술, 방송 출연 등 다양한 활동을 펼치기도 했습니다. 지은 책으로 《자연의 빈자리: 지난 5백 년간 지구에서 사라진 동물들》, 《경이로운 생명》, 《기후 창조자》, 《지구 온난화 이야기》 들이 있습니다.

그린이 샘 콜드웰

영국의 일러스트레이터이자 디자이너입니다. 에든버러 미술대학에서 회화를 공부한 뒤 《바닷속으로》, 《우지와 친구들》, 《고대 세계 이야기》를 비롯한 여러 어린이책에 그림을 그렸습니다.

옮긴이 최현경

서울대학교 아동가족학과를 졸업하고 오랫동안 출판사에서 어린이책을 만들어 왔습니다. 지금은 좋은 어린이책을 기획하고 우리말로 옮기는 일에 힘쓰고 있습니다. 그동안 옮긴 책으로 《바나나 껍질만 쓰면 괜찮아》, 《쿠키 한 입의 행복 수업》, 《별숲 세계 시민 학교》, 〈고양이 소녀 키티〉 시리즈 들이 있습니다.

감수 박시룡

한국교원대학교 명예교수로, 황새생태연구원장을 지내며 오랫동안 황새 살리기에 힘써 왔습니다. 어린이와 어른을 위한 다양한 동물 관련 책의 집필과 감수와 번역을 맡았으며, 《박시룡 교수의 끝나지 않은 생명 이야기》, 《황새가 있는 풍경》에는 직접 그린 수채화가 실리기도 했습니다. KBS '동물의 왕국' 감수 교수로도 활약하고 있습니다.

팀 플래너리 박사님이 들려주는

신기한 동물 이야기

동물 세계 대탐험

팀 플래너리 글
샘 콜드웰 그림
최현경 옮김
박시룡 감수

별숲

들어가며
—
6

기본 개념
—
10

물에 사는 동물
—
14

하늘을 나는 동물
—
78

일러두기
- 이 책의 동물명은 국립국어원 표준국어대사전과 두산백과의 표제어를 기준으로 표기하되, 정착되지 않은 이름은 통상적인 이름 짓기 방식에 따라 붙였습니다.

- 기존에 '난쟁이' 같은 비하어가 들어간 이름은 새로운 이름으로 바꾸었습니다.

숲에 사는 동물
124

사막과 초원에 사는 동물
180

낱말 사전
244

찾아보기
248

들어가며

반가워요, 여러분. 나는 오스트레일리아의 동물학자이자 탐험가인 팀 플래너리입니다. 나는 아주 어린 시절부터 동물과 화석에 관심이 많았어요. 가장 오래된 기억 중 하나가 네 살 때 일인데, 이웃집이 불타고 남은 자리에 생긴 빈터에서 놀다가 녹은 유리 덩어리를 하나 주웠어요. 나는 그게 틀림없이 공룡 뇌 화석인 줄 알았답니다! 어렸을 때 가장 좋아한 일은 바닷가 바위 틈에 고인 물웅덩이를 헤집고 다니다 말미잘을 찾으면 손가락을 푹 찔러 넣는 거였어요. 그러면 내 손가락을 안으로 쭉 빨아 당기는 힘이 느껴졌어요. 말미잘은 곧 내 손을 먹을 수 없다는 걸 깨닫고 놓아주곤 했지요.

나는 오스트레일리아 빅토리아주에 있는 바닷가 도시 멜버른의 교외 지역에서 자랐어요. 집 근처에서는 멋진 동식물을 볼 일이 별로 많지 않았어요. 그런데 여덟 살 때 썰물로 물이 빠져나간 모래톱을 거닐다 특이하게 생긴 돌멩이를 하나 주웠어요. 무슨 흔적이 나 있어서 뭔가 특별한 돌멩이일지도 모른다는 생각이 들었지요. 돌멩이를 동네 도서관에 가져갔더니 사서 선생님이 박물관에 가져가 보라고 했어요.

박물관 입구는 으리으리했어요. 대문은 티라노사우루스만큼이나 커다랬지요! 문을 열고 들어가니 드넓은 공간에 온갖 박제된 생물이 가득 전시되어 있었어요. *오싹오싹!*

전시장 구석에 있는 작은 문에 '관람 문의'라고 적혀 있었어요. 문을 두드렸더니 박물관 경비원이 나와서 뭘 도와줄까 물었지요. 아저씨에게 이상한 돌멩이를 보여 주었더니 어디론가 가 버렸어요. 조금 뒤에 하얀 가운을 입은 아저씨가 나타나서 따라오라고 했어요. 아저씨와 나는 어마어마하게 넓은 계단을 걸어 올라가, 또 다른 거대한 문을 지나서, 어두침침한 복도로 들어갔어요. 어두운 가운데서도 바닥에 놓인 석관 속 이집트 미라와 무지무지 커다란 뼈들을 알아볼 수 있었지요. 모퉁이를 돌아서니 기다란 공간이 나왔고, 잿빛 철제 보관장이 빽빽하게 들어차 있었어요. 흰 가운을 입은 아저씨가 보관장 하나를 열고 서랍을 잡아당겼어요. 거기서 내 거랑 똑같은 돌멩이를 꺼내어 보여 주었지요. "로베니아 포베시란

다. 멸종된 성게의 화석이지. 우리 집 근처에 있는 돌멩이 중에도 꽤 많이 섞여 있어." 아저씨가 알기로는 1천만 년쯤 된 화석이라고 했어요. 나는 놀라서 할 말을 잃었어요. 아저씨가 다시 물었어요. "공룡에 관심 있니?"

그냥 관심 있는 정도가 아니라, 공룡에 완전히 푹 빠져 있었지요.

아저씨는 성게 화석을 도로 집어넣고 서랍을 닫은 다음 다른 서랍을 열었어요. "손 내밀어 보렴." 그러면서 이상하게 뾰족 튀어나온 돌멩이 하나를 건넸어요. "이건 케이프패터슨 발톱이야. 공룡 발에 달려 있던 발톱이지. 우리 빅토리아주에서 발견된 유일한 공룡 뼈란다."
두 손에 케이프패터슨 발톱을 받아 들고는 너무 흥분해서 말도 나오지 않았어요! 그날 처음으로 화석이라는 존재를 만나면서 나는 완전히 새로운 세상에 눈떴어요. 화석을 통해 놀라운 생물의 세계로 상상 여행을 떠날 수 있다는 걸 알게 되었지요. 시간이 흐르고 흘러, 나는 처음 성게 화석을 찾았던 바다 가까이에서 스노클링과 스쿠버 다이빙을 배웠어요. 물속에 화석이 박힌 암초가 드러나 있었는데, 거기서 또 신기한 화석을 발견했지요. 아마 어느 겨울 오후였을 거예요. 물이 얼어붙을 듯 차갑고 맑았는데, 내 키만큼이나 기다란 고래 턱뼈 화석이 바닥에 놓여 있었지요. 또 어느 날인가는 얕은 물속에서 고대 상어 메갈로돈

의 이빨을 보았고요. 나는 상상 속에서 거대한 상어와 고래로 가득 찬 먼 옛날의 포트필립만을 헤엄쳤어요.
박물관에서 만난 흰 가운 입은 아저씨가 누구였는지는 결국 알아내지 못했어요. 아저씨가 내 안에 어떤 열정을 불붙였는지 결코 알지 못했겠지요! 나는 좀 더 자란 다음에 박물관에서 자원봉사를 시작했어요. 화석을 깨끗이 다듬고 목록을 만드는 일이었지요. 멸종된 동물 뼈를 진짜로 만져 보고 뼈를 감싼 돌을 조금씩 깎아 내는 일은 아주 멋진 경험이었어요. 뼈를 깨끗이 손질하는 동안, 그 뼈가 세상으로 드러난 모습을 처음 본 사람이 바로 나라는 것도 새삼스럽게 깨달았지요. 뼈가 발견된 곳이 보고 싶어서 사촌이랑 함께 멜버른에서 150km쯤 떨어진 케이프패터슨을 찾아가기도 했어요. 바로 케이프패터슨 발톱이 발견된 곳이지요.

> 우리는 거기서 공룡들이 묻힌 공동묘지를 발견했어요!

공룡 뼈들은 무르고 비바람에 깎여 나가서 쉽게 찾을 수 없었고, 그저 단면만 볼 수 있었지요. 공룡이 살던 시절, 빅토리아주는 남극 가까이 있었어요. 유명한 오스트레일리아 고생물학자 톰 리치 박사는 평생을 공룡 뼈를 찾아 바위를 헤집고 다녔는데, 그의 연구를 통해 눈이 크고 깃털 달린 공룡이 살던 신비로운 세계가 드러났어요. 얼어붙을 듯 추운 환경에서도 번성했던 거예요.

나는 고생물학자, 즉 화석을 연구하는 학자로 과학자 생활을 시작했어요. 멜버른 주변 바다에서 화석을 찾으면서 오늘날의 바다 생물도 탐구했지요. 퉁소상어는 해마다 남극해의 깊은 바다를 떠나 얕은 바다로 번식하러 가곤 해요. 60cm밖에 되지 않는 은빛 몸에 코가 이상한 모양으로 튀어나와 있는데, 공룡 시대 이후로 생김새가 별로 달라지지 않았어요. 이따금 엄청난 수의 어린 물고기 떼가 몰려오면, 나는 그 사이를 헤엄치면서 창꼬치나 작은 상어가 이들을 잡아먹으려 애쓰는 모습을 지켜보기도 했어요.

경험이 쌓이면서 점점 더 먼 곳으로 나아갔어요. 오스트레일리아의 사막이나 대보초에서 물저장개구리, 붉은캥거루, 화려한 모습을 뽐내는 산호들을 만났지요. 26살에는 캥거루의 진화를 연구하고, 파푸아뉴기니 탐사에 함께하기도 했어요. 동부에 있는 3,000m 넘는 산에 올라가서는 거의 1m나 되는 쥐와 그보다 별로 크지 않은 왈라비를 만났어요. 둘 다 학계에 처음 보고되는 동물이었지요.

나는 마침내 포유류를 전문으로 연구하는 동물학자가 되었어요. 그리고 20년 동안 시드니에 있는 자연사 박물관인 오스트레일리아 박물관에서 포유류 전시 전문 학예사로 일했지요. 그러는 동안 인도네시아 동부와 피지 사이에 있는 거의 모든 섬을 방문하면서 유대류, 설치류, 박쥐류에 속하는 새로운 종의 동물들을 발견했어요. 박물관을 떠날 때까지 오스트레일리아 북쪽에 있는 여러 섬으로 26번의 탐사 여행을 떠났고, 30가지 새로운 포유동물을 발견했어요. 그중 나무타기캥거루 4종은 뉴기니의 토박이 포유류 중에서 가장 큰 편에 속했지요. 그러면서 뉴기니의 거대한 유대류 7종 가운데 6종에 이름을 붙여 주기도 했어요. 커다란 왈라비, 또는 판다 크기의 웜뱃처럼 생긴 동물이었는데, 인간이 45,000년 전쯤 이 섬에 도착할 때까지 살았던 동물들이지요.

그 뒤로 내가 발견한 동물들을 좀 더 제대로 이해하고 싶어서, 미국과 유럽으로 가서 박물관 소장품을 연구했어요. 미국 자연사 박물관에서는 오스트레일리아에서 거기까지 가서 연구하는 것이 돈도 많이 들고 힘든 일이라는 걸 잘 이해하고, 24시간 언제든 출입할 수 있도록 배려해 주었지요. 한밤중에 박물관에 머무르는 일은 정말 멋진 경험이었어요. 조금은 으스스하기도 했고요!

그러다 점점 기후 변화에 관심이 생겼고, 오스트레일리아 연방 정부에서 만든 기후 위원회 의장이 되었어요. 나는 나 자신을 진화 생태학자라고 소개하곤 해요. 진화가 이루어지면서 생태계가 어떻게 변화하는지에 관심이 많거든요. 예를 들어 오스트레일리아는 수천 년 전에 거대한 유대류의 본고장이었어요. 이들이 식물을 엄청나게 먹어 치우는 바람에 이 지역의 식물 생태계가 달라졌고, 그 결과 자연 상태에서 불이 나는 경우가 줄어들었어요. 불길이 집어삼킬 식물까지 유대류가 다 먹어 치운 거예요.

진화 생태학자의 눈으로 자연을 바라보면 놀라운 사실을 많이 깨닫게 될 거예요. 오스트레일리아에는 잎을 보호하기 위해 가시를 만들어 내는 나무가 있는데, 수천 년 전에 멸종한 거대한 유대류에게 먹히지 않으려고 만든 가시가 여전히 남아 있는 거예요. 조그만 줄무늬개구리도 그 조상은

---

*Frog ID: 시민들이 녹음해서 보낸 개구리 울음소리를 분석해서 개구리의 분포나 생태를 연구하는 프로젝트

1억 년 전 아프리카에 살다가, 지금은 사라진 초대륙 곤드와나를 폴짝폴짝 뛰어서 건너왔다는 걸 생각하면 정말 대단해 보이죠. 여러분도 진화 생태학자처럼 생각하면 이 세상이 좀 더 특별하고 놀라운 곳으로 보일 거예요.

여러분이 동물과 자연에 관심이 많다면, 어른이 될 때까지 기다렸다가 연구를 시작할 필요는 없어요. 지금 당장 시도할 수 있는 여러 가지 방법을 찾아보세요. 박물관이나 고고학 발굴지에 자원봉사자로 참여하거나, 오스트레일리아 박물관의 'Frog ID' 같은 시민 과학 프로그램에 참여할 수도 있어요. 아니면 집 가까이 있는 강가와 바닷가의 물웅덩이나 연못에 사는 동식물부터 조사해 볼 수도 있고요. 스스로 연구해 보기로 마음먹었다면, 연구 결과를 성실하게 기록해서 박물관이나 대학의 전문가에게 보내 확인받을 수도 있어요.

여러분은 아마 사람들이 이미 세상 모든 곳을 충분히 탐험하고 조사했다고 생각할지도 몰라요. 하지만 그렇지 않아요. 아직도 세계 곳곳에 수많은 동물과 여러 생물이 발견되지 않은 채 남아 있답니다. 깊은 바다에 얼마나 다양한 생물이 사는지는 그저 겉으로만 살짝 맛본 수준이지요.

집 밖으로 나가면 넓디넓은 자연이 펼쳐져 있어요. 무얼 탐구할지 마음만 먹으면 되지요.

바닷가에서 이것저것 주워 보는 일은 정말 재미있어요. 파도를 따라 얼마나 신기한 것들이 휩쓸려 오는지 잠깐만 봐서는 알 수 없어요. 물웅덩이, 개울, 연못, 강가에도 온갖 생명이 가득 차 있어요. 단, 이런 곳을 조사할 때는 반드시 안전한지 확인해야 해요! 집 가까이에 강이나 바다가 없다면 공원이나 뒷산, 뒤뜰에서 연구해 보세요. 땅속과 풀숲에는 새와 곤충 같은 여러 생물이 한가득 살고 있지요. 박물관과 아쿠아리움은 자연에 관해 배우기 가장 좋은 곳이에요. 동물원이나 야생보호 구역, 또는 넓은 공원도 동물과 어울리기에 좋은 장소랍니다.

화석에 관심이 많다면 만나는 돌멩이마다 주의 깊게 관찰하세요. 건물을 짓는 데 쓰인 돌에도 종종 화석이 박혀 있기도 하지요. 신기한 모양으로 된 돌멩이가 끼어들어 있는지 잘 살펴보세요. 채석장에서 기계로 잘려 나간 먼 옛날 조개 화석일 수도 있으니까요. 만약 무언가 발견하면, 사진을 찍거나 직접 주워 들고 가까운 자연사 박물관이나 과학관에 가져가 보세요. 가져가도 괜찮은 물건인지, 박물관에서 그 정체를 확인해 주는 제도가 있는지 먼저 잘 알아보아야겠지요.

> 나는 아주 어렸을 때, 지구상에서 가장 신기한 생물에 관해 알려 주는 재미난 책이 있으면 좋겠다고 종종 생각했어요. 그런 생각을 담아서 여러분을 위해 이 책을 만들었어요. 이 책을 읽는 일 자체가 위대한 모험이 되기를, 그리고 여러분이 이 책을 읽으면서 우리를 둘러싼 이 놀랍고 신비로운 세계를 더 많이 탐구하고 싶기를 바랍니다.
>
>  *Tim Flannery*

기본 개념

지구 온난화와 기후 변화

사람들이 대기 중에 내뿜는 오염 물질 때문에 지구 전체의 날씨가 달라지고 있어요. 석탄, 석유, 천연가스 같은 화석 연료를 태우면 이산화탄소를 비롯한 온실가스가 나와서 땅과 바다, 대기의 온도가 올라가지요. 여러분이 추운 나라에 산다면 날이 따뜻해져서 잘됐다고 여길 수도 있어요. 하지만 온난화로 생기는 변화는 모든 생물에게 해로워요. 예를 들어 어떤 곳에서는 온도가 올라가면 물을 구하기가 더 어려워져요. 따뜻한 바다에 사는 생물은 먹이와 산소를 얻기가 점점 힘들어지고요. 바닷물 높이가 올라가고 비가 더 많이 오고 대기 온도가 높아지면서 여러 동식물의 서식지가 사라져 가고 있어요. 그러면서 멸종하거나 멸종 위기에 놓인 생물 종이 아주 많아요.

슬픈 일이야.

진화

'진화'는 동물과 식물이 여러 세대를 거치며 어떻게 변해 왔는지 설명하는 단어예요. 어떤 생물의 각 세대는 서로 조금씩 다른 특징을 지닌 개체*들로 이루어져 있어요. 어떤 개체는 다른 개체보다 더 크거나 색이 밝을 수도 있지요. 그런데 자연 상태에서는 너무 많은 동식물이 태어나므로, 환경에 잘 적응하는 개체가 좀 더 살아남기 쉬워요. 따라서 더 크고 색이 밝은 동식물이 해당 환경에서 살아남는 데 유리하다면, 뒤를 잇는 세대는 크고 색이 밝은 개체들로 이루어지겠죠. 이런 식으로 여러 세대를 거치면서 '자연 선택'에 따라 생겨난 변화가 매우 크면 아예 새로운 종이 탄생하기도 해요.

* 개체: 낱낱의 독립된 생물

서식지

땅과 바다와 하늘까지, 온갖 동식물이 살아가는 곳을 '서식지'라고 해요. 세계 곳곳에는 아주 다양한 서식지가 있어요. 사막은 바싹 마른 서식지고, 툰드라(동토)는 몹시 추운 서식지예요. 열대 우림은 겨울과 여름 사이 온도차가 적어서 매우 안정된 서식지고요. 동물과 식물은 진화하면서 저마다 특정 서식지에 잘 적응해서 살아남았어요. 이 책에서는 서식지를 물, 하늘, 숲, 사막/초원이라는 네 가지 큰 갈래로 나누었어요. 이 네 가지 서식지 안에도 일일이 다 적기 어려울 만큼 다양한 서식지가 있답니다.

화석

화석은 과거에 살았던 동식물의 몸 일부나 흔적이 오늘날까지 남아 있는 거예요. 사람이나 어떤 생물이 화석이 될 확률은 아주 낮아요. 아마 10억분의 1쯤일걸요! 화석이 만들어지려면 맨 먼저 동식물이 모래나 진흙 같은 퇴적물에 묻혀야 해요. 여러 가지 조건이 맞으면 수천 년에 걸쳐 퇴적물이 암석으로 변하는 동안 동식물의 잔해가 함께 '석화'해서 화석이 되지요. 또는 퇴적물에 남은 발자국 같은 흔적이 화석이 되기도 하고요.

일반명과 학명

동물과 식물은 일반명과 학명이라는 두 가지 이름이 있어요. 일반명은 우리가 보통 알고 있는 이름인데, 지역마다 나라마다 서로 다른 이름이 붙지요. 예를 들면 '늑대'는 한국에서 쓰는 일반명이고, 영어로는 '울프(wolf)', 스페인어로는 '로보(lobo)', 이런 식으로 언어마다 다양한 이름이 있어요. 그런데 학명은 전 세계에 단 하나뿐이에요. 따라서 학명을 쓰면 한국어를 쓰는 과학자나 스페인어를 쓰는 과학자나 어떤 동물을 일컫는지 곧바로 이해할 수 있지요. 서로의 언어를 전혀 모르더라도 말이에요.

학명은 라틴어 알파벳으로 표기되고, '속명'과 '종명'이라는 두 부분으로 이루어져 있어요. 늑대의 학명은 '카니스 루푸스(Canis lupus)'예요. 앞부분 '카니스'는 같은 속으로 분류되는 비슷한 무리가 함께 쓰는 속명이에요. 이를테면 황금자칼의 학명은 '카니스 아우레우스(Canis aureus)'로, 늑대와 마찬가지로 '카니스'로 시작하지요. 속명과 종명이 합쳐지면 그 동물만의 고유한 이름이 되어요. 늑대의 종명인 '루푸스'는 라틴어로 늑대라는 뜻이랍니다.

멸종 위기종

과학자들은 사라질 위기에 놓인 동물을 취약종, 멸종 위기종, 절멸종 같은 등급으로 분류해요. '절멸종'이란 어떤 종에서 마지막 남은 개체 하나까지도 죽어 사라졌다는 뜻이에요. 몇 마리 남지 않아 곧 사라질 수 있는 동물은 '멸종 위기종'이라고 하고요. 또 아직 멸종 위기까지는 아니지만 얼마 지나지 않아 위기종이 될 수 있는 동물을 '취약종', '위기 근접종', '관심 필요종' 등으로 나누어 상황에 맞게 보호하려는 노력을 기울이고 있어요.

동물 분류

동물과 식물은 진화에 따라 분류되어 있어요. 이를테면 동물은 크게 등뼈가 있는 척추동물과 등뼈가 없는 무척추동물로 나뉘어요. 어떤 동식물이 어떤 무리에 속하는지는 겉보기로만은 가릴 수 없어요. 가끔은 생김새 때문에 헷갈릴 수도 있지요! 매는 비슷하게 생긴 독수리나 솔개와는 전혀 가깝지 않고, 별로 닮지 않은 앵무새와 오히려 더 가까워요. 앵무새와 매는 함께 '아우스트로아베스'라는 무리로 분류되지요. 이 말은 '남쪽의 새'라는 뜻인데, 둘 다 남반구에서 유래했기 때문이에요.

자연 보호

자연 보호란 모든 동물과 식물을 보살핀다는 말이에요. 누구나 여러 가지 방법으로 자연을 보호할 수 있어요. 정부는 국립 공원을 지정하고 쓰레기나 오염 물질을 함부로 버리는 사람과 기업에 벌금을 매기는 등 여러 가지 법과 제도로 자연을 보호해요. 과학자들은 다양한 생물 종을 어떻게 도울 수 있을지 연구하여 자연 보호에 중요한 역할을 해요. 여러분도 자연 보호에 함께할 수 있지요. 주변에 토종 나무를 심어 온갖 새가 날아들게 하거나, 산과 강가에 있는 쓰레기를 줍는 것도 좋은 방법이에요.

물에 사는 동물

해파리 16

피라냐 22

개구리와 두꺼비 24

고래 28

돌고래 34

상어 40

수달 46

복어 50

게 52

해마 56

악어 60

오리너구리 64

거북 68

문어 72

해파리

여러분은 아마도 바닷가에서 파도에 떠밀려 온 해파리를 본 적이 있을 거예요. 운 좋게도 물속에서 우아하게 떠다니는 모습을 보았을 수도 있고요. 해파리는 눈부시게 아름답기도 하고 미끌미끌 괴상하게 생기기도 했어요. 겉모습뿐만 아니라 하는 행동도 정말 특이하고요. 콧물이나 달걀프라이나 호두처럼 생긴 해파리, 죽었다 살아나는 **좀비해파리**처럼 신기한 해파리 이야기를 만나 보세요!

세상에는 여러분의 상상을 뛰어넘는 다양한 해파리가 있어요!

해파리는 어디서 볼 수 있을까?

여러분이 전 세계의 어느 곳에 살든 상관없어요. 바닷가에 갈 수만 있다면 어디서든 해파리를 만날 기회가 있답니다.

이름이 안성맞춤!

해파리는 영어로 '젤리피시(jellyfish)'라고 해요. '젤리 물고기'라는 뜻인데, 젤리처럼 투명하고 말랑말랑하게 생기긴 했지만 사실 물고기(어류)하고는 거리가 멀어요. 말미잘이나 산호 같은 동물과 좀 더 가깝지요. 해파리는 이 동물들과 함께 '자포동물'에 속해요. 독이나 가시를 톡 쏘아서 몸을 지키는 동물들이지요. 해파리 가운데는 신기한 모습을 뽐내는 다양한 종이 있어요. 각 특징에 딱 들어맞는 재미난 이름도 붙어 있지요.

▶ **콜리플라워해파리**는 커다랗고 덩이진 촉수가 꼭 탐스러운 콜리플라워 꽃봉오리처럼 생겼어요.

▶ **콧물해파리**는 물속에 있을 때는 평범한 해파리처럼 보여요. 하지만 모래톱에 쓸려 와서 몸 전체가 한 덩어리로 흐물흐물 녹아 있는 모습은 정말 지저분하게 생겼어요. 끈적끈적한 콧물이 커다란 웅덩이를 이룬 것처럼 보이거든요.

▶ **달걀프라이해파리**는 흰자처럼 생긴 반투명 원반 한가운데에 노른자 같은 금빛 혹이 불룩 솟아 있어요. 질감도 달걀이랑 정말 비슷해요. 젤리처럼 투명하면서 살짝 고무 같은 느낌이 나지요.

▶ **꽃모자해파리**는 모자처럼 생긴 갓 부분에 알록달록 여러 색과 모양으로 된 장식이 달려 있어요.

신기해!

땅콩부터 피아노까지

크기도 가지각색

▶ 지구상에서 가장 작은 해파리인 **이루칸지해파리**는 1cm밖에 되지 않아요. 땅콩 한 알만 한 크기지요.

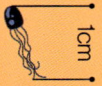

▶ **사자갈기해파리**는 지구상에서 가장 큰 해파리로, 무게가 거의 1,000kg이나 돼요. 그랜드피아노 두 대와 비슷한 무게지요. 사자의 텁수룩한 갈기처럼 생긴 두툼한 촉수 덩어리가 있어서 이런 이름이 붙었답니다.

오랜 옛날에 해파리는…

해파리 화석은 가장 오래된 동물 화석 가운데 하나예요. 약 5억 5천만 년 전에 여러 가지 해양 동물이 나타났는데, 아마도 해파리는 그 전부터 드넓은 바다를 맘껏 누볐을 거예요. 하지만 다른 수많은 생물 종과 함께 바다를 나누어 쓰게 되었어도 해파리는 별로 신경 쓰지 않는 듯해요. 여전히 놀라운 속도로 개체 수가 늘면서 널리 퍼져 나가고 있지요.

초대형 해파리가 온다

고깔해파리와 **관해파리**는 보통 해파리처럼 보일지 모르지만, 둘 다 사실은 여러 개체가 뭉쳐서 이루어져 있어요. 마치 아이들 여럿이 인간 탑 쌓기를 한 다음, 트렌치코트 한 벌을 입고 서서 커다란 어른 한 명처럼 보이게 하는 만화 속 장면 같다고나 할까요. 이런 경우를 '군체'를 이룬다고 하는데, 해파리 수백 마리가 한 마리처럼 함께 움직이지요. 군체를 이루는 낱낱의 '개충'은 먹이를 잡고, 소화하고, 천적에 잡아먹히지 않도록 보호하는 등 저마다 맡은 일이 달라요. 이 초대형 해파리들은 전체 길이가 45m도 넘어요. 테니스장 너비의 두 배쯤 되지요.

밀착 취재 감투해파리

감투해파리는 영어 이름이 '바다 호두(sea walnut)'예요. 동물 이름처럼 들리진 않겠지만, 생김새를 보면 딱 어울리는 이름이에요. 자그마한 몸 표면에 울퉁불퉁 혹이 나 있어서 호두랑 진짜 닮았거든요! 한국에서는 옛날에 남자 어른들이 머리에 썼던 감투처럼 생겼다고 해서 감투해파리라는 이름이 붙었지요.

감투해파리는 태어난 지 13일 만에 알을 낳기 시작해서 곧 날마다 1만 개씩 알을 낳아요. 알을 낳느라 무척 바쁘겠지만, 어떻게든 규칙적으로 시간을 내어 먹이를 먹는답니다. 감투해파리는 식성이 엄청나게 좋거든요. 날마다 자기 몸무게의 10배가 넘는 먹이를 먹어 치우지요. 그래서 하루 만에 몸집이 2배가 되기도 해요. 먹은 게 어디로든 가야 할 테니까요.

감투해파리의 진짜 멋진 특징이 뭔지 아세요? 몸 전체를 조각조각 잘라도 별문제가 없다는 거예요. 젤리 같은 덩어리 하나하나가 점점 자라서 감투해파리가 되지요. 2~3일만 지나면 각자 알아서 제 모습을 갖추고 살아간답니다.

믿을 수 없어!

오줌 따위 필요 없어!

촉수에 무시무시한 독이 있는 해파리도 있어요. **이루칸지해파리**는 몸집이 매우 작지만 타란툴라보다 1천 배는 더 센 독을 품고 있지요. **상자해파리** 촉수는 살짝 닿기만 해도 엄청난 통증을 일으켜요. 5m짜리 촉수가 우리 몸에 닿는다면 우리는 4분, 아니면 2분밖에 살지 못해요.

해파리 독에 쏘이면 그 자리에 오줌을 누어야 통증이 가라앉는다는 얘기를 들어 본 적이 있나요? 그런데 사실은 찝찝하게 소변에 몸을 적실 필요가 전혀 없답니다. 잘못된 속설이거든요. 해파리 독에 쏘이면 곧바로 병원에 가서 의사를 만나는 게 좋아요. 다만 해파리 종류에 따라 식초를 부으면 잠시나마 통증이 가라앉는 경우도 있긴 해요.

해파리가 영원히 산다고?

어쩌면 그렇게 볼 수도 있겠군요.

해파리는 주변에 먹을거리가 드물어지는 힘든 시기가 오면 쓸 수 있는 비밀의 힘이 있어요. 바로 몸을 '수축'하는 거예요. 아주 작은 크기로 줄어들어 먹이를 적게 먹고 가까스로 살아남지요. 먹이가 풍부해지면 다시 원래 크기로 자라나고요. 그뿐 아니라 위기 상황에서 더 신기한 방법을 쓰는 해파리도 있어요!

▶ **물해파리**는 아예 몸 일부를 새로 만들기도 해요. 또 나이를 거꾸로 먹을 수도 있지요. 원하면 언제든지 새끼 해파리로 돌아가는 거예요. 사람이 그렇게 할 수 있다면 어떤 일이 벌어질까요?

▶ 말 그대로 영원히 사는 해파리도 있어요. 이 해파리는 '죽음'을 맞으면 썩기 시작해요. 여기까지는 죽은 생물 몸에 마땅히 일어나는 일이죠. 그런데 이때 이상한 일이 벌어져요. 썩어 가는 해파리의 아주 작은 몸 일부가 서로를 찾아내어 함께 뭉쳐서 새끼 해파리가 되는 거예요. 이 모든 과정은 '죽음'을 맞은 지 5일 안에 일어나요. 죽은 자를 되살리기에는 아주 짧은 기간이죠. 이 해파리 이름이 무엇인지 들어도 그렇게 놀랍진 않을걸요. 바로 **좀비해파리**랍니다. 달리 뭐라고 부르겠어요!

▶ 해파리 사전에 포기란 없어요. 죽은 뒤에도 계속 독을 쏘는 해파리가 아주 많거든요! 죽은 상태에서 누굴 겨냥해서 쏘는 것은 아니고, 촉수에 독이 가득 차 있어 건드리기만 해도 그냥 튀어나오는 거랍니다.

기후 변화의 영향

기후 변화는 지구상에 있는 거의 모든 생물에게 해를 끼치지만, 사실 해파리에게는 도움이 될 수도 있어요. 기후 변화로 바다 온도가 올라가기 때문이지요. 따뜻한 물에는 산소가 덜 들어 있어서 어떤 생물 종은 살아남기가 점점 힘들어져요. 하지만 해파리는 숨 쉴 때 산소를 다른 동물만큼 많이 쓰지 않아서 괜찮아요. 이에 따라 그 성가시고 독성이 강한 **이루칸지해파리**처럼 열대 지방에 사는 해파리들이 전 세계로 점점 더 널리 퍼져 가고 있어요.

해파리는 심지어 기후 변화를 앞당길 수도 있어요. 해파리는 탄소가 잔뜩 들어 있는 똥과 점액*을 엄청나게 내놓는데, 가장 끔찍한 문제는 세균이 이걸로 숨을 쉰다는 거예요. 물론 세균이 다 나쁜 것은 아니고 쓸모 있는 세균도 많지요. 하지만 이 특별한 세균은 이산화탄소를 엄청나게 많이 배출한답니다.

해파리는 또 대기와 바다의 이산화탄소를 흡수하는 플랑크톤 같은 것들을 마구 잡아먹어요. 플랑크톤이 사라지면 그만큼 바닷속에 이산화탄소가 늘어나겠지요. 그렇게 해서 지구 온난화를 앞당기는 거예요.

기후 변화에 관해 더 알고 싶다면, 10쪽으로 돌아가 읽어 보세요!

* 점액: 생물의 몸에서 나오는, 콧물처럼 끈적이는 액체

물에 사는 동물 • 해파리

태양열 해파리

태평양에 있는 섬나라 팔라우의 어느 작은 섬에 있는 호수에는 **황금해파리** 수백만 마리가 살아요. 호수 이름도 '해파리 호수'지요. 이 해파리들은 날마다 태양의 움직임에 따라서, 햇빛이 잘 비치는 곳을 찾아 호수 이쪽에서 저쪽으로 움직여요. 왜 그러는 걸까요? 일광욕이라도 하고 싶은 건 아닐 테고요! 이 특이한 해파리의 몸속에는 태양에서 에너지를 얻는 조류가 살고 있어요. 조류는 스스로 움직일 수 없으므로, 해파리가 태양을 따라 움직여 주는 대가로 해파리에게 먹이와 에너지를 공급해 주지요. 일종의 거래라고나 할까요.

> 영어에서는 무리(떼)를 일컫는 단어가 동물마다 서로 달라요. 각 동물의 영어 이름과 함께 동물의 특징이 재미나게 담겨 있는 무리 이름을 소개합니다.

해파리
a jellyfish

해파리 무리
a smack of jellyfish, jellyfish bloom

경보를 울려라!

경보해파리는 바다 저 깊은 곳에 살아요. 칠흑같이 어두운 곳이지요. 이곳에는 온갖 기괴한 생물이 도사리고 있어요. 이들 중 많은 생물이 캄캄한 곳에서 좀 더 편하게 살 수 있도록 몸에서 빛을 내기도 해요. 하지만 다른 발광 동물과 달리 경보해파리는 먹이를 구하려고 빛을 내는 게 아니라 잡아먹히지 않으려고 내지요. 공격을 받으면 번쩍번쩍 빙글빙글 정신없이 빛을 내뿜으며 격렬하게 움직이기 시작해요. 이 놀라운 구경거리에 이끌려 포식자*들이 더 많이 따라붙으므로, 현명한 방법은 아닌 것처럼 보여요. 포식자가 한 마리 있는 것보다 여러 마리 있는 게 훨씬 더 위험할 테니까요. 하지만 해파리에게는 다 계획이 있답니다! 새로 나타난 포식자가 원래 자기를 공격하던 동물을 뒤쫓을 가능성이 크거든요. 이때를 틈타 몰래 탈출하는 거예요.

> 똑똑한데!

* 포식자: 다른 동물을 먹이로 삼는 동물.

해파리는 어디에나 있다!

해파리는 다른 생물이 살기 힘든 곳에서도 잘 지내요. 어떤 해파리는 사람들이 물속에서 숨을 쉬려고 수중 호흡기를 쓰듯이, 둥근 갓 부분으로 산소를 흡수해서 몸에 지니고 있어요. 우리가 숨을 크게 들이마시는 것과 비슷하지요. 이렇게 해서 산소가 적은 물속에서도 오래 헤엄칠 수 있어요. 해파리는 바다에서만 잘 사는 게 아니에요. 강이나 호수 같은 민물에도 아주 작고 독이 없는 해파리가 살아요. 좀 부풀려 말하면 세상은 온통 해파리로 가득 차 있어요!

말썽꾼 해파리

해파리는 귀엽게 생긴 것들도 많고, 작은 해파리는 그저 샤워 캡처럼 아무런 해로움도 없어 보이죠. 하지만 속지 마세요! 온갖 문제를 일으키는 말썽꾼이니까요.

▶ 해파리와 고깃배가 싸우면 누가 이길까요? 보통 크기의 해파리라면 큰 피해를 주지는 않지만, 거대한 해파리 떼가 그물에 걸리면 너무 무거워서 배가 뒤집힐 수도 있어요. 자그마한 낚싯배를 말하는 게 아니에요. 9,000kg이 넘는 커다란 저인망 어선에서 일어난 일이라니까요!

▶ 해파리는 이따금 바닷물에 휩쓸려 원자력 발전소의 냉각 시스템에 빨려 들어가기도 해요. 어떤 발전소에서는 문제없이 가동하기 위해 날마다 136,000kg에 이르는 해파리를 치워야 하지요. 해파리 수백만 마리 때문에 기계로 들어가는 길이 끈적끈적해지고 기계에 엉겨 붙어 작동을 멈출 수도 있거든요. 정말 끔찍하고도 대단한 녀석들이죠!

▶ 필리핀에서는 어느 날 밤 거대한 해파리 떼가 나타나는 바람에 정전이 일어난 적도 있어요. 대형 발전소에서 냉각 시스템으로 트럭 50대 분량의 해파리가 빨려 들어가는 바람에, 발전소 전체가 전력 생산을 멈추고 차단되어 버렸지요. 완전히 캄캄해져서 누구도 아무것도 볼 수 없었어요.

물에 사는 동물 • 해파리

배고플 일은 없어!

어떤 해파리는 먹이를 아예 먹지 않아요. 물속에 있는 아주 작은 영양 물질을 피부로 흡수하면서 살지요. 해파리는 대부분 먹이를 찾으려고 그렇게 열심히 애쓰지 않아요. 물속을 둥둥 떠다니면서 촉수를 그물처럼 늘어뜨려 먹잇감을 낚을 뿐이지요. 하지만 모든 해파리가 다 먹이가 가까이 다가오기만 기다리는 건 아니에요. 아래처럼 특별한 사냥 비법을 지닌 해파리도 있답니다.

▶ **상자해파리**는 해파리 가운데 유일하게 눈과 뇌가 있어요. 아주 영리한 사냥꾼으로, 물고기나 게를 쫓을 때면 엄청나게 빠른 속도로 따라붙지요.

▶ **오스트레일리아흰점해파리**는 엉큼한 방법으로 플랑크톤을 사냥해요. 물에 거품을 쏘아 걸쭉하게 만들어서 플랑크톤이 움직이기 힘들게 하는 거예요. 플랑크톤의 움직임이 더뎌지면 해파리가 스르륵 미끄러져 다니면서 꿀꺽꿀꺽 집어삼키지요!

어떻게 움직일까?

어떤 해파리는 갓 부분을 마치 최면을 거는 것처럼 부르르 떨면서 앞으로 나아가요. 해파리 갓이 떨리면 그 앞쪽에 부압* 이 생기면서 물속에서 제 몸을 앞으로 끌어당길 수 있지요.

*부압: 외부와 압력 차이로 끌어당기는 힘이 생기는 상태

피라냐

피라냐는 '이빨 물고기'라는 뜻이에요. 브라질 원주민 투피족이 붙인 이름이지요. 그 모습을 보면 이런 이름이 붙은 게 전혀 놀랍지 않을걸요. 이빨을 드러내고 웃는 듯한 표정이 진짜 오싹하거든요. 피라냐는 공포 영화에 식인 물고기로 등장해서인지, 수영하다 피라냐에게 산 채로 잡아먹힐까 봐 두려워하는 사람들이 많아요. 실제로 피라냐는 피 냄새를 맡으면 쫓아가는 무시무시한 사냥꾼이지만, 발가락이나 조금 뜯어 먹어 보고 먹을지 말지 고민하며 입에 맞는 먹이를 고른답니다!

의외로 겁쟁이!

피라냐가 아무리 커다란 이빨을 자랑해도, 몸집이 훨씬 크고 사나운 포식자가 언제나 피라냐를 노리고 있어요. 악어 사촌인 카이만 같은 동물들 말이에요. 피라냐는 위험을 피하기 위해 무리 지어 돌아다녀요. 뭉쳐야 사는 거죠!

물고기야, 강아지야?

붉은배피라냐는 짖는 소리를 내면서 포식자에게 겁을 주어 물리쳐요.

피라냐는 어디서 볼 수 있을까?

아마존강을 비롯한 남아메리카의 여러 강에 살아요.

피라냐
a piranha

피라냐 무리
a shoal of piranhas

피라냐는 무얼 먹을까?

피라냐는 고기를 즐겨 먹는다고 알려져 있지만, 사실은 식물을 더 자주 먹는답니다. 심지어 채식만 하는 피라냐도 있고요!

▶ 피라냐는 씨앗이나 견과류, 물풀 등을 즐겨 먹어요.

▶ 고기로는 벌레, 갑각류, 달팽이, 물고기를 먹고, 죽어서 물에 빠진 새나 동물도 잘 먹어요.

▶ 주변에 먹을거리가 마땅치 않으면 '동종 포식' 상태로 돌변하기도 해요. 같은 피라냐끼리 서로 잡아먹는 거지요!

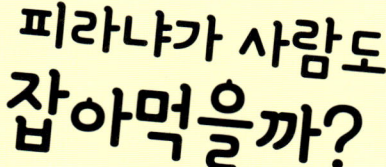

피라냐가 사람도 잡아먹을까?

피라냐에게 사람 살을 뜯어 먹을 기회를 주면 거절하지는 않을 거예요. 사람이 죽어서 강물에 빠졌거나 살을 바짝 들이댈 때만 먹는다는 뜻이지요. 피라냐가 사람이나 카피바라* 같은 커다란 먹잇감을 노리는 것은 죽었거나 심하게 다쳤을 때만의 일이에요. 피라냐 주변에 달리 먹을거리가 없는데 여러분이 피 흘리는 발로 뛰어들어 요란스럽게 첨벙거린다면, 이때는 물릴 위험이 있을 수도 있겠죠. 다시 말해서 피라냐가 돌아다니는 강에서 평범하게 헤엄을 치면, 강물이 피바다로 변할 일은 없답니다.

* 카피바라: 아마존강 근처에 사는 커다란 설치류

윔플피라냐는 먹잇감이 눈에 띄면 무서운 속도로 달려들어요. 불쌍한 먹잇감이 자기가 무엇에 잡아먹히는지 알아차리기도 전에 꽉 물어뜯지요. 그런데 사실 물고기의 살보다 비늘을 더 좋아해요. 입을 쩍 벌리고 물고기에게 달려들어서, 겁에 질린 먹잇감이 달아날 때 이빨에 걸려 떨어져 나온 비늘을 오도독오도독 씹어 먹지요.

사이좋게 나누어 먹다가 ……

붉은배피라냐는 먹이를 함께 사냥하고 나누어 먹어요. 여럿이 함께 물풀 사이에 숨어서 기다리다가, 방심한 먹잇감 앞으로 튀어나와 깜짝 놀라게 하지요. 한 마리가 먹잇감을 찾아내면 함께 숨어 있던 피라냐 무리에게 이를 알려요. 그리고 먹이를 둘러싸고 모여들어 차례차례 한 입씩 물어뜯어요. 하지만 언제나 이렇게 예의 바르게 나누어 먹는 건 아니에요. 배가 고프면 정신없이 먹잇감에 달려들지요. 우연히 먹잇감을 마주치면 한 입이라도 먼저 물어뜯으려고 수많은 피라냐 떼가 서로 치고받고 싸운답니다.

개구리와 두꺼비

개구리와 두꺼비는 생각보다 훨씬 더 비슷해요. 둘 다 양서류 무미목에 속하지요. '무미(無尾)'란 꼬리가 없다는 뜻이에요. 보통 무미목 중에서 피부가 매끈매끈한 동물을 개구리라 하고, 울퉁불퉁한 동물을 두꺼비라고 해요. 하지만 같은 동물 중에도 피부가 매끄럽거나 울퉁불퉁한 종류가 있지요. 개구리와 두꺼비는 보기보다 훨씬 더 거친 동물이에요. 누군가 공격해 오면 머리에 난 뿔로 독을 쏘는 개구리가 있다는 얘기를 들어 보았나요? 제 몸의 뼈를 부러뜨려 무기로 쓰는 개구리도 있고요. 게다가 오랜 옛날에 살았던 어떤 개구리는 새끼 공룡 정도는 맞서 싸울 수 있을 만큼 힘이 셌답니다.

개구리나 두꺼비는 어디서 볼 수 있을까?

남극을 제외한 모든 대륙에 살고 있어요.

개구리 a frog
개구리 무리 an army of frogs
두꺼비 a toad
두꺼비 무리 a knot of toads

크고 작고

세계에서 가장 작은 개구리는 **페도프리네 아마우엔시스**예요. 다 자라도 겨우 7.7mm밖에 되지 않아요. 콩알만 한 크기지요!

가장 큰 개구리는 **골리앗개구리**예요. 몸길이가 30cm에 무게는 3kg도 더 나가요. 갓 태어난 사람 아기와 비슷하지요. 온몸이 끈적끈적한 건 빼고요.

플래너리 박사님의 탐험 수첩

예전에 뉴기니의 외딴 마을에서 일할 때였어요. 어느 날 한 아주머니가 거대한 개구리 한 마리를 가져와 내 책상 위에 올려놓았어요. 주요리를 담는 큰 접시만 한 크기였지요! 꿈쩍도 하지 않아서 죽은 줄로만 알았는데, 갑자기 폴짝 뛰어 내 가슴팍으로 뛰어들지 뭐예요! 그러더니 마치 꼭 안아 주기라도 하는 것처럼 팔로 내 목을 감싸 안았어요. 마을 사람들은 다들 꽥꽥 소리를 질렀어요. 이 괴물 개구리가 나를 공격하는 줄 알았던 거예요. 하지만 나는 곧 낄낄 웃어 댔어요. 개구리가 마치 커다란 아기 같았거든요. 목에 매달린 개구리를 떼어 내 책상에 내려놓았더니, 금세 겅중겅중 뛰어가 버렸답니다.

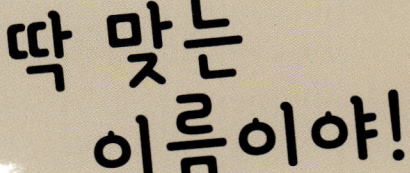

딱 맞는 이름이야!

▶ **로켓개구리**는 코끝이 길고 뾰족해서 마치 로켓 끝부분처럼 생겼어요. 로켓이 발사되듯이 높이높이 뛰어오르기도 하고요. 오스트레일리아에 사는 로켓개구리는 무려 4m까지 뛰어오를 수 있답니다.

▶ **무당뿔개구리**는 턱이 아주 넓은데, 생김새가 꼭 '팩맨'이라는 컴퓨터 게임 캐릭터를 닮아서 '팩맨개구리'라는 별명이 붙었어요. 팩맨은 입을 벌린 노란 동그라미가 쿠키를 먹는 게임인데, 이 개구리도 팩맨처럼 먹이를 꿀꺽꿀꺽 삼킨답니다!

▶ **베네수엘라자갈두꺼비**는 피부가 울퉁불퉁하고 자갈 같은 색을 띠었어요. 산악 지대에 사는 이 자그마한 두꺼비는 위험하다고 느끼면 몸을 돌돌 말아서, 굴러떨어지는 자갈처럼 아래쪽으로 툭툭 떨어지지요.

▶ **작은악마개구리**는 만화 속 악마처럼 온몸이 밝은 빨간색으로 되어 있는 데다가, 독을 잔뜩 품고 있어요!

▶ **이끼개구리**는 이끼처럼 생긴 얼룩덜룩한 초록색 피부로 덮여 있답니다. 마치 이끼로 뒤덮인 작은 돌멩이처럼 보이지요!

▶ **유리개구리**는 속이 비치는 투명 피부로 되어 있어서, 몸속 기관의 움직이는 모습이 훤히 들여다보여요.

▶ **아프리카숲청개구리**는 '울버린개구리'라는 별명이 있어요. 뒷다리 쪽에 털 같은 것이 더부룩하게 자라나 있는데, 마블 캐릭터인 울버린의 더부룩한 구레나룻과 비슷한 느낌이지요. 그뿐만이 아니에요! 울버린처럼 제 몸을 지키기 위해 뼈를 부러뜨려서, 다리 쪽 피부를 찢고 뾰족 튀어나오게 할 수 있지요. 적을 물리치고 나면 부러진 뼈를 다시 몸 안에 넣어서 치료하기 시작해요.

대단해!

개구리는 무얼 먹을까?

올챙이는 식물을 먹지만, 다 자란 개구리와 두꺼비는 육식을 해요. 작은 곤충부터 저보다 더 큰 쥐나 물고기, 다른 개구리, 심지어 작은 뱀까지 입에 들어가는 것이면 무엇이든 잘 먹지요. 겁 없는 녀석이에요!

그런데 개구리는 왜 먹이를 잡아먹을 때 눈을 껌벅거릴까요? 그 이유가 좀 독특한데요, 개구리는 눈을 머릿속 깊숙이 집어넣을 수 있어서, 눈을 껌벅거리면 눈알이 먹이를 목구멍 아래로 밀어 넣는다고 하네요.

개구리알의 모험

개구리와 두꺼비는 보통 물속에 바로 알을 낳는데, 때로는 물에 드리워진 이파리 위에 낳을 때도 있어요. 이 경우 올챙이가 깨어나면 스르르 미끄러져 물속으로 들어가지요. **기특해!**

▶ 일본에 사는 암컷 **산청개구리**는 달걀흰자처럼 생긴 끈끈한 액체를 만들고, 뒷다리로 휘휘 저어 되직한 거품을 만들어요. 이렇게 야구공만큼 커다란 거품을 만들어서 알을 감싸고, 알이 깨어날 때까지 나무에 단단히 고정하지요.

▶ 개구리알은 여러 동물이 쉽게 건져 먹을 수 있는 간식처럼 보이지만, **빨간눈청개구리** 알은 보기보다 만만치 않아요. 포식자가 다가오면 알 속에서 자그마한 올챙이들이 세차게 꿈틀거리기 시작해요. 그러면서 특별한 물질을 뿜어내어 알을 깨고 나올 수 있지요. 이렇게 원래 예정보다 일찍 부화* 해서 물속으로 뛰어들기도 해요.

*부화: 알 속에서 새끼가 껍데기를 깨고 나오는 일

기후 변화의 영향

개구리나 두꺼비도 사는 곳의 기후가 변하거나 해수면이 높아지면서 점점 더 살아남기 힘들어지고 있어요. 코스타리카에 살던 **황금두꺼비**는 기후 변화 때문에 이미 멸종되었다고 해요.

올챙이 시절을 모르는 두꺼비

피파두꺼비는 올챙이 단계를 아예 건너뛰고, 알에서 완전한 모습이 되어 깨어나요. 피파두꺼비 어미는 한 번에 알을 100개까지 낳는데, 이 알을 납작하고 널찍한 등에 올려 피부 속으로 파고들게 하지요. 새끼 피파두꺼비는 깨어날 때가 되면 피부를 찢으면서 밖으로 튀어나와요! 다행히도 찢긴 자리는 점점 아문답니다.

개구리가 사람도 해친다고?

개구리는 꽤 귀엽게 생겨서 사람을 해칠 거라고는 상상하기 어렵지요. 하지만 사실은 그렇지 않아요! 독을 품은 개구리도 꽤 있고, 심지어 사람을 죽음에 이르도록 할 수도 있답니다.

▶ **황금독화살개구리**는 사람 어른 10명을 죽일 만한 독을 품고 있어요.

무서워!

▶ 어떤 개구리는 직접 독을 만들지 않고, 독성이 있는 여러 곤충을 먹어서 그 독을 제 몸을 지킬 때 써먹어요.

▶ 독을 품은 개구리 중에는 피부색이 밝고 섬세한 무늬를 띤 것이 많아요. 눈에 띄는 색깔로 포식자들에게 경고를 보내는 거지요. 포식자들도 이토록 밝은 색을 띤 개구리를 함부로 잡아먹으려다가는 엄청난 통증에 시달리거나 죽음에 이를 수도 있다는 걸 잘 알고 미리미리 피해요.

▶ **그리닝개구리**는 보통 독개구리처럼 피부 점막에 있는 독이 적에게 스며들기를 기다리지 않고, 머리에 뾰족 튀어나온 돌기로 직접 독을 쏘아요.

◆ 플래너리 박사님의 탐험 수첩 ◆

언젠가 한번은 폭풍우가 몰아치는 오스트레일리아 중부의 사막에서 야영을 한 적이 있어요. 비가 쏟아지기도 전에 어마어마한 천둥이 치는데, 우리가 자리 잡고 있던 바싹 마른 모래언덕에서 개구리 울음소리가 들리는 거예요. 사막은 너무 건조해서 개구리가 살기 어려울 것 같지만, 어떤 개구리는 모래에 몸을 묻고 비가 올 때까지 오랫동안 기다리기도 해요. 내가 들은 울음소리의 주인공 개구리는 아마도 천둥소리를 듣고 깨어났겠지요. 비가 엄청나게 쏟아진 뒤, 아침이 되자 모래언덕 아래쪽에 호수가 생겨났어요. 그 안에는 개구리가 가득 차 있었답니다!

공룡을 먹는 개구리?

개구리와 두꺼비는 2억 년 넘는 시간 동안 여러 가지 모습으로 존재해 왔어요. 그중에 마다가스카르에서 화석으로 발견된 어느 고대의 개구리에게는 '**악마개구리**' 또는 '**지옥에서 온 악마개구리**'라는 이름이 붙었어요. 약 7천만 년 전에 살았는데, 새끼 공룡을 잡아먹을 정도로 몸집도 크고 공격적인 포식자였답니다!

고래

고래는 솔직히 좀 무섭게 느껴질 만큼 어마어마하게 커요. 그래도 그렇게 겁먹을 필요는 없어요. 고래는 바다에서 가장 커다란 동물이긴 하지만, 대부분 크릴새우처럼 아주 작은 먹이를 먹고 살거든요. 고래는 멋진 목소리로 노래 부를 줄 알고, 그 밖에도 여러 가지 소리를 내어 길을 찾기도 해요. 머릿속에 기름이 가득 들었거나 이빨 대신 수염이 있는 것처럼 신기한 특징이 꽤 많아요. 먼 옛날에는 다리 달린 고래도 있었다고 하네요.

능숙한 여행 전문가

귀신고래는 포유류 가운데 가장 먼 거리를 이동하며 살아요. 해마다 무려 16,000km나 이동하지요. 짝짓기 철에는 멕시코 해안 근처에 머물다가, 여름에 새끼를 키울 때는 알래스카 주변 바다로 이동한답니다.

고래는 어디서 볼 수 있을까?

고래는 짝짓기를 하고 새끼를 키우기에 알맞은 기후 조건을 찾아서 아주 먼 거리를 이동해요. 그래서 남극과 북극 근처의 얼어붙을 듯 차가운 바다부터 따뜻한 열대 바다까지 다양한 곳에서 고래를 만날 수 있지요.

고래 a whale

고래 무리 a pod(gam) of whales

잠수왕

향고래는 대왕오징어를 찾아서 바다 저 깊은 곳 1km도 넘게 잠수해 들어갈 수 있어요. 한 번에 한 시간 반까지 숨을 참을 수 있고요. 이 놀라운 잠수 실력은 향고래 머릿속을 가득 채운 기름 덕분에 자유자재로 물에 뜨고 가라앉기를 조절할 수 있는 데서 오지 않았을까 짐작하고 있어요. 바로 사람들이 양초나 화장품 원료로 썼던 '경랍(고래 왁스)'을 만드는 기름이지요.

유니콘 아니야?

수컷 **외뿔고래**는 이마에 거대한 뿔 같은 것이 나 있어요. 말하자면 바다에 사는 거대하고 토실토실한 유니콘이랄까요! 그런데 이 뿔처럼 보이는 것은 사실 너무 길게 자라서 튀어나온 왼쪽 앞니랍니다. 이 신기한 이마 이빨은 2.5m도 넘게 자라나지요. 과학자들은 아직 왜 그렇게 이빨이 길게 자라는지 확실히 밝혀내지 못했어요. 아마도 짝짓기 상대에게 매력적으로 보이기 위해서거나 무기로 쓰기 위해서일 거예요.

거대한 머리와 거대한 뇌

긴수염고래는 고래 가운데서도 머리가 가장 커다래요. 몸 전체에서 무려 3분의 1을 차지하지요. 그런데 뇌가 가장 큰 고래는 따로 있어요. 바로 **향고래**예요. 지구상에 사는 동물 가운데 가장 큰 뇌를 자랑한답니다.

천상의 목소리

고래는 엄청나게 큰 소리를 낼 수 있어요. **이빨고래**와 **수염고래**는 서로 다른 소리를 내는데, 소리를 내는 이유도 서로 달라요.

▶ 이빨고래는 딱딱, 휘휘, 땡땡, 끙끙 하는 여러 가지 소리를 내요. 이런 소리로 서로 의사소통하면서 넓디넓은 바다에서 길을 찾을 수 있지요. 딱딱거리는 소리는 물속에서 꽤 멀리 나아가는데, 이 소리가 물고기나 바위 같은 것에 부딪치면 튕겨 나와 다시 고래에게 전해져요. 고래는 되돌아온 소리를 듣고 무엇에 부딪혀 소리가 달라졌는지 알아내고요. 그런 식으로 '반향'을 이용해서 마치 지도를 만들듯 바닷속이 어떻게 생겼는지 파악하지요.

▶ **대왕고래**나 **북극고래** 같은 수염고래 수컷은 풍부하고 아름다운 노래를 부른다고 알려져 있어요. 수컷 **혹등고래**의 노랫소리는 어느 과학자가 녹음해서 음반으로 판매하여 인기를 누릴 정도로 유명하지요. 고래는 세상에서 가장 목소리가 큰 동물이기도 해요! 수백 킬로미터 떨어진 곳까지 이 노랫소리가 전해지기도 하거든요. 고래가 노래를 부르는 이유는 아직 수수께끼에 싸여 있지만, 아마 짝짓기와 관련 있을 거예요.

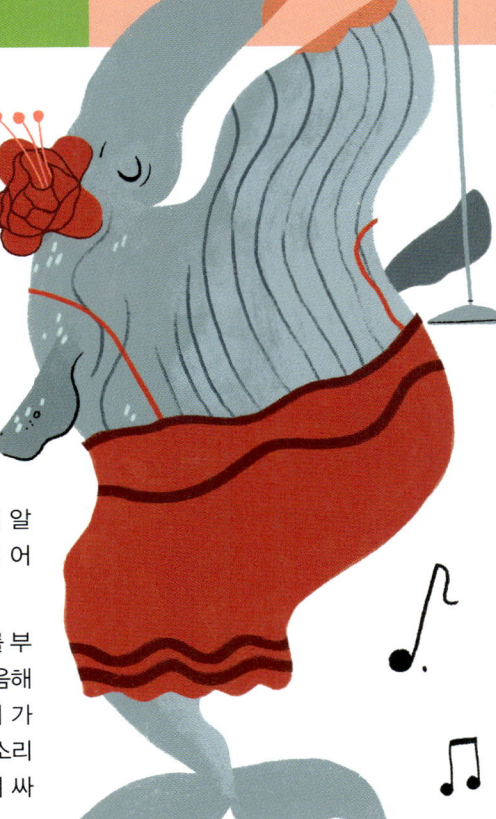

서서 잠자는 고래

향고래는 통잠을 잘 필요가 없고, 한 번에 7분씩만 잠을 자요. 보통 바다 표면 가까운 곳에서, 마치 서서 자듯이 수직으로 떠다니며 잠깐씩 눈을 붙인답니다!

매끄러운 피부의 비결

북극고래와 흰고래는 바위를 이용해서 피부를 관리해요! 거친 바위에 몸을 문질러서 온몸의 피부에 쌓인 각질을 없애는 거지요. 때로는 각질을 없애기 좋은 바위를 찾아서 일부러 아주 먼 길을 이동하기도 한답니다.

콧물을 연구합니다

에, 에, 에취!

고래는 콧물로 여러 가지 몸 상태를 확인할 수 있어요. 임신했는지, 먹은 음식이 온몸에 에너지로 제대로 쓰이는지, 심지어 얼마나 스트레스를 받는지도 알 수 있지요. 그래서 고래를 연구하는 과학자들은 고래 콧물을 모아서 분석해요. 고래는 머리 위쪽에 있는 '분수공'이라는 콧구멍으로 물과 함께 콧물을 내뿜는데, 바닷물에 떨어지기 전에 콧물을 잡아채기란 정말 어려운 일이랍니다. 분수공에서 나오는 물은 9m 위까지 치솟아 오르거든요. 최근에는 기발한 콧물 채취 방법을 생각해 냈어요. 바로 드론을 이용하는 거지요!

수염 아니면 이빨?

어떤 고래 입에는 이빨이 있고, 어떤 고래는 '고래수염'이 있어요. 무슨 차이일까요?

▶ 고래 입천장에 나 있는 고래수염은 커다랗고 북슬북슬 털이 달린 빗처럼 생겼어요. 고래수염은 여러분의 머리카락이나 손톱이나 마찬가지로 케라틴이라는 물질로 되어 있는데, 크기는 비교할 수 없을 만큼 크지요. 고래수염은 낱장 수백 겹이 쌓여서 이루어져 있고, 그중 한 장만 해도 2.5m에 이르러요. 낱장 하나가 여러분 엄마 아빠보다 더 크다는 말이에요! 고래는 물을 어마어마하게 많이 들이마신 다음 다시 쏴아 내뱉어요. 물이 빠져나갈 때 크릴새우와 플랑크톤과 작은 물고기들은 고래수염에 걸려 입에 남아서 맛있는 먹이가 되지요. 과학자들은 최근에 고래수염을 지닌 고래의 턱 속에 또 다른 특이한 기관이 감추어져 있는 걸 알아냈어요. 손가락 달린 젤리 덩어리처럼 생긴 이 기관을 이용해서 물을 고래수염 밖으로 쏟아 내도 될 만큼 충분히 삼켰는지 판단하지요.

▶ 고래수염이 없는 고래는 보통 날카롭고 뾰족한 이빨이 있어요. 이걸로 커다란 물고기나 오징어, 게 같은 더 큰 먹이를 잡아먹을 수도 있지요. 하지만 이 고래들은 먹이를 잘 씹지 않아요. 이빨은 주로 먹이를 낚아채는 데 쓰고, 통째로 삼켜서 소화하지요. 냠냠 쩝쩝!

플래너리 박사님의 탐험 수첩

1999년, 사우스오스트레일리아 박물관장으로 일하게 되었을 때였어요. 첫 번째 임무로 거대하고 희귀한 **남방긴수염고래**의 뼈대를 수집하는 탐사대를 꾸렸어요. 박물관 학예사가 탐사대를 이끌고 죽은 고래가 파도에 휩쓸려 온 해변으로 갔지요. 그 여성 학예사는 해변에 도착하자마자 곧장 고무장화와 방수 바지 차림으로 갈아입었어요. 그러고는 썩어 가는 고래의 몸속으로 힘겹게 걸어 들어가 뼈에 남아 붙어 있는 살을 잘라냈어요. 그때 갑자기 거대한 파도가 덮쳐 오더니, 학예사가 들어가 있는 채로 고래 사체를 물속으로 쓸어 갔어요. 게다가 순식간에 백상아리 여섯 마리가 다가와 고래를 둘러싸고 고기를 뜯어 먹지 뭐예요! 탐사대 사람들 모두 다 "안 돼! 산 채로 잡아먹히겠어!" 하며 난리가 났어요. 하지만 천만다행으로 그다음에 밀려온 파도가 학예사와 고래 사체를 다시 해안으로 쓸어 왔지요. 그는 죽을 뻔한 일을 겪고도 하던 일을 계속했어요. 역겨운 냄새가 가득하고 위험한 일이었지만, 전혀 아랑곳하지 않았죠! 고래 뼈대를 박물관에 전시하겠다는 열정으로 가득했던 거예요.

탐사대는 뼈대를 다 모은 다음 박물관 트럭에 잘 실어서 시내로 돌아왔지만, 여기서 끝이 아니었어요. 그날 오후에 누군가 크게 화난 목소리로 전화를 걸어 왔어요. "박물관을 고소하겠소! 내 차를 망가뜨렸다고요!" 저는 '이건 또 무슨 일이야? 얼마나 더 이상한 일이 벌어지려고!' 하고 생각했지요. 그 사람은 "아까 내 차가 당신네 박물관 트럭 바로 뒤를 달리는데, 트럭에서 뭔가가 흘러내렸소. 그것 때문에 내 차 페인트가 마구 벗겨졌단 말이오!" 차 안에서 뜨거워진 고래 뼈대 속 기름이 녹아내렸고, 그 기름이 트럭 밖으로 죽죽 새어 나가서 안타깝게도 뒤따라 오던 차 위로 떨어진 거예요. 고래기름은 엄청나게 강력해서 자동차 페인트를 싹싹 벗겨 냈지요! 우리 박물관은 이 남자에게 자동차 수리비를 물어 줄 수밖에 없었답니다.

걸쭉한 고래 젖

새끼 고래는 아주 빨리 성장해요. **대왕고래**는 갓 태어날 무렵에는 하루에 90kg씩 몸무게가 늘어나지요. 이렇게 어마어마한 속도로 자랄 수 있는 것은 고래 젖에 지방이 많기 때문이기도 해요. 사람 젖에는 4% 정도 들어 있지만, 고래 젖에는 40%나 들어 있거든요! 고래 젖은 거의 치약처럼 보일 만큼 유별나게 걸쭉하지요.

다리 달린 고래?

고래가 늘 바다에서 살았던 건 아니에요. 먼 옛날 고래의 조상들은 땅에서 살았답니다! 가장 먼저 나타난 고래의 조상은 **파키세투스**예요. 이 고대의 포유류에게는 다리 네 개와 날카로운 이빨이 있었어요. 오늘날의 고래보다는 몸집도 훨씬 작아서, 늑대 정도 크기였지요. 이 동물이 약 5천만 년 전에 바다로 이동하면서 다리가 점차 사라졌어요.

물에 사는 동물 • 고래

지구상에서 가장 커다란 동물

고래 중에서 가장 큰 것은 **대왕고래**예요. 이 바닷속 거인은 30m도 넘게 자라요. 농구장의 양쪽 골대 사이 너비보다도 더 길지요. 몸무게는 무려 200,000kg, 그러니까 집 한 채 무게만큼 나가고요! 대왕고래는 지구에 사는 모든 동물 가운데서도 가장 커다랗답니다. 오래전에 멸종된 공룡까지 포함해서 말이죠.
한편으로 가장 작은 고래는 **쇠향고래**예요. 가장 큰 쇠향고래가 300kg 정도예요. 소 무게의 절반도 되지 않지요. 몸길이도 가장 긴 것이 2.86m예요. 세상에서 가장 키가 큰 사람하고 얼마 차이 나지 않아요.

오래오래 살았대요

고래는 대부분 사람의 평균 수명보다 훨씬 더 오래 살아요. **북극고래**는 200년까지도 살 수 있지요!

옷을 갈아입어요

벨루가라고도 하는 **흰고래**는 온몸이 새하얀데, 태어날 때부터 그런 것은 아니에요. 처음에는 회색이나 갈색이었다가 5년쯤 지나서 흰색이 되지요.

기후 변화의 영향

지구 온난화로 극지방의 얼음이 녹아내려 문제가 되고 있는데, 사실 그 덕에 **혹등고래**나 **북극고래** 같은 몇몇 고래들은 먹이를 찾기가 더 쉬워졌어요. 바닷물이 따뜻해지자 먹이가 풍부한 추운 지방에 더 오래 머무를 수 있게 되었지요. 하지만 바닷물에 이산화탄소가 늘어나고 산성화가 점점 더 심해지면 고래 먹이도 점점 줄어들 거예요. 고래가 즐겨 먹는 크릴새우만 해도 산성화된 물속에서는 잘 살지 못해요.

플래너리 박사님의 탐험 수첩

언젠가 한번은 인도네시아 발리섬 북쪽의 열대 바다에 카누를 타고 고래를 만나러 나간 적이 있어요. 고요하고 그윽한 아침이었고, 바다는 유리처럼 잔잔했어요. 우리는 뾰족뾰족한 물체를 보고 그쪽으로 조심스레 노 저어 나아갔어요. 다가가 보니 향고래 두 마리가 바다 표면에 올라와 쉬고 있었고, 그 주변에서는 돌고래 대여섯 마리가 풀쩍풀쩍 뛰어올랐지요. 우리는 더 가까워지도록 천천히 다가갔어요. 그러자 향고래 한 마리가 서서히 등을 구부리더니, 우리 머리보다 한참 위로 꼬리를 치켜올린 다음 날렵하게 바닷속으로 미끄러져 들어갔어요. 또 다른 향고래도 뒤따라 물속으로 들어갔지요. 그렇게 우리 카누는 망망대해에 홀로 남겨졌답니다.

똥과 오줌

▶ **대왕고래**는 특히 크릴새우를 즐겨 먹어요. 크릴새우는 '식물성 플랑크톤'이라는 아주 작은 단세포 조류를 먹는데, 식물성 플랑크톤이 자라려면 철분이 있어야 해요. 대왕고래의 똥에는 철분이 많이 들어 있어서, 한번 똥을 누면 바닷속에 식물성 플랑크톤 양이 늘어나요. 그러면 크릴새우 양도 늘어나고, 그만큼 고래가 먹을 맛있는 음식이 많아지지요. 그러니까 똥을 누기만 해도 먹이가 늘어나고, 먹이를 더 많이 먹으면 또다시 똥을 더 많이 누어 먹이가 더 늘어나는 거예요. 좀 지저분해 보이지만 아름다운 자연의 순환이지요!

▶ 고래가 오줌을 얼마나 많이 누는지 알기는 어려워요. 고래는 물속에 살고, 오줌은 빠른 속도로 사방으로 퍼져 나가니까요. 그래도 어떤 연구에서는 **참고래**가 하루에 오줌을 974ℓ쯤 눈다고 보고했어요. 욕조 네 개를 가득 채울 만큼이지요! 가끔은 고래들이 바다 위에 벌러덩 누워서 분수처럼 오줌 물기둥을 쏘아 올리는 모습이 보일 때도 있어요.

엄청난 식욕

고래가 먹이를 까다롭게 골라 먹어서는 그렇게 몸집이 커질 수 없겠죠. 사실 고래는 거의 쉬지 않고 뭐든지 먹어 대요. **향고래**는 날마다 물고기나 오징어를 450kg이나 먹어 치워요. **대왕고래**는 날마다 크릴새우를 3,500kg도 넘게 먹을 수 있고요.

잘 먹네!

빠른 자가 승리!

수컷 **혹등고래**는 짝짓기할 때가 되면 치열하게 경쟁을 벌여요. 암컷 한 마리를 두고 수컷이 40마리까지 모여 달리기 시합을 펼치지요. 암컷 혹등고래가 재빨리 출발하면, 뒤이어 수컷 혹등고래 떼가 마구 날뛰며 쫓아가요. 수컷들은 요란스럽게 꼬리와 지느러미를 물에다 퍼덕거리며 서로서로 겁을 주고, 저마다 암컷에게 더 가까이 가려고 밀쳐 대기도 해요. 수컷들은 점점 더 흥분해서 서로 마구 부딪치고, 물 밖으로 뛰어올랐다가 덮치기도 해요. 상상해 보세요. 거대한 혹등고래가 위에서 덮치면 지쳐서 나가 떨어질 수밖에 없겠죠!

돌고래

돌고래 모습을 떠올려 볼까요? 아마도 따뜻한 열대 지방 바다에서 신나게 뛰어오르는 미끈한 회색 생명체가 생각나겠지요. 귀여운 미소와 사랑스러운 울음소리가 떠오를지도 모르겠고요. 그래요, 여러분 생각처럼 바다에는 귀엽고 깜찍한 돌고래 여러 종이 살아요. 그런데 바다 말고 강에 사는 돌고래도 있다는 건 아시나요? 새까맣고 무섭게 생긴 **고양이고래**, 또는 상어와 고래도 잡아먹어서 '킬러 고래'라는 별명이 붙은 **범고래**도 돌고래에 속한다는 사실은요?

돌고래는 어디서 볼 수 있을까?

강돌고래는 남아메리카와 아시아의 강에서만 살아요. 하지만 바다에 사는 돌고래는 전 세계 곳곳에서 만날 수 있지요. 돌고래들은 대체로 육지 가까운 쪽 따뜻한 바닷물을 좋아하지만, 춥고 깊은 바닷속에도 무시무시한 **범고래**를 비롯해 여러 돌고래가 살고 있어요.

돌고래 a dolphin

돌고래 무리 a pod of dolphins

범고래 an orca

서핑 선수

돌고래들은 파도타기를 좋아해요! 온몸으로 파도를 잡아타는데, 때로는 배가 지나가면서 물살을 갈라놓아 생긴 파도를 타기도 해요.

멋쟁이!

해면이 그렇게 좋아?

해면은 커다란 스펀지처럼 생긴 바다 동물로, 말려서 목욕할 때 쓰기도 해요. 여러분은 별 관심이 없겠지만, 돌고래는 해면을 진짜 좋아해요!

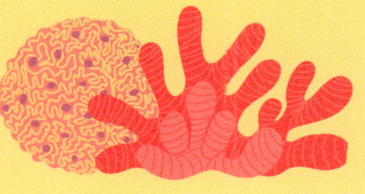

▶ 이따금 수컷 **혹등돌고래**가 좋아하는 암컷에게 선물로 해면을 주는 모습이 눈에 띄기도 해요. 좋아하는 사람에게 장미꽃 한 다발을 선물하는 거나 마찬가지 행동이지요.

▶ 오스트레일리아의 샤크만에 사는 **큰돌고래**는 독특한 습관이 있어요. 해면 조각을 떼어 내어 코 위에 붙이고 다니는 거예요. 큰돌고래는 바다 밑 울퉁불퉁한 바닥에 코를 들이대고 먹이를 찾아다니는데, 이때 코어 해면을 붙여서 긁히거나 상처 나지 않도록 보호하는 거랍니다.

똑똑해!

강에 사는 돌고래

바다에 사는 돌고래 가운데 가끔 강물로 모험을 떠나는 경우가 있기는 하지만, 아예 강물에서만 사는 돌고래는 몇 종류 되지 않아요. **강돌고래**는 바다에 사는 돌고래보다 목 부분이 유연해서, 장애물을 만나도 몸을 확 비틀어 피할 수 있지요. 심지어는 배영도 할 수 있답니다! 하지만 강돌고래가 이렇게 강에서 즐겁게 노는 것도 점점 힘들어지고 있어요. 강물이 오염되고 공사가 계속되면서, 또 함부로 잡아가는 사람들 때문에 개체 수가 나날이 줄어들고 있어요.

상어를 물리쳐라

상어는 돌고래를 공격해서 잡아먹곤 하지만, 상어가 아무리 무시무시한 포식자라도 영리한 돌고래 무리를 쉽게 밥상에 올릴 수는 없답니다.

▶ 돌고래는 물속에서 상어보다 훨씬 날쌔요. 특히 위아래 방향으로도 재빨리 헤엄칠 수 있는데, 그에 비하면 상어는 앞으로 나아갈 때만 빠르지요. 그래서 돌고래는 쉽게 상어의 공격을 피할 수 있어요.

▶ 돌고래는 무리 지어 한꺼번에 상어에게 덤비기도 해요. 전혀 겁내지 않고 상어와 맞서는데, 꼬리를 확 휘둘러 상어를 때려서 쫓아 버릴 때도 있어요.

▶ 때로는 상어의 부드러운 배를 향해 밑에서 치솟아 올라오면서 코로 쳐서 공격하기도 해요. 코로 때린다고 그렇게 큰 충격을 줄 것 같지 않지만, 돌고래 코는 무척 강력해서 상어를 기절시키거나 심지어 죽일 수도 있어요.

수염 난 아기

콧수염을 달고 태어난 아기를 한번 떠올려 봐요. 뭔가 좀 어색하죠? 그런데 새끼 돌고래가 정말 그렇답니다. 온몸에 털이 거의 없는 채로 태어나는데, 코 주변에는 줄줄이 털이 나 있어서 꼭 콧수염처럼 보여요. 다행히 일주일이 지나면 다 빠진답니다.

이끌리는 대로

새끼 돌고래는 처음에는 수영이 서툴지만, 그래도 꽤 영리한 방법으로 엄청나게 빠른 어미 꽁무니를 놓치지 않고 따라다녀요. 어미 곁에 바싹 붙어 헤엄치면서, 그 뒤에 생기는 흐름을 타는 거예요. 어미를 쫓아가려고 애쓸 필요도 없고, 그저 편히 몸을 맡겨서 이끌리는 대로 따라가면 되지요.

게으른가?

아니면 영리한가?

빙글빙글 뱅글뱅글

돌고래는 물 밖으로 우아하게 솟아오르는 모습으로 매우 유명해요. **긴부리돌고래**와 **알락돌고래**는 특히 높이뛰기 선수예요. 무려 공중으로 4.5m까지 솟아오른다니까요! 특히 긴부리돌고래는 신기하게도 발레리나처럼 빙그르르 회전하면서 뛰어오른답니다. 물속에서부터 빙글빙글 돌아서 힘을 모은 다음에 공중으로 휙 솟아올라서도 계속 돌아요. 한번 뛰어오르면 무려 1초에 일곱 바퀴나 돌다가 다시 물속으로 뛰어든답니다.

물총 쏘는 돌고래

못난이돌고래에게는 독특한 사냥법이 있어요. 바로 먹이에다가 침을 뱉는 거예요. 보통 여럿이 무리 지어 사냥하는데, 입으로 강력한 물총을 쏘아서 물고기 떼를 좀 더 쉽게 잡을 수 있지요.

형편없는 식사 예절

돌고래는 음식을 잘 씹지 않아요. 이빨은 날카롭지만 턱 근육이 좀 약하거든요. 그렇다고 해서 잘 먹지 않는 건 아니에요. 이빨로 먹이를 물어뜯어 통째로 꿀꺽 삼켜 버리지요.

가끔은 먹잇감을 마구 흔들거나 거친 표면에 대고 비벼서 조각조각 부수기도 해요. 여러분이 식탁에서 음식을 그렇게 먹으면 엄청나게 꾸중 들겠죠! **큰돌고래**는 오징어 먹물을 없애려고 마구 두드리거나, 바다 밑바닥에다 문질러서 딱딱한 부분을 제거해요. 메기를 잡아먹을 때 날카로운 가시에 찔리지 않으려고 머리 부분을 없앤 다음 먹는 모습이 관찰되기도 했지요.

◆ 플래너리 박사님의 탐험 수첩 ◆

한번은 오스트레일리아의 샤크만에서 다큐멘터리를 촬영하는데, 해안에서 꽤 멀리 떨어진 곳에서 야생 돌고래 떼를 보았어요. 내가 그쪽으로 헤엄쳐 가도 달아나지 않았지요. 심지어 한 마리는 내 어깨 바로 위로 올라오기까지 했다니까요! 그때 가지고 있던 고프로 수중 카메라로 돌고래가 내 어깨에 머리를 기대고 있는 모습을 촬영하기도 했답니다.

새로 알려진 돌고래

2000년대 들어서 돌고래 세 종류가 발견되었어요. 오스트레일리아 멜버른 근처 해안에 사는 **부르난큰돌고래**는 2011년에 새로운 돌고래 종으로 확인되었어요. 아울러 2005년에 뉴기니섬에서 발견된 **못난이돌고래**, 2014년에 발견된 **오스트레일리아혹등돌고래**도 새로 이름을 올렸지요. 2014년 브라질에 사는 강돌고래 중 새로운 종이 보고되어 **아라과이아강돌고래**라는 이름이 붙기도 했어요. 하지만 과학자들은 대체로 이 돌고래가 새로운 종이라는 주장에 동의하지 않고, **아마존강돌고래**의 가까운 친척이거나 같은 종이라고 보고 있어요.

소리로 만드는 지도

돌고래도 고래처럼 먹이를 찾거나 주변이 어떻게 생겼는지 파악하기 위해 반향을 이용해요. 1초에 1천 번이나 되는 빠르기로 틱틱거리는 소리를 만들어 내는데, 이 소리가 바다에 퍼져 나갔다가 어떤 물체나 동물에 반사되어 돌아오면, 그 메아리로 주위 상황을 알아내는 거예요. 메아리에 담긴 정보로 그 물체가 얼마나 멀리 떨어져 있는지, 얼마나 크거나 작은지, 어떤 모양인지 등등 아주 세세한 부분까지 알아낸답니다.

돌고래 구조대!

돌고래는 동정심이 많다고 해요. 무리 가운데 하나가 다치기라도 하면, 모두 함께 도와서 다친 돌고래가 숨 쉴 수 있도록 물 위로 올려 주어요. 돌고래가 아닌 다른 동물을 구해 주는 일도 있지요. '모코'라는 이름의 **큰돌고래**는 뉴질랜드 바닷가에 휩쓸려 온 꼬마향고래 두 마리를 구해 준 일로 유명해요. 먼저 사람들이 바다로 돌려보내려고 애썼지만, 두 고래는 자꾸만 모래톱으로 되돌아왔어요. 이때 모코가 다가와서 두 고래를 이끌고 바다 한가운데로 데려다주었답니다.

멋진 영웅!

현대적인 가족?

수컷 **범고래**는 암컷과 함께 새끼를 키우지 않고 다시 제 어미에게로 돌아가요! 좀 무책임해 보이죠? 그런데 사실 범고래는 다른 곳에서 열심히 육아에 참여해요. 제 자식이 아니라 조카나 어린 동생을 돌보는 거예요. **큰돌고래**를 비롯해 여러 돌고래는 거대한 무리를 이루고 사는데, 무리 안에서 서로 도와 가며 누구 자식이든 가리지 않고 함께 돌본답니다.

내 이름을 불렀어?

큰돌고래는 각자 자기만의 휘파람 소리가 있어서, 무리 안에서 서로 신호를 주고받으면서 위치를 확인할 수 있어요. 휘파람은 마치 사람의 이름 같아요. 휘파람으로 자기가 누구인지 밝히기도 하고, 다른 돌고래가 휘파람 소리를 내면 대답하기도 하지요.

사냥하는 범고래

범고래는 최상위 포식자*로 어떻게 하면 먹이를 더 잘 잡아먹을지만 궁리하고 잡아먹힐 걱정은 전혀 하지 않아요. 범고래는 종종 얼음이 둥둥 떠다니는 찬 바다에 머무르는데, 무리마다 잡아먹는 먹이가 서로 달라요. 어떤 무리는 연어만 잡아먹고 어떤 무리는 물범만 잡아먹는 식으로요. 아침밥으로 토스트를 자주 먹는 사람도 있고 시리얼을 즐겨 먹는 사람도 있는 거랑 좀 비슷하다고 할까요.

▶ 범고래는 종종 무리 지어서 함께 물범 같은 먹잇감을 사냥해요. 물속에서 헤엄쳐 다니는 물범뿐만 아니라 얼음 위에 올라가 있는 물범을 쫓아가 잡아먹기도 하지요. 바다 위에 떠 있는 얼음덩어리로 물을 첨벙첨벙 튀겨서 불쌍한 물범이 물속으로 미끄러지도록 하거나, 심지어 얼음 밑으로 헤엄쳐 들어가 얼음판을 기울이거나 아래쪽에서 마구 두드려서 쪼개 버리기도 해요.

▶ 범고래는 커다란 고래도 잡아먹어요. 이렇게 거대한 먹이를 사로잡을 때는 그 몸통 위로 털썩 주저앉아서 물속으로 짓눌러 기운을 빼 놓지요. 힘센 언니나 형이 여러분을 깔아뭉개고 도망치지 못하게 하는 거랑 좀 비슷하죠? 잡아먹지 않는 것만 빼면 말이에요.

*최상위 포식자: 먹이 사슬에서 맨 꼭대기에 있는, 다른 동물에게 잡아먹히지 않는 동물

최고의 우정

수컷 **큰돌고래**는 두세 마리 친구가 우정을 지키며 평생을 꼭 붙어 다녀요. 암컷에게도 함께 다가가고, 나란히 헤엄치고, 한꺼번에 공중으로 뛰어오르고, 서로 몸을 비벼 대고, 옆구리에 난 지느러미를 마치 손을 맞잡듯이 포개기도 하지요.

다정하군!

상어

상어는 무시무시한 사냥꾼으로 유명하지요. 그 명성에 딱 맞는 상어도 있지만, 사실 전혀 무섭지 않은 상어도 꽤 많아요. 발목을 깨물기도 힘들 만큼 자그마한 상어도 있고, 몸집은 아주 커다래도 플랑크톤만 먹는 온순한 상어도 있지요. 알고 보면 물속에서 숨을 쉬기 위해 끊임없이 헤엄쳐야 하고, 기생충에게 공격당해 눈이 멀기도 하는 등 상어의 삶도 만만치 않아요. 그런가 하면 넓디넓은 바다에서 피 한 방울만 떨어져도 금세 알아차리고, 다른 동물의 심장 박동 소리까지 느낄 수 있는 아주 예민한 동물이기도 하지요.

상어는 어디서 볼 수 있을까?

상어는 전 세계 모든 바다에서 볼 수 있어요. 얼음이 떠다니는 차가운 북극해나 따뜻한 열대 바다에도 살지요.

멸종된 거대 상어

메갈로돈은 2,500만~200만 년 전에 살다가 멸종된 상어예요. 몸길이는 15m에, 자동차도 으스러뜨릴 만큼 힘센 턱이 있었어요. 그때는 자동차는 없었을 테고, 커다란 고래도 거뜬히 사냥해서 아작아작 먹어 치웠지요.

고래상어의 무늬

고래상어의 무늬는 매우 다양해요. 사람의 지문처럼 무늬가 서로 똑같은 고래상어는 전혀 없어요.

상어의 먹이

상어는 대부분 육식 동물이에요. 보통은 물고기, 바다사자, 돌고래, 거북, 가오리, 플랑크톤 같은 것을 먹지요. 하지만 배고플 때면 무엇이든 가리지 않고 다 먹는다고 해요. 언젠가는 **그린랜드상어** 배에서 북극곰 두개골이 발견된 적도 있었답니다!

▶ **고래상어**는 엄청난 양의 물을 들이마시면서 플랑크톤과 작은 물고기도 함께 삼켜요. 이 많은 물을 다 삼킬 수는 없어서, 먹이만 남기고 물은 다시 뱉어내지요. 한 시간에 1,500,000ℓ에 이르는 물을 몸 밖으로 내보내는데, 이것만으로도 고래상어가 얼마나 많이 먹는지 짐작할 수 있을 거예요.

▶ 물속에서 피 냄새를 맡으면 그 먹잇감으로 떼 지어 몰려드는 상어도 있어요. **백상아리**는 바닷물 100ℓ에 피 한 방울만 섞여 있어도 냄새를 맡을 수 있지요.

▶ **진환도상어**는 몸이 매우 유연해서 반으로 구부릴 수도 있어요. 꼬리 길이가 몸길이만큼이나 긴데, 이 꼬리를 휘둘러서 지나가는 물고기를 산산조각 내지요.

▶ **검목상어**는 몸길이가 30cm쯤밖에 되지 않는 작은 상어예요. 아래턱에 커다란 세모꼴 이빨이 나 있는데, 이걸로 고래 같은 커다란 포유동물의 살점을 이빨로 깨물고 뒤틀어서 둥근 모양으로 잘라 먹어요. 이따금 어떤 고래를 보면 온몸이 검목상어가 남긴 둥그런 상처로 뒤덮인 모습을 볼 수 있지요. 그 흔적이 마치 쿠키커터로 잘라낸 것 같다고 해서 영어로는 '쿠키커터상어'라는 이름으로 불린답니다.

눈 좀 찌르지 마!

거칠고 힘센 상어에게도 약점이 하나 있어요. 바로 눈이에요. 어떤 상어는 바깥 눈꺼풀 아래 얇지만 질긴 눈꺼풀이 하나 더 있어서 눈동자를 보호할 수 있어요. 하지만 모든 상어 눈꺼풀이 두 겹은 아니라, 먹이가 요동칠 때 눈을 안전하게 보호할 방법을 찾아야 해요. **백상아리**는 아주 간단한 방법으로 해결하는데, 눈동자를 뒤로 굴려서 흰자위만 보이게 하는 거예요. 눈만 보호하는 게 아니라 훨씬 더 무서워 보이는 효과도 덤으로 따라오지요!

상어
a shark

상어 무리
a shiver of sharks

상어가 물속에서 숨이 막힌다고?

어떤 상어는 숨을 쉬려면 계속 헤엄쳐야 해요. 상어 코는 숨 쉬는 데는 쓰이지 않고 냄새 맡는 데만 쓰이거든요. 숨은 아가미로만 쉴 수 있어요. 헤엄치는 동안 입으로 들어온 신선한 물에서 산소를 흡수하고 다시 아가미로 물을 내보내지요. 가만히 있으면 산소가 가득 찬 신선한 물도 들이마실 수 없어요. 어떤 상어는 좀 더 나은 방법으로 숨을 쉬어요. 물이 입과 아가미로 들어올 때까지 기다리기만 하는 게 아니라 적극적으로 빨아들였다 내보내지요. 그렇게 해서 멈춰 있을 때도 산소가 풍부한 물을 들이마실 수 있어요.

화산에 사는 상어?!

* 해저 화산: 바다 밑에 생긴 화산

화산에 사는 상어가 있다면 도무지 믿기 어렵겠지만, 여러 과학자가 해저 화산* 안에 사는 상어를 찾아낸 적이 있답니다! 심지어 휴화산도 아니에요. 태평양에 있는 카바치 해저 화산인데, 이 주변 바다는 화산 때문에 뜨겁고 산성도가 높으며 탁하기까지 해서 생물이 살기 어렵지요. 과학자들은 여기서 어떻게 상어가 살아남을 수 있는지 여전히 조사하는 중이랍니다. 그런데 언제 터질지 모르는 화산 지역으로 사람을 보낼 수는 없어서, 조사 과정이 쉽지는 않아요. 최근에는 아주 깔끔한 방법을 찾아냈답니다. 바로 로봇을 보내 정보를 모으는 거예요!

대단해!

장수하는 상어

그린랜드상어는 평균 272년이나 살 수 있고, 400년까지 살기도 해요. 지구상의 모든 척추동물 가운데 가장 오래 살지요! 이 상어는 어른이 되어서도 1년에 1cm씩이나마 꾸준히 자란답니다.

상어 나이가 얼마나 되는지 알아내기는 꽤 어렵고 잘못 세기도 쉬워요. 가장 흔히 쓰는 방법은 시간이 지나면서 등뼈에 새겨지는 연골의 고리 수를 세는 거예요. 나이테 수를 세어 나무 나이를 아는 방법과 비슷하지요. 그린랜드상어 나이는 눈동자에 난 층의 수를 세어서 알 수 있어요. 해마다 새로운 층이 생기거든요.

성가신 기생충

그린랜드상어는 90%가 눈동자에 기생충이 살고 있어요. 이 기생충은 상어 눈을 멀게 하는 엄청난 피해를 주지요. 다행히 그린랜드상어는 대부분 춥고 어두운 바닷속 저 깊은 곳에서 오래 머무르기 때문에, 시력이 좋을 필요가 별로 없답니다.

● 플래너리 박사님의 탐험 수첩 ●

제가 가장 좋아하는 상어는 융단상어예요. 3m까지 자랄 수 있고, 입 둘레에 해초처럼 생긴 좀 이상한 수염이 나 있어요. 융단상어는 보통 바다 밑바닥이나 동굴에 머물러요. 빅토리아주 해안에서 스쿠버 다이빙을 할 때 종종 해저 동굴에 숨어 있는 융단상어를 보았는데, 작은 가재로 온몸이 뒤덮여 있기도 했어요. 융단상어는 아주 순했어요. 하지만 꼬리는 절대 건드리면 안 돼요. 번개처럼 홱 돌아서 여러분을 물어 버릴지도 모르거든요! 저는 상어랑 함께 헤엄친 일이 여러 번 있어서, 마치 강아지처럼 친근하게 느껴져요. 상어는 상냥하고 호기심도 많은 동물이라, 커다란 개 옆에 다가갈 때처럼 조금만 주의 깊게 행동하면 되지요. 상어와 나란히 헤엄쳐 보면 자연을 존중하는 새로운 방법을 배울 수 있어요. 태평양의 섬에 사는 사람들은 언제나 상어나 악어와 함께 수영해요. 동물의 움직임과 습관을 잘 아니까 가능한 것이죠. 악어와 상어도 마찬가지로 사람들의 움직임과 습관을 잘 알고요. 몇몇 상어와 악어는 아마 함께 수영하는 사람들이랑 나이도 비슷할 거예요.

상어들의 해수욕

우리는 보통 상어가 육지 가까운 바다에서 돌아다니는 모습을 떠올리곤 해요. 물론 육지 가까이 다가오길 좋아하는 상어도 있지만, 대부분은 넓디넓은 바다 한가운데나 빛도 들지 않는 깊은 바다를 더 좋아해요. **돌묵상어**는 거의 사람 눈에 띄지 않는 깊은 바닷속에 머무르고, 바다 표면 가까이 올라오는 시간은 일생에서 10%밖에 되지 않아요. 한편 **황소상어**를 비롯한 몇몇 상어는 바다에서만 사는 게 아니라 강줄기를 따라 내륙으로 들어와 살기도 해요.

상어는 얼마나 클까?

고래상어는 세상에서 가장 큰 물고기예요. 몸길이는 12m까지 자라고 무게도 25,400kg이나 나가요. 아프리카코끼리 네 마리 무게보다 더 무겁지요. 그런가 하면 **애기랜턴상어**는 16cm 밖에 되지 않을 만큼 아주 작아요.

너무 바쁜 상어 이빨 요정

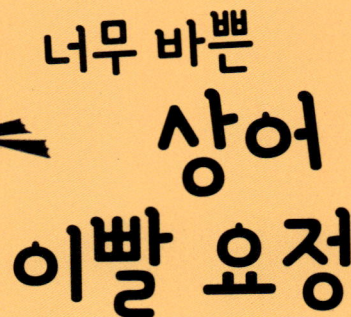

상어는 입 속에 깜짝 놀랄 만큼 수많은 이빨이 여러 줄로 나 있어요. **백상아리** 이빨은 무려 300개나 되고, 이빨이 더 많은 상어도 있어요! 상어는 이빨이 자주 빠지는데, 뭐든지 깨물기를 좋아하니까 당연한 일이죠. 그래서 빠진 이빨을 대신할 이빨 여러 개를 마련해 두어야 해요. 신기하게도 이빨이 빠지면 뒷줄에 있던 이빨이 앞으로 나와서 자리를 메꿔요. 마치 이빨로 가득 채워 놓은 컨베이어 벨트처럼요.

가장 빠른 상어

청상아리는 세상에서 가장 빠른 상어로, 시속 96km로 헤엄칠 수 있어요. 그다음으로 빠른 상어는 **악상어**와 **백상아리**예요.

상어는 평생 이빨 5만 개가 새로 나요.

물에 사는 동물 상어

찌릿찌릿 전기를 찾아라!

상어는 전기를 수용하는 능력이 있어요. 거의 초능력에 가까운 신기한 능력이지요. 상어 주둥이에는 구멍이 수없이 나 있는데, 그 안에는 전기 에너지에 민감하게 반응하는 젤리 같은 물질이 들어 있어요. 이 젤리 덕분에 상어는 바닷속 물고기나 여러 동물이 일으키는 아주 작은 전류도 감지해 내요. 심지어는 심장 박동 같은 희미한 진동도 알아차려서, 먹잇감이 있는 쪽으로 쉽게 다가갈 수 있지요.

대단해!

기후 변화의 영향

기후 변화로 바닷물 온도가 올라가면서, 어떤 상어들은 먹이를 찾아 더 먼 곳으로 이동해요. 그런가 하면 계절에 따라 물이 따뜻한 곳으로 이동하며 살던 상어가 이제는 한곳에 머무르며 지내기도 하고요. 지금 사는 곳이 일 년 내내 충분히 따뜻하기 때문이에요. 상어는 최상위 포식자이므로, 기후 변화에 따라 해양 생태계의 섬세한 균형이 금세 무너질 수 있어요.

공룡보다 오래된 상어

전 세계 바다에는 450종이 넘는 상어가 살아요. 그중에 여러 종이 아주 오랜 옛날부터 살았던 고생물의 후손이에요.

▶ **여섯줄아가미상어**의 조상은 2천만 년 전, 그러니까 공룡보다도 먼저 살았어요.

▶ **주름상어**는 약 8천만 년 전부터 살았는데, 그 오랜 시간 동안 모습도 별로 달라지지 않았어요. 오늘날의 주름상어는 뱀처럼 생긴 기다란 몸에, 입 속에는 얇고 날카로운 이빨이 300개나 들어 있지요.

이런 가족 저런 가족

고깔머리귀상어나 **뿔상어** 같은 몇몇 상어의 암컷은 수컷 없이도 홀로 새끼를 낳을 수 있어요! 보통 주변에 수컷이 없을 때 그렇게 하는데, 이때 낳은 새끼는 언제나 암컷이지요.

모래뱀상어는 새끼집*이 두 개예요. 왜냐고요? 같은 새끼집 속에 있는 새끼들이 잔인하게도 약한 형제자매를 잡아먹거든요! 두 새끼집에 따로따로 나눠 놓지 않으면, 언제나 새끼를 한 번에 한 마리만 낳을 수 있을 거예요. 끈질기고 강한 녀석만 살아남는 거지요!

* 새끼집: 어미 몸속에서 새끼가 자라는 기관

물에 사는 동물 • 상어

수달

수달은 족제빗과에 속하는 수생 동물*로, 바다나 강, 호수 등 어느 물에서든 잘 살아요. 수컷은 보통 가족 옆에 오래 머무르지 않고, 어미 수달만 새끼들과 함께 살아요. 어미한테서 헤엄치는 법도 고기 잡는 법도 다 배우지요. 수달 가족이 함께 지내는 모습은 얼마나 귀여운지 몰라요. 다음 페이지를 넘겨서 수달끼리 손을 맞잡은 그림을 보면 여러분도 같은 생각이 들걸요. 수달은 타고난 수영 선수인 데다, 어린이 친구들처럼 물 미끄럼 타기도 아주 좋아해요. 수달이 왜 돌멩이를 들고 다니는지, 매번 정해진 자리에 똥을 누어 그걸로 뭘 하는지도 알아보아요.

*수생 동물: 물속에서 사는 동물

수달은 어디서 볼 수 있을까?

수달은 남극과 오스트레일리아를 뺀 모든 대륙의 물가에서 살아요. **해달**은 태평양을 둘러싼 북아메리카와 아시아의 바닷가에서 살고요.

수달은 돌멩이를 여러 차례 공중으로 던졌다 받으면서, 저글링하듯이 혼자서 돌멩이를 가지고 놀아요.

수달 an otter
해달 a sea otter
수달 무리
a romp of otters
(땅에 있을 때)
a raft of otters
(물에 있을 때)

물에 사는 동물 • 수달

식사 시간!

수달과 해달은 모두 육식 동물이에요. **해달**은 오징어, 물고기, 게, 성게 들을 먹어요. 강에 사는 수달은 개구리, 참게, 물고기, 가재 들을 먹고요. 수달은 날마다 자기 몸무게의 15%에 이르는 양을 먹어 치울 수 있는데, 그중에서도 **캘리포니아해달**이 먹는 양은 차원이 달라요. 몸무게의 25~35%나 먹어 치우거든요.

▶ 수달은 길고 민감한 수염이 나 있어서, 물에서 일어나는 아주 작은 움직임도 알아차릴 수 있어요. 그 덕분에 먹이가 다가오면 금세 찾아내지요.

▶ 해달은 좋아하는 먹이가 따로 있어요. 여러분이 편식하는 것하고 비슷하죠? 검은 달팽이나 성게를 즐겨 먹는 건 안 비슷하지만요. 부모는 보통 자기가 잘 먹는 음식을 아이들에게도 먹이므로, 세대가 지나도 좋아하는 먹이가 잘 바뀌지 않아요.

▶ 어미 수달은 새끼들에게 고기 잡는 법을 가르칠 때, 물고기를 잡았다가 놓아주어서 새끼 수달이 직접 잡아 보도록 해요.

▶ 해달은 조개류를 즐겨 먹어요. 해달 이빨은 여러분 것보다 꽤 튼튼하지만, 조개껍데기를 깨부술 만큼은 아니어요. 그래서 돌멩이를 쓰지요! 해달은 저마다 특별한 돌멩이를 들고 다니는데, 쓰지 않을 때는 겨드랑이 아래 피부 주머니에 넣어 두어요. 그러다가 해산물을 좀 먹어야겠다 싶으면 돌멩이를 꺼내어 가슴 위에다 반듯이 올려놓고는, 앞발로 불쌍한 조개를 움켜쥐고 돌멩이에다 마구마구 두드려서 껍데기를 부순답니다.

도구를 쓰다니, 대단해!

수달은 전 세계에 13종이 있는데, 대부분 수가 크게 줄어들고 있어요. **북아메리카수달**만은 다행히 수가 줄지 않고 잘 지내고 있지만, 5종은 심각한 멸종 위기에 놓여 있어요. 개체 수가 줄어든 이유 가운데 하나는 오랫동안 인간이 수달 털을 얻으려고 사냥해 왔기 때문이에요.

13가지 수달

아끼고 보호해 주세요!

1. 해달 멸종 위기
2. 수달(유라시아수달)
3. 털코수달(한동안 멸종된 것으로 알려졌어요.) 멸종 위기
4. 얼룩목수달
5. 비단수달
6. 북아메리카수달
7. 남아메리카수달(큰강수달) 멸종 위기
8. 아마존수달(긴꼬리수달)
9. 큰수달 멸종 위기
10. 작은발톱수달
11. 아프리카민발톱수달
12. 콩고민발톱수달
13. 바다수달 멸종 위기

거친 녀석들

수달 무리는 여럿이 떼로 뭉쳐 큰 소리를 내면서 포식자를 겁주어 물리치기도 해요. 생김새는 하나도 무서워 보이지 않지만, 재규어도 쫓아 버렸다는 기록이 있을 만큼 사나운 동물이랍니다.

타고난 수영 선수

해달은 때때로 뭍으로 올라와 쉬었다 가고, 강에 사는 수달도 굴에서 잠을 자거나 땅에서 놀기도 해요. 그래도 둘 다 물속에서 더 많은 시간을 보내지요. 수달의 몸은 물속에서 활동하기에 딱 맞은 구조로 이루어져 있어요.

▶ 발에 물갈퀴가 나 있어서 헤엄치기 좋아요.

▶ 귀와 코는 물속에 들어가면 막히는 구조로 되어 있어서, 다이빙할 때도 물이 들어가지 않아요.

▶ 수달의 폐는 물속에서 8분이나 숨을 참을 수 있을 만큼 힘이 좋아요.

▶ 수달은 넓적하고 힘센 꼬리가 있어서, 물속에서 팔다리가 하나 더 있는 것처럼 힘차게 물을 밀어내고 나아갈 수 있지요.

▶ 수달의 몸은 엄청나게 두꺼운 두 겹의 털로 뒤덮여 있어요. 안쪽에는 짧은 털이 있고, 그 위에 긴 털이 한 겹 더 나 있지요. 이런 구조로 된 털이 피부 가까이에 공기를 가두어 놓아서, 얼음장처럼 차가운 물에서 수영할 때도 온몸을 따뜻하고 보송보송하게 유지해 주어요.

대단한데!

속성 수영 강습

새끼 수달은 태어나자마자 자연스럽게 물에 뜰 수 있어요. 스펀지처럼 물에 둥둥 떠다니지만, 곧바로 헤엄칠 수는 없지요. 그래도 다행히 수영을 배우는 데 그리 오래 걸리지 않아요. 어미에게 두어 번 헤엄치는 방법을 배운 다음에는 프로 선수처럼 씩씩하게 헤엄쳐 다니지요.

물에 사는 동물 · 수달

수달은 얼마나 클까?

큰수달은 이름처럼 수달 가운데 가장 커요. 키가 180cm까지 자라서, 웬만한 사람 어른보다 더 크지요. 그런가 하면 가장 무게가 많이 나가는 수달은 41kg에 이르는 **해달**이랍니다.
가장 작은 수달은 **작은발톱수달**이에요. 기껏해야 5kg밖에 나가지 않아요. 닥스훈트 무게의 절반 정도지요. 몸길이도 짧아서 90cm 정도밖에 자라지 않아요.

엄마랑 둘이서

새끼 수달이 수영을 배우는 동안, 어미 수달은 새끼가 파도나 강물에 휩쓸려 가지 않도록 단단히 지켜 주어야 해요. 어미 수달이 새끼를 지키는 몇 가지 영리하고도 사랑스러운 방법을 소개합니다.

▶ 어미 수달은 새끼를 배 위에 올려 두고 품에 꼭 안은 채로 물 위에서 둥둥 떠다니곤 해요.

▶ 어미와 새끼 수달은 나란히 물 위에 누워 떠다니면서, 물살에 휩쓸려 멀어지지 않도록 앞발을 서로 꼭 붙잡고 있기도 해요.

▶ 해달은 새끼를 주변에 떠다니는 해초 덩어리로 묶어 두어서, 새끼들이 떠내려가지 않도록 지키면서 먹이를 사냥할 수 있답니다.

똥에 담긴 메시지

수달은 똥을 아주 특별하게 생각해요. 사람과 마찬가지로 아무 데나 똥을 누지 않고, 신경 써서 정해 둔 곳에 누어요. 다른 수달의 똥 덩어리 냄새를 맡아서 똥 주인의 나이나 성별 같은 여러 정보를 알아내기도 하지요. 굳이 똥 냄새를 맡아서 서로를 알아본다는 게 좀 더럽게 느껴지겠죠? 그런데 어떤 사람 말로는 수달의 똥에서 재스민차나 갓 베어 낸 마른풀처럼 꽤 괜찮은 냄새가 난다고도 해요! 물론 이 생각에 모두가 동의하는 건 아니고, 누군가는 썩은 생선처럼 고약한 냄새가 난다고도 하지만요. 언젠가 여러분이 수달 똥을 직접 보게 된다면, 직접 냄새를 킁킁 맡아 보고 어떤 느낌인지 꼭 알려 주세요!

웩!

복어

복어는 부리부리한 두 눈과 크고 두툼한 입술이 특징이지만, 귀여운 모습에 속으면 안 돼요! 이 깜찍한 얼굴로 먹잇감을 다양한 방법으로 괴롭히거나 죽음에 몰아넣기도 하니까요. 엄청나게 튼튼한 이빨로 물어뜯거나, 온몸을 부풀려서 포식자의 숨통을 틀어막기도 해요. 무시무시한 독은 또 어떻고요!

복어는 얼마나 클까?

애기복어는 몸길이가 2.5cm 정도밖에 되지 않아요. 500원짜리 동전만 한 크기지요. 한 손에 움켜쥘 만큼 작지만, 물론 그래서는 안 되겠죠!

복어
a pufferfish

복어를 비롯한 물고기 무리
a school of fish

복어는 어디서 볼 수 있을까?

복어는 따뜻한 물을 좋아하고, 특히 열대 지방 바다에 많이 살아요. 아열대 지방에도 살고 강물로 흘러들어 오기도 하지만, 추운 지방에서는 볼 수 없어요.

복어는 헤엄칠 때 앞으로만 아니라 뒤로도 나아갈 수 있어요. 물고기에게는 퍽 드문 기술이지요.

발 조심!

줄무늬복어 같은 어떤 복어는 이빨로 깨물기를 좋아해요. 이빨 힘이 매우 세서, 사람 발을 깨물면 살점이 크게 한 덩어리가 떨어져 나갈 수도 있대요.

으악!

물에 사는 동물 • 복어

무조건 피해!

복어는 헤엄치는 속도가 느려서 수중 생물 치고는 좀 불리하지요. 다행히 이 단점을 뛰어넘는 멋진 기술이 여럿 있답니다!

▶ 복어는 위험하다고 느끼면 어마어마한 크기로 부풀어 올라요. 공기가 아니라 물을 엄청나게 들이마셔서 풍선처럼 부풀기 때문에, 숨을 참을 필요는 없답니다. 포식자 입에 들어간 다음에도 잔뜩 부풀어 올라서 목구멍을 틀어막아 숨 쉬기 힘들게 해요. 이런 식으로 끝까지 포기하지 않고 싸우지요.

▶ 복어는 비늘이 없고 온몸이 질긴 피부로 덮여 있어요. 주변 환경에 맞추어 피부색을 바꿀 수도 있지요.

▶ 복어 중에는 온몸에 가시가 있는 종이 많아요. 평소에는 가시가 납작 누워 있어서 알아보기 힘들지만, 몸이 부풀면 꼿꼿이 솟아올라 눈에 확 띄지요.

▶ 여러 복어의 몸에는 '테트로도톡신'이라는 독이 꽉 들어차 있어요. 복어 한 마리에만 아이스하키 선수 다섯 팀, 그러니까 자그마치 30명의 목숨을 빼앗을 만큼 엄청난 양의 독이 들어 있지요! 복어 독을 먹으면 처음에는 입술과 혀가 굳어지다가, 점점 온몸이 마비되어 결국 죽음에 이르러요. 복어 독은 다른 동물에게도 아주 치명적이에요. 상어 몇몇 종만이 복어를 먹고도 무사히 살아남을 수 있답니다.

암컷인가 수컷인가

애기복어는 태어날 때 성별이 정해져 있지 않아요. 나중에 자라면서 수컷이나 암컷이 되지요. 어떤 복어가 수컷이 되면 물에다 특별한 호르몬을 내뿜어서 가까이 사는 복어를 암컷으로 변하게 할 수 있어요. 그렇게 해서 이 복어는 경쟁자 없이 우두머리 수컷*이 될 수 있지요.

* 우두머리 수컷: 무리에서 가장 힘세고 서열이 높은 수컷

물속의 예술가

흰점복어 수컷은 짝짓기를 위해 엄청난 노력을 기울여요. 일주일 동안 24시간 내내 일해서 바다 밑 모랫바닥에 정성껏 둥지를 만들지요. 둥지 모양은 마치 예술 작품처럼 아름다워요. 환한 빛줄기처럼 한가운데서 바큇살 모양으로 뻗어나간 모래 봉우리와 계곡이 둥그렇게 펼쳐져 있답니다. 모래 속에서 꿈틀거리며 모양을 만든 다음, 한 걸음 더 나아가 조개껍데기나 산호 조각을 주워다 섬세하게 꾸며서 걸작을 만들지요! 마침내 짝을 찾으면 알에서 새끼가 깨어날 때까지 머물다가 둥지를 버리고 떠나요. 어렵게 만든 둥지지만 두 번 다시 쓰지 않고, 다른 곳으로 떠나서 새로운 둥지를 짓는답니다.

게

게는 갑각류 동물로, 바닷가재와 새우의 친척이에요. 여러분도 이 생물이 그렇게 낯설지는 않겠지요? 여덟 개의 다리로 바닷가나 강가에서 부리나케 돌아다니는 모습을 한 번쯤은 본 적이 있을 테니까요. 그런데 게는 종류가 무려 4,500가지나 된답니다. 물가에서만 사는 것도 아니고, 땅 위나 나무 위에 사는 게도 있어요!

꼭 안아 주고 싶다고?

테디베어게나 **아카이우스게**를 비롯한 몇몇 게는 몸 전체에 보들보들한 털이 나 있어요. 겉으로는 부드럽고 보송보송해 보이지만, 속으면 안 돼요. 털 속에 딱딱한 껍데기와 뭐든지 뚝 부러뜨리는 힘센 집게발을 숨기고 있으니까요!

게 crab

게 무리
a cast of crabs

사냥하는 게

다른 동물을 잡아먹는 게도 있고, 식물을 먹는 게도 있어요. 게들은 꽤 신기한 방법으로 먹잇감을 찾아내지요.

▶ **병정게**는 여러 마리가 무리를 이루어 함께 먹잇감을 찾아요. 한 구역씩 차근차근 훑어가면서 바닷가 구석구석에 숨겨진 아주 작은 먹이까지 샅샅이 찾아내요. 반질반질하던 바닷가는 금세 병정게가 먹이를 찾아 파헤치면서 생긴 울퉁불퉁한 모래 뭉치로 뒤덮이지요.

▶ **속살이게**는 몸집이 콩알만큼이나 작고, 굴·홍합·조개 등의 껍데기 속에서 살아요. 이 게는 먹이를 찾아 나설 필요가 없어요. 집주인이 먹이를 껍데기 안으로 들이면, 그저 가만히 앉아서 훔쳐 먹기만 하면 되지요!

▶ **엽낭게**는 집게발로 모래를 떠서 입에 마구 몰아넣어요. 모래 알갱이 사이에 있는 작은 먹이를 쏙쏙 골라 먹고, 남은 모래를 뱉어 낸 다음 공처럼 굴리다가 버리고 가지요. 움직임도 매우 빨라요! 썰물 때 재빨리 모래밭을 뒤져서 먹이를 찾은 다음, 다시 모래 속으로 꼭꼭 파고 들어서 밀물에 휩쓸리지 않도록 하지요.

방패를 하나 더

성게게는 다른 게처럼 딱딱한 껍데기가 있어요. 하지만 원래 갖고 있는 갑옷으로 만족하지 않고 한 겹 더 보호막을 만든답니다. 바다 밑바닥에서 성게나 돌멩이, 조개껍데기 같은 것을 주워 고아서 방패처럼 등에 둘러메고 다니는 거예요. 그중에서도 특히 무시무시한 독성 가시가 돋친 성게를 고르는 경우가 많아요. 성게는 그러거나 말거나 별로 신경 쓰지 않아요. 새로운 먹이가 있는 곳으로 옮겨지는 거니까요. 하지만 성게게한테는 매우 중요한 일이므로, 다리 네 개만 써서 걸어 다니고 나머지 네 다리로는 방패를 꼭 붙들어 메지요!

사람보다 큰 게, 콩처럼 작은 게

여러분이 바닷가에서 본 것처럼 작고 귀여운 게만 있는 것은 아니에요. **거미게**는 다리 길이만 자그마치 4m가 넘지요! 지금까지 살았던 가장 커다란 사람의 키가 2.72m라고 하니까 얼마나 큰지 짐작이 되겠죠? 정말 무시무시하게 크답니다. 거미게는 100년까지도 살 수 있어서 성장할 시간도 아주 넉넉해요. 그런가 하면 크기가 가장 작은 **속살이게**는 콩알만큼 작아요. 겨우 6mm 정도밖에 되지 않지요.

위 속에 난 이빨

게는 위가 두 개 있는데, 그 중 하나에는 이빨이 나 있어요. 입 속에 이빨이 없는 대신 위에 있어서, 꿀꺽 삼킨 먹이를 잘게 부순 다음 두 번째 위로 보내어 소화를 마무리하지요.

이겨라! 우리 팀!

물에 사는 동물 • 게

폼폼게는 자그마한 집게발이 있지만 거의 눈에 띄지 않아요. 집게발로 움켜쥐고 있는 폼폼, 즉 응원용 술처럼 생긴 것이 온통 눈길을 사로잡거든요. 이것은 사실 말미잘인데, 포식자를 쫓아 버릴 때 쓰려고 들고 다니는 거예요. 말미잘 한쪽을 잃어버리면 잔인하게도 남은 하나를 찢어서 둘로 만들어요! 다행히 말미잘은 생존력이 강해서, 양쪽 다 금세 완전한 말미잘이 되지요. 폼폼게는 남은 먹이를 말미잘에게 나눠 주므로, 말미잘이 손해만 보는 건 아니에요.

밀착 취재
크리스마스섬홍게

크리스마스섬홍게는 이름처럼 인도양에 있는 크리스마스섬에 살아요. 껍데기가 눈에 확 띄는 붉은색으로 되어 있지요.

▶ 이 화려하게 생긴 게는 주로 식물을 먹고, 숲에 떨어진 낙엽 사이를 뒤져 먹이를 찾아내요.

▶ 크리스마스섬홍게는 땅 위에서 살지만, 아가미를 축축하게 유지해야 숨을 쉴 수 있어요. 그러므로 절대로 햇볕을 쬐지 않아요! 그늘 속에 머무르며 태양열을 피하고, 굴을 파고 들어가 잠을 자요. 더운 계절이 오면 굴속에 들어가 무려 3개월이나 머물러요. 심지어 굴 안이 마르지 않도록 입구를 틀어막기도 하고요.

▶ 크리스마스섬홍게는 뭍에서 살아가지만, 처음 태어나서 한 달쯤은 바다에 머물러요. 따라서 새 가족을 꾸릴 준비가 되면 바닷가로 떠나야 하지요. 바닷물이 가장 높이 올라올 때를 골라 바다로 가는데, 이때가 되면 갑자기 엄청난 수의 홍게가 숲에서 쏟아져 나와 바다로 향해요. 한번 상상해 보세요. 새빨간 홍게 수백만 마리가 한꺼번에 움직이는 모습은 정말이지 장관이랍니다. 몸을 숨기거나 눈에 띄지 않는 곳으로 돌아가지도 않고, 당당하게 바다를 향해 똑바로 나아가며 대단한 구경거리를 만들어요. 두어 주 동안 거대한 홍게 무리가 함께 도로를 건너고 물때 긴 절벽을 지나가지요. 심지어 가는 길에 집이 있어도 아랑곳하지 않고 계속 직진해서, 마침내 바다에 이르러요. 그야말로 아수라장이지요!

사막에 사는 게

내륙민물게는 오스트레일리아의 매우 건조한 사막 지역에서 살아요. 심하게 더울 때나 가뭄이 오래 이어질 때는 땅속 깊이 굴을 파고 들어가서 몸을 시원하게 유지하고, 비가 올 때까지 몸속에 쌓아 둔 지방을 태우며 목숨을 이어 가요. 이런 상태로 무려 6년이나 버틸 수 있답니다!

나무 위에 사는 게

육지에 사는 게도 있고 물속에 사는 게도 있어요. 심지어 나무 위에 올라가서 사는 모험심 강한 게도 있지요!

▶ 인도의 **카니 마란잔두**는 나무줄기의 빈틈 안에 살면서, 가느다랗고 뾰족한 다리로 나무껍질 위를 휙휙 뛰어다녀요. 육지에 사는 여느 게와 마찬가지로 숨을 쉬려면 아가미가 축축해야 하므로, 나무 구멍에 고인 빗물 웅덩이에 몸을 담그곤 하지요.

▶ **야자집게**는 땅에서 살지만 이따금 코코야자나무 위로 올라가요. 엄청나게 힘센 집게발로 그 단단한 코코넛을 따서 쪼개 먹을 수 있지요. 괴물처럼 무시무시하게 생긴 이 게는 몸무게가 4kg이 넘고 발을 뻗으면 1m나 돼요. 코코넛만 먹는 게 아니라 새를 사냥하기도 한대요! 나무 위로 기어올라 가엾은 새를 낚아채서는, 튼튼한 집게발로 손쉽게 뼈를 우두둑 부러뜨리는 거예요.

◆ 플래너리 박사님의 탐험 수첩 ◆

크리스마스섬은 인도네시아 자카르타 남쪽, 인도양에 있는 오스트레일리아령 작은 섬이에요. 이 섬은 게들의 왕국이랍니다! 커다란 육지 동물은 거의 살지 않고, 홍게와 청게, 야자집게를 어디서나 볼 수 있지요. 무려 수천만 마리나 살고 있거든요. 언젠가 크리스마스섬에 있는 작은 학교에 들렀는데, 청소부가 남은 음식을 학교 뒤편에 사는 야자집게들 먹으라고 뿌려 주기 시작했어요. 그 모습을 구경하다 보니, 어느 순간 먹이를 기다리는 야자집게 수백 마리에게 둘러싸여 버렸지요. 커다란 괴물 거미들에게 포위된 느낌이었답니다!

으악, 소름!

무사를 닮은 게

어떤 게는 껍데기에 깊이 파인 홈과 주름이 마치 험상궂은 사람 얼굴처럼 보이기도 해요. 바로 **조개치레**라는 게인데, 껍데기가 꼭 옛날 일본 무사인 사무라이를 닮았다고 해서 '사무라이게'라고 불리기도 하지요.

게는 어디서 볼 수 있을까?

게는 전 세계의 바다 어디에나 살고 있어요. 땅 위나 강물에 사는 게는 주로 따뜻한 지역이나 열대 지방에서 볼 수 있지요.

해마

해마는 동서양에서 두루 '바다에 사는 말'이라는 뜻의 이름이 붙을 만큼, 얼굴이 말하고 무척 비슷해요. 튼튼한 발굽을 지닌 육지 동물 말과 신기하리만치 닮았지만, 말이나 포유류하고는 전혀 상관없는 물고기의 일종이랍니다. 해마는 그리스 신화 속에서 바다의 신 포세이돈의 마차를 힘차게 끌고 가는 멋진 모습으로 나오는데, 사실은 물고기면서도 제대로 헤엄을 못 쳐요. 그 대신 숨바꼭질 하나는 기가 막히게 잘하지요. 게다가 짝이랑 꼬리를 감고 다정하게 춤을 추면서 알록달록 몸 색깔도 바꿀 줄 아는 멋쟁이랍니다.

해마
a seahorse

해마 무리
a herd of seahorses

해마는 어디서 볼 수 있을까?

해마는 보통 전 세계의 따뜻하고 얕은 바닷가에서 살아요. 몇몇 종류는 아일랜드와 영국, 일본 등 약간 서늘한 바다에서 살기도 해요.

닻을 내려라!

해마는 몸이 매우 가벼우므로, 유연한 꼬리로 어딘가에 몸을 고정해야만 마구 떠다니지 않고 한곳에 머무를 수 있어요. 해초나 산호나 무엇에든지 몸을 돌돌 말아서, 가냘픈 몸이 바닷물에 휩쓸려 가지 않도록 꼭 붙들지요. 이동할 때도 떠다니는 해초 이파리 같은 것을 붙잡아 몸이 함부로 떠오르지 않게 하면서, 물결을 타고 원하는 곳으로 움직여요.

느리게 사는 삶

해마에게도 여러 가지 재주가 있긴 하지만, 수영 실력만큼은 정말 최악이에요. 그중에서도 **애기해마**는 전 세계에서 가장 느린 물고기랍니다!

▶ 해마의 위아래로 길쭉하고 특이하게 생긴 몸은 빠르게 헤엄치기엔 적당하지 않아요. 세로 방향으로 헤엄쳐 다니는 데도 별로 도움이 안 되지요.

▶ 해마는 지느러미도 몇 개 없어요. 머리 양옆에 나 있는 작은 지느러미로 방향을 조절하고, 등에 있는 좀 더 큰 지느러미로 물살을 헤치고 나아가요. 아주 천천히요!

▶ 해마는 등지느러미를 1초에 35번씩이나 파르르 움직일 수 있지만, 그래도 한 시간에 150cm밖에 나아가지 못해요. 그러니까 평균 키의 12살 먹은 사람이 반듯이 누워 있다면, 해마가 그 사람의 머리끝부터 발끝까지 헤엄쳐 가는 데 한 시간이 걸린다는 말이지요.

▶ 그래도 해마는 몸속에 있는 '부레'라는 공기 주머니를 이용해서 편리하게 움직여요. 공기를 적당한 양만큼 채우거나 비워서 원하는 만큼 떠오르거나 가라앉을 수 있지요.

해마는 무얼 먹을까?

해마는 몸집도 작고 수영도 잘 못하지만, 그렇다고 해서 식탐 많은 사냥꾼이 못 될 것도 없지요!

▶ 해마는 먹이를 열심히 쫓아다니기보다는 가까이 다가오기를 기다리는 편이에요. 해초나 산호에 꼬리를 말고 꼭 붙어서 가만히 기다리면서 주변에 떠다니는 것들을 뭐든지 먹어 치워요.

▶ 해마는 툭 튀어나온 길쭉한 주둥이로 먹이를 빨아들여요. 좁은 틈에 쑥 집어넣기도 편리하지요. 한 번에 삼키려는 양이 많아도 그에 맞춰 얼마든지 쭉쭉 늘어난답니다.

▶ 해마는 엄청난 양의 플랑크톤과 작은 갑각류를 먹어요. 어떤 해마는 하루에만 무려 3천 마리나 되는 소금새우를 먹어 치운답니다!

▶ 해마는 이빨이나 위가 없어서, 삼킨 먹이가 몸속을 빠른 속도로 빠져나가요. 위가 없는 탓에 배부르다고 느끼지도 못하므로, 언제나 무언가 먹고 있는 거랍니다!

꼭꼭 숨어라!

해마는 몸집도 작고, 깨물거나 독을 쏘는 능력도 없어요. 심지어 포식자보다 빨리 헤엄쳐 달아나지도 못하고요. 그럼 도대체 어떻게 바닷속에 사는 많고 많은 위험한 야수들의 저녁거리가 되지 않도록 자신을 지킬 수 있을까요? 아주 간단한 방법이 있죠. 아무 눈에도 띄지 않게 숨어 버리는 거예요!

▶ 해마는 보호색을 띨 수 있어요. 표면에 색소로 가득 찬 특별한 세포가 있어서, 위험한 상황이 되면 주변 환경에 맞추어 재빨리 몸 색깔을 바꿔요.

▶ 위험할 때만 몸 색깔을 바꾸는 게 아니에요. 몸 색깔로 지금 어떤 기분인지 드러내기도 하지요. 짝과 함께 춤출 때면 더 섬세하게 색이 변한답니다.

▶ 어떤 해마는 사는 곳에 맞추어 몸 색깔을 바꾼 다음에 평생 그 색으로 살아요. 산호 가까이에 사는 **피그미해마** 몇몇 종은 산호 색깔에 따라 보라색이나 주황색이 되지요. 그런데 주황색 해마 부부가 낳은 새끼 해마가 보라색 산호가 있는 곳으로 떠내려가면, 그 새끼 해마는 보라색 해마가 된답니다.

▶ 해마는 주변 환경에 더 완벽하게 녹아들기 위해서 피부 질감까지도 바꿀 수 있어요. 멍울이나 혹이나 거칠거칠한 껍데기를 만들어 산호나 바닷말처럼 보이도록 해서 몸을 숨기는 거예요.

큰 해마 작은 해마

가장 큰 해마는 **큰배해마**예요. 스케이트보드의 절반 정도 길이인 35cm까지 자라지요. 이름처럼 배가 정말 투실투실해요. 가장 작은 해마 종류에는 '피그미'라는 이름이 붙는데, **일본돼지해마**라고도 불리는 **일본피그미해마**는 쌀알 정도 크기로 아주 작아요. 일본 바닷가 가까이 사는 이 해마는 정말로 새끼 돼지처럼 생겼어요. 몸집 크기가 너무 차이 나긴 하지만요. 아마 여러분도 일본피그미해마를 보면 틀림없이 새끼 돼지처럼 귀엽다는 데 고개를 끄덕일 거예요.

헌신적인 아빠

해마에게는 다른 동물에게서 보기 힘든 색다른 특징이 하나 있는데, 바로 임신과 출산을 주로 수컷이 맡는다는 거예요. 해마가 짝짓기 할 때는 암컷이 수컷 몸에 있는 특별한 주머니 '육아낭'에 알을 낳아요. 그러면 수컷이 알을 수정시켜서 육아낭 속에 품고 다니지요. 30일쯤 지나면 수정란은 쪼글쪼글하고 자그마한 새끼 해마가 되어서, 마치 파티 폭죽에서 색띠가 터져 나오듯이 육아낭에서 톡톡 튀어나와요. 수컷 해마는 한 번에 새끼를 무려 2천 마리나 낳고, 바로 그날에 또다시 그만큼 알을 품을 수 있지요.

기후 변화의 영향

해마는 섬세하게 균형을 맞춘 환경에서 살고 있어서, 기후가 살짝만 달라져도 큰 피해를 당할 수 있어요. 기후 변화로 산호초나 바다 밑 해조류 초원이 점점 파괴되면서, 해마 11종이 멸종 위기 단계에서 '취약'이나 '위기' 단계에 놓여 있어요.

• 플래너리 박사님의 탐험 수첩 •

해마는 숨바꼭질의 명수라 바닷속에서도 좀처럼 만나기 힘들어요. 어린 시절에 스노클링하러 갔을 때 몇 번인가 해마를 본 적이 있긴 해요. 하지만 그보다는 겨울 폭풍이 불어닥치고 나서 바닷가로 떠밀려 온 해마를 더 자주 보았죠. 해마는 정말 뜻밖의 장소에서 나타나곤 해요. 가끔은 우리 동네 바닷가에서 해마를 찾을 때도 있어요. 바닷가에 밀려온 해초를 보면 샅샅이 잘 살펴보아야 해요. 그러다 해마 한 마리를 찾아내면 얼마나 신나는지 몰라요. 몇 번이나 보았어도 늘 신기하지요. 폭풍이 휩쓸고 간 바닷가에 가면, 해마 말고도 종이앵무조개나 복어, 그 밖에도 여러 가지 멋진 조개껍데기들을 얼마든지 찾을 수 있답니다.

뇌를 닮은 물고기

해마는 여러분의 뇌와 신기하게 연결되어 있어요. 해마랑 텔레파시가 통한다거나 그런 얘기는 아니고, 사람 뇌 속에 해마랑 꼭 닮은 부분이 있거든요. 기억을 담당하는 이 부분의 이름도 바로 '해마' 랍니다. '히포캄푸스'라는 영어 이름도 해마의 학명에서 따왔지요. 뇌에서 아주 중요한 이 부분은 길쭉하고 울퉁불퉁하며 끝이 휘어져 있어서 꼭 해마처럼 생겼답니다.

화내지 마

해마는 기분이 언짢을 때면 으르렁거리는 소리를 내기도 해요.

춤추는 단짝

해마 암수 한 쌍은 평생 함께 지내고, 둘이서 떨어지지 않도록 서로 꼬리를 감고 다니는 모습도 흔히 볼 수 있어요. 그걸로도 모자라서 아침마다 함께 춤을 추면서 사랑을 확인하지요. 꼬리를 맞잡은 채로 빙그르르 돌며 춤을 추어요. 일렁이는 물결에 몸을 맡기고 살랑살랑 흔들리는 동안, 몸 색깔도 살며시 달라지지요.

악 어

악어 하면 보통 물속에서 천천히 움직이거나 땅 위에서 어슬렁거리는 모습만 떠올리기 쉬워요. 그렇다고 우습게 보면 안 돼요! 악어는 살금살금 움직이고 가만히 숨어서 지켜보기만 하는 게 아니라, 필요하면 깜짝 놀랄 만큼 날쌔게 움직이고 운동 신경도 뛰어나요. 우리 인간을 포함해서 동물들은 대부분 악어가 눈앞에 바싹 다가와 입을 쩍 벌린다면 겁에 질려 부들부들 떨 거예요. 그런데 악어 입 속을 별로 끔찍하게 여기지 않는 대단한 동물도 있답니다. 악어가 사납고 거친 사냥꾼인 건 틀림없지만, 다른 동물과 도움을 주고받는 부드러운 면도 있지요.

악어는 어디서 볼 수 있을까?

악어는 오스트레일리아와 아시아, 남아메리카와 북아메리카, 아프리카에서 살아요.

악어
a crocodile, an alligator

땅 위에 있는 악어 무리
a bask of crocodiles

물속에 있는 악어 무리
a float of crocodiles

새끼 악어는 누가 돌볼까?

▶ 어미 악어는 포식자가 알을 삼켜 버리지 않도록 단단히 지켜야 해요. 이 중요한 일을 3개월이 넘도록 계속해야 하므로, 이따금 도와줄 동물을 고용하기도 해요. **나일악어**는 가까이에 둥지를 튼 도요새와 거래해요. 도요새는 악어알을 지켜 주고, 어미 악어는 포식자들이 함부로 도요새를 해치지 못하게 보호해 주는 거예요.

▶ 새끼 악어는 부화할 때가 되면 알 속에서 소리를 내기 시작해요. 나란히 놓여 있는 형제자매들에게 이제 밖으로 나갈 때라고 얘기하려는 거지요. 어미 악어도 이 희미한 소리를 들을 수 있어서, 새끼가 깨어나자마자 들어다 물가로 옮겨 줄 준비를 해요. 악어가 어떻게 새끼 악어를 옮기냐고요? 그 자그마한 앞발로 번쩍 들어 안아 옮기기는 확실히 힘들겠죠. 그 대신 입을 쩍 벌려서 무시무시한 이빨 사이로 들어오게 한 다음 물가로 데려간답니다!

악어는 75년까지도 살 수 있어요.

노래와 춤과 향수

악어는 짝을 유혹하기 위해 꿈틀꿈틀 움직이고, 물을 찰싹찰싹 치고, 거품을 일으키고, 우렁찬 소리를 내기도 해요. 수컷 악어는 사람이 향수를 뿌리는 것처럼 지독한 향을 내뿜기도 하고요. 이 향 물질이 물 표면에 기름처럼 둥둥 떠다니는 모습도 볼 수 있어요.

악어는 얼마나 클까?

인도악어는 오늘날 지구상에 사는 파충류 가운데 몸집이 가장 커요. 지금까지 알려진 가장 커다란 인도악어는 자그마치 1,000kg이나 나갔어요. 그랜드피아노 두 대 무게지요. 길이도 무려 6.17m로, 키가 2m씩 되는 농구 선수들보다 세 배는 더 커요.

가장 작은 악어는 **대기악어**인데, 무게가 18kg쯤밖에 되지 않고 몸길이도 보통 1.5m 정도예요. 악어치고 작긴 하지만, 그래도 꼬리 끝을 딛고 똑바로 선다면 여러분 키보다 클 거예요!

지구상에 살았던 가장 커다란 악어는 **사르코수쿠스**라고 알려져 있어요. 1억 1천만 년 전 중생대에 살았던 악어인데, 무게가 9,000kg에 몸길이는 11m에 이르렀다고 해요.

크로커다일과 엘리게이터를 어떻게 구분할까?

악어는 크게 '크로커다일(crocodile)'과 '엘리게이터(alligator)'로 나뉘는데, 둘을 구분하는 가장 쉬운 방법은 이빨을 들여다 보는 거예요. 물론 안전한 거리에 떨어져서 봐야겠죠! 엘리게이터는 입을 다물면 이빨이 전혀 보이지 않아요. 크로커다일은 커다란 이빨 두 개가 아래턱 양쪽에 하나씩 나 있는데, 입을 다물어도 쑥 삐져나와 보이지요.

악어의 칫솔

쩍 벌린 악어 입에서 물떼새가 이빨 사이를 통통 뛰어다니는 모습을 본 적 있나요? 아슬아슬해 보이지만 꽤 흔한 광경이랍니다. 물떼새가 죽을 각오라도 하고 그러는 건 아니에요. 악어 잇몸에 사는 기생충을 깔끔하게 쪼아 먹어 없애 주므로, 잡아먹힐 리 없다는 걸 잘 알지요.

체온 조절

악어는 날이 너무 더우면 입을 커다랗게 쩍 벌리고 있어요. 개가 더우면 헐떡헐떡 숨을 쉬어 몸을 식히는 것처럼 말이죠. 악어는 아무리 더워도 땀은 흘리지 않아요.

일회용 이빨

악어 이빨은 늘 빠지고 새로 나기를 반복해요. 한평생 이빨이 8천 개나 새로 난다고 해요.

예민한 감각

악어는 온몸에 작은 돌기가 우둘투둘 나 있어요. 머리와 이빨 주변에는 더 많이 나 있고요. 이 돌기는 여러분의 손가락 끝보다 더 예민해요. 물속에서 헤엄치면서 물 위에 빗방울이 떨어지는지도 알아차릴 만큼 감각이 발달했지요.

힘센 턱과 무시무시한 이빨

악어는 턱 힘이 매우 강해서 뼈도 쉽사리 으스러뜨릴 수 있지요. 그런데 뭔가 물어뜯을 때만 힘이 세고, 그에 비하면 입을 여는 힘은 매우 약해요. 그래서 주둥이를 끈으로 돌돌 묶어 놓으면 아무것도 물 수 없지요.

사냥하는 악어

악어는 육식 동물 가운데서도 최상위 포식자예요. 그래서 두 배로 더 위험하지요! 어떤 악어는 물고기나 새처럼 좀 작은 먹잇감을 쫓아다니지만, 커다란 악어는 더 커다란 먹잇감을 노려요. 원숭이, 들소, 하마, 심지어 상어까지 잡아먹어요.

▶ 악어 눈과 콧구멍은 얼굴 윗부분에 있어서, 온몸을 물속에 거의 푹 담그고도 숨을 쉬고 주위도 둘러볼 수 있어요. 악어는 이렇게 물 표면 가까이 도사리고 있다가, 목을 축이러 온 동물이 몸을 숙이면 물 밖으로 휙 솟아올라 동물을 공격해요.

▶ **아메리카악어**와 **늪악어**는 이따금 머리 위에 나뭇가지를 올려 두고 물속에 누워 있기도 해요. 그런데 새들이 둥지를 트느라 부지런히 나뭇가지를 모으는 계절에만 이런 행동을 하는 편이에요. 새가 나뭇가지를 주우러 가까이 다가오면 물속에서 갑자기 나타나 홱 잡아채려는 거예요.

▶ 악어는 몸이 무겁고 다리가 짧지만, 물 밖에서도 아주 빠른 속도로 움직일 수 있어요. 길고 힘센 꼬리를 이용하는 거예요.

▶ 악어는 때때로 '죽음의 구르기'를 선보여요. 먹잇감을 입에 꽉 물고는 산산조각 날 때까지 마구 뒹굴뒹굴 구르는 거예요. 땅 위에서도 물속에서도 구르기를 할 수 있지요. 먹잇감이 저항을 멈추고 숨이 멎을 때까지 계속 구른답니다.

악어가 사람도 잡아먹을까?

네, 맞아요. 여러 악어 종이 사람을 공격하고 잡아먹기도 해요. 바다에 사는 악어는 특히 더 위험하므로, 악어가 사는 곳에 놀러 갈 일이 있다면 수영할 때 정말 조심해야 해요.

플래너리 박사님의 탐험 수첩

20대 젊은 시절에 파푸아 뉴기니로 탐험하러 간 적이 있어요. 우리는 이틀쯤 꼬박 걸어서 어느 외딴 마을에 도착했어요. 돌아갈 때는 가방에 있는 공기 주입 매트리스를 부풀려 강물에 띄우면 뗏목처럼 타고 빨리 갈 수 있겠다는 생각이 들었지요. 날씨가 정말 좋았고, 굽이치는 물결을 따라 둥둥 떠다니며 야생 동물을 실컷 관찰했어요. 솔개 같은 맹금류*들이 머리 위를 빙글빙글 날아다니는 모습도 보았지요. 그런데 원래 출발했던 마을에 도착하자, 마을 사람 하나가 잔뜩 화난 얼굴로 노려보지 뭐예요. 그 사람은 나를 자기 집에 데려가서 벽에 걸린 커다란 악어 두개골을 보여 주었어요. 그러면서 내가 매트리스를 타고 떠다닌 강을 가리켰지요. 목숨을 건 어리석은 짓이었던 거예요.

* 맹금류: 독수리나 부엉이 등 다른 새나 짐승을 잡아먹고 사는 사나운 육식성 조류

물에 사는 동물 • 오리너구리

오리너구리

오리너구리가 처음 발견되었을 때, 어떤 과학자들은 누군가 속임수로 여러 동물의 몸을 누덕누덕 꿰매 놓은 게 아닌가 의심했어요. 마치 여러 사람 몸 부분을 이어 붙여 만든 프랑켄슈타인의 괴물처럼 말이죠. 오리너구리의 학명은 '오르니토르힌쿠스 아나티누스'로, 새의 부리를 지닌 오리처럼 생긴 동물이라는 뜻이에요. 생김새만 이상한 게 아니라 행동 방식도 독특해요. 새끼를 낳고 젖을 먹이는 방법도 정말 남다르고, 겉보기와 달리 순하지만은 않답니다.

오리너구리는 어디서 볼 수 있을까?

오스트레일리아 동부와 남동부 지역에 살아요.

기후 변화의 영향

기후 변화로 비는 덜 내리고 증발하는 양은 많아져서, 오리너구리가 살아가는 터전인 개울과 강물이 말라붙고 있어요.

오리너구리
a platypus

오리너구리 무리
a paddle of platypuses
(보통은 무리 지어 다니지 않아요.)

물속 뷔페식당

오리너구리는 강기슭에서 굴을 파고 살아요. 땅 위에서 걸어 다닐 수도 있지만, 주로 물속에서 헤엄치고 사냥하면서 지내요. 보통 곤충 애벌레, 올챙이, 새우 그리고 물속에 사는 딱정벌레나 여러 벌레를 잡아먹지요. 날벌레가 겁 없이 물 표면에 내려앉았다가 오리너구리 먹이가 되기도 하고요.

▶ 오리너구리는 날마다 무려 10~12시간씩 사냥을 해요.

▶ 하루 24시간 동안 자기 몸무게에 해당하는 양만큼 먹을 수 있어요.

▶ 오리너구리는 물속에서 보지도 듣지도 냄새 맡지도 못해요. 하지만 그 독특하게 생긴 부리로 먹잇감이 물속에서 돌아다닐 때 생기는 아주 작은 전류도 감지할 수 있어요. 부리가 바로 비밀 무기예요!

▶ 오리너구리는 물속에서 30~140초 동안 머물 수 있어요. 물속에서 먹이를 찾을 때면 여러 차례 재빨리 들어갔다 나오기를 반복하는데, 강바닥에서 벌레와 자갈, 떨어진 나뭇잎 같은 것들을 잔뜩 퍼 올려 먹을 것만 가려내요. 찾아낸 먹이는 모두 볼에 있는 특별한 주머니에 넣어 두었다가, 물 위로 올라온 다음에 둥둥 떠다니면서 맛있게 먹어요.

거북이 반찬

과학자들은 오리너구리 조상인 **오브두로돈 타랄쿠스킬드**(이름이 너무 어렵죠!)라는 동물의 이빨 화석을 찾아낸 적이 있어요. 500~1500만 년 전에 살았던 동물이지요. 이 고생물은 1m까지 자라고, 오늘날 오리너구리의 네 배 정도 무게랍니다. 튼튼한 이빨도 수두룩하게 나 있어서 새끼 거북 정도는 아작아작 씹어 먹을 수도 있었을 거예요.

타고난 수영 선수

오리너구리 몸은 육지에서 생활하기에는 불편하고 볼품도 없어요. 하지만 물속에서라면 얘기가 완전히 다르지요.

▶ 털이 두껍고 방수가 되어서 헤엄칠 때도 편리해요.

▶ 발가락 사이에 물갈퀴가 있어서 손쉽게 물살을 헤치고 원하는 방향으로 나아갈 수 있어요. 물갈퀴가 있으면 굴을 파기에는 불편할 수도 있는데, 다행히 물갈퀴를 속으로 집어넣을 수 있답니다. 날카로운 발톱으로 굴을 파서 방 여러 개를 만드는 데도 아무런 불편함이 없지요!

▶ 오리너구리는 물속에 들어갈 때 피부에 있는 특별한 덮개로 눈과 귀를 가려요. 심지어 잠수할 때 콧속에 물이 차지 않도록 막아 주는 장치도 있답니다. 참 편리하겠죠!

▶ 오리너구리는 물속에서 매우 빠르게 헤엄칠 수 있어요. 땅에서는 뒤뚱뒤뚱 천천히 걷지만, 물속에 들어가면 갑자기 초속 1m쯤 되는 속도로 재빨리 움직이지요.

젖먹이 동물

새끼 오리너구리가 알을 깨고 나올 때는 곰젤리보다 살짝 큰 정도예요. 오리너구리 어미가 새끼에게 젖을 먹이는 방법은 우리가 흔히 떠올리는 것하고 좀 달라요. 젖이 마치 자전거 탈 때 피부에 땀이 차듯이 배어 나오거든요. 그러면 새끼는 젖이 흘러내리지 않도록 곧바로 핥아 먹어야 해요!

플래너리 박사님의 탐험 수첩

예전에 가장 오래된 오리너구리 조상의 잔해 화석이 발견되어 이름 짓는 일에 함께한 적이 있어요. 그 화석은 제가 본 것 가운데 가장 신기하게 생겼어요. 이빨 달린 턱 부분 화석이었는데, 전체가 단백석(오팔)이라는 보석으로 변해 있었거든요! 정말 아름다웠어요. 온갖 색깔로 반짝이고 속이 다 비칠 만큼 맑고 투명했지요. 우리는 이 화석의 주인에게 '스테로포돈'이라고 이름 붙여 주었어요. '번개 이빨'이라는 뜻이 담겨 있는데, 오스트레일리아 뉴사우스웨일스주에 있는 라이트닝리지('번개 치는 산마루'라는 뜻) 지역에서 발견되었기 때문이에요.

독을 품은 카우보이

오리너구리는 포유동물 가운데 유일하게 독을 품은 동물이랍니다. 오리너구리 수컷에게는 특별한 독샘이 있는데, 뒷발에 난 12mm 길이의 날카로운 뒷발톱에 연결되어 있어요. 카우보이 부츠 뒤쪽에 말 달릴 때 쓰려고 달아 놓은 박차랑 비슷하지요. 뒷발톱에서 나온 독은 개도 죽일 수 있을 만큼 강하지만, 다행히 사람을 죽일 만큼은 아니에요. 그래도 이 독에 쏘이면 엄청나게 고통스럽답니다!

오리너구리는 얼마나 클까?

보통 37~60cm 정도예요. 작은 강아지만 한 크기지요.

물에 사는 동물 • 오리너구리

알 낳는 포유동물!

사람을 비롯한 포유동물은 대부분 알이 아니라 몸의 형태를 다 갖춘 새끼를 낳아요. 하지만 오리너구리는 달라요! 전 세계에 알을 낳는 포유동물이 딱 두 종류 있는데, 그 하나가 오리너구리고 다른 하나는 바늘두더지랍니다. 오리너구리 어미는 알을 품을 때 굴을 파서 둥지를 틀고 그 위에 앉는 것이 아니라, 배 가까이 알을 대고 넓적한 꼬리를 말아서 단단하게 붙들어 둔답니다.

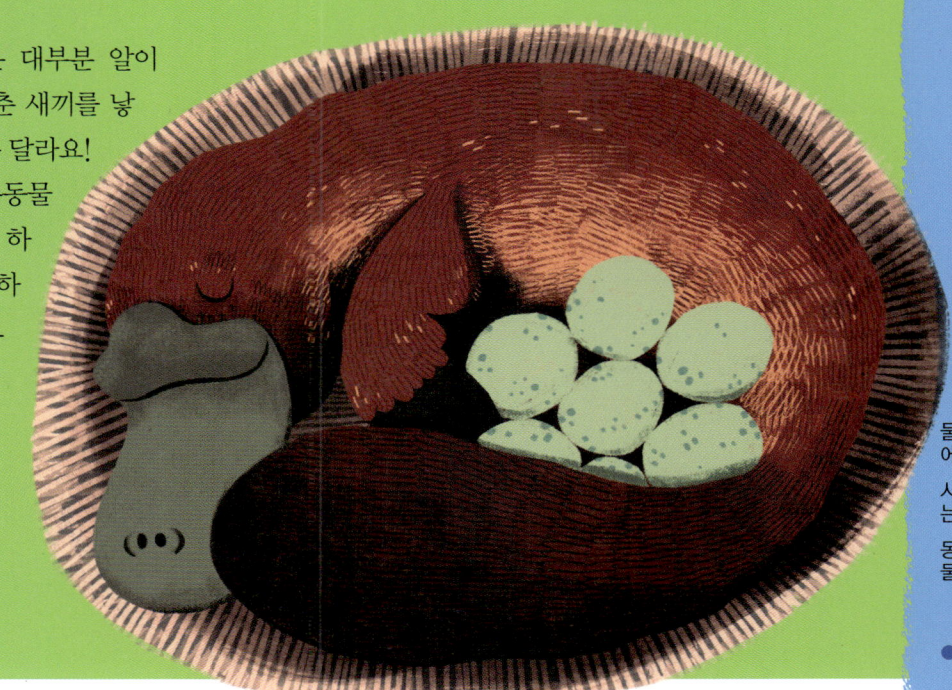

몸에서 무언가 사라졌다!

▶ 오리너구리는 육식 동물이니까 당연히 이빨이 있겠죠? 아니에요! 이빨은 하나도 없고, 그냥 납작한 판으로 먹이를 갈아서 삼켜요. 먹이와 함께 부리 속에 떠 넣은 돌 조각을 임시로 이빨처럼 써서 으깨지요. 신기하게도 갓 태어난 새끼 오리너구리 입에는 작은 이빨이 있는데, 금세 빠져 버려요.

▶ 오리너구리는 위가 없어요. 식도가 바로 장으로 연결되어 있는데, 그 말은 입과 엉덩이가 우리 몸보다 좀 더 서로 가까이 있다는 뜻이지요. 보통은 음식을 잘게 부수려면 위가 없어서는 안 되지만, 오리너구리는 위가 없어도 소화될 만한 먹이만 먹는답니다.

● 플래너리 박사님의 탐험 수첩 ●

오리너구리는 무척 비밀스럽게 움직여요. 하루 대부분을 강기슭 굴 안에서 졸면서 보내고, 굴 밖으로 나오면 곧장 물속으로 뛰어들어서 좀체 눈에 띄지 않아요. 내가 10대 시절, 이른 아침에 빅토리아주 서부의 한 시냇가에서 걷고 있을 때였어요. 농경지를 가로지르는 시냇가에 오리너구리가 있으리라고는 생각도 못 했지요. 걷다 보니 물길이 휙 꺾이는 곳에 다다랐는데, 바로 아래쪽에 오리너구리가 물 위에서 쉬고 있었어요. 다행히 오리너구리는 내 모습을 보지 못했고, 나는 15분 동안이나 가만히 지켜보았어요. 오리너구리가 깨끗한 물속으로 첨벙 들어가고 헤엄치고 먹이를 잡아먹는 모습을 관찰한 그때 일은 인생에서 가장 마법 같은 경험 가운데 하나였답니다.

거북

거북은 단단한 등딱지와 느릿느릿한 걸음으로 유명해요. 이솝 우화에서 토끼와 달리기 시합을 하는 느림보 거북은 영어로 '토터스(tortoise)'예요. 육지에서만 사는 거북 종류를 이르는 말이지요. 땅과 물을 오가며 살지만 물에서 더 많은 시간을 보내는 거북은 '터틀(turtle)'이라고 하고요. 바다에도 강에도 다양한 거북이 살고 있답니다. 한국의 토종 거북으로는 자라나 남생이가 있어요. 옛이야기에서 용왕님 심부름으로 토끼 간을 구하러 가는 '별주부'가 바로 자라인데, 등딱지가 말랑말랑한 편이에요.
거북은 공룡 시대부터 살던 동물로, 오랜 시간에 걸쳐 신기한 습성을 발달시켜 왔어요. 엉덩이로 숨을 쉬는 거북도 있고, 반항적인 펑크족 청년처럼 초록색 머리털을 삐죽삐죽 세우고 다니는 거북도 만날 수 있답니다.

거북은 어디서 볼 수 있을까?

남극 대륙을 뺀 모든 대륙에서 살아요.

거북
a turtle
a tortoise

거북 무리
a bale of turtles
a creep of tortoises

거북은 어떻게 숨을 쉴까?

어떤 거북은 규칙적으로 물 위에 올라가서 숨을 쉬어요. 그런데 겨우내 물속에서 겨울잠을 자는 민물거북이나 일 년 내내 거의 물 위로 올라오지 않는 거북은 어떻게 숨을 쉴까요?

▶ **마타마타거북**은 유난히 툭 길게 튀어나온 코로 숨을 쉬어요. 사람들이 잠수할 때 쓰는 스노클이랑 비슷하게 생겼지요.

▶ **사향거북**은 작은 돌기로 뒤덮인 특별한 혀로 물속에서 산소를 빨아들여서, 헤엄치면서도 아무 문제 없이 숨 쉴 수 있어요.

▶ 오스트레일리아의 **피츠로이강거북**은 총배설강이라는 기관으로 산소를 흡수해요. 쉽게 말하면 엉덩이로 숨을 쉰다는 뜻이지요. 진짜라니까요!

그런 일이!

냄새 공격

냄새거북이라고도 불리는 **사향거북**은 손바닥에 올려놓을 수 있을 만큼 크기가 작아요. 위험하다고 느끼면 등딱지 아래에 있는 사향주머니에서 엄청나게 기분 나쁜 냄새를 풍겨요. 냄새가 너무 고약해서 달려들던 동물들이 대부분 달아나 버리지요.

지렁이 무료 제공 →

무얼 먹고 사나?

육지 거북은 주로 식물만 먹어요. 물에 사는 거북은 식물성 먹이를 좋아하는 종류도 있지만, 대부분 육식을 해요. 저마다 별별 기발한 방법을 써서 다른 동물을 잡아먹지요..

▶ 미국의 강과 호수에 사는 **악어거북**은 엉큼한 방법으로 먹이를 사냥해요. 분홍빛 기다란 혓바닥을 쑥 내밀어 꼭 지렁이처럼 꿈틀꿈틀 움직여요. 그러면 지나가던 물고기가 이 '지렁이'에 홀려서 잡아먹으려고 다가왔다가, 새 부리처럼 생긴 악어거북의 강력한 입에 덥석 물리고 말지요.

▶ **장수거북**은 목구멍 안에 뾰족뾰족한 가시가 수없이 나 있어서 해파리를 잡아먹는 데 유리해요. 이 가시는 끝이 몸속으로 기울어 나 있어요. 그래서 해파리를 삼키면 몸속으로 잘 미끄러져 들어가고, 몸 밖으로 빠져나가려고 하는 해파리는 가시에 걸리고 말지요! 장수거북은 날마다 해파리를 100kg도 넘게 먹을 수 있어서, 바닷속 해파리 개체 수를 조정하는 데 중요한 역할을 맡고 있어요.

▶ **아시아대왕자라**는 스스로 물속 진흙 바닥에 몸을 파묻고 눈과 입만 삐죽 내밀어요. 숨 쉬러 물 위로 올라가는 것은 하루에 두 번뿐이에요. 그 밖에는 내내 물속에서 꼼짝도 않고 가만히 있다가, 물고기나 게가 지나가면 번개처럼 빠르게 낚아채지요.

▶ **나무거북**은 지렁이를 잡아먹기 위해 매우 영리한 방법을 생각해 냈어요. 발을 쿵쿵 굴러서 빗방울이 땅에 떨어지는 소리를 흉내 내는 거예요. 그러면 지렁이가 비가 오는 줄 알고 땅 위로 올라오고, 이때를 틈타 꿀꺽꿀꺽 잡아먹지요.

똑똑해!

플래너리 박사님의 탐험 수첩

오스트레일리아에 사는 메리강거북은, '초록머리펑크거북'이라는 별난 이름으로 불리곤 해요. 희한하게 생긴 외모 때문에 얻은 별명인데, 이 거북 머리에는 펑크족 스타일로 삐죽삐죽 자라난 머리털이 밝은 초록빛을 뽐내며 자라나 있답니다. 그런데 또 다른 반전은, 이 '머리털'이 사실 바닷말이라는 거예요. 게다가 메리강거북은 턱 아래로 길고 뾰족한 혹 두 개가 튀어나와 있어요. 좀 이상한 턱수염이나 기다란 이빨처럼 보이기도 해요. 저는 실제로 초록 '머리털'이 길게 돋아난 메리강거북을 야생에서 본 적이 있어요. 크기가 어마어마해서 정말 깜짝 놀랐지요! 꼬리만 해도 내 팔뚝만큼이나 두꺼웠으니까요. 메리강거북도 큼지막한 꼬리에 있는 총배설강을 통해 숨을 쉬어서 강 속에 오래 머무를 수 있어요. 이 놀랍고 신비한 동물은 메리강에서 수백만 년 동안 살아온 것으로 알려져 있어요. 한때는 여러 다른 강에서도 살았지만, 이 강에 사는 무리만 살아남은 거예요. 나는 그때 파충류의 최고 귀족이라도 만난 듯한 기분이 들었답니다.

물에 사는 동물 • 거북

움직이는 집

거북은 소라게와 달리 껍데기보다 크게 자라지 않고, 더 큰 껍데기를 찾아 나서지도 않아요. 껍데기, 즉 등딱지가 뼈 일부이기 때문이지요. 우리 몸 안에 있는 뼈와 같은데, 그저 바깥으로 드러나 있는 것뿐이에요. 어떤 거북은 등딱지 속으로 머리와 발을 숨겨서 몸을 보호할 수 있어요. 하지만 모든 거북이 다 그런 기술을 갖고 있지는 못해서, 네 발이 언제나 등딱지 밖으로 드러나 있는 거북도 있지요.

기후 변화의 영향

바다거북은 모래 속에 알을 낳는데, 모래 온도에 따라서 깨어난 새끼의 성별이 결정돼요. 보통 27℃보다 낮은 온도로 유지되면 수컷이 되고, 30℃보다 높을 때는 암컷이 되지요. 과학자들이 조사한 바에 따르면 지구 날씨가 점점 따뜻해지면서 암컷이 수컷 개체 수를 훨씬 뛰어넘었다고 해요. 암컷 바다거북은 점점 더 짝짓기가 힘들어지겠지요.

손바닥보다 작거나
어마어마하게 크거나

남아프리카공화국에 사는 **얼룩무늬케이프거북**은 거북 가운데 가장 작아요. 무게는 100g 정도에, 등딱지 길이도 6~10cm밖에 되지 않아요. 모형처럼 자그마해서 손으로 쥘 수도 있을 정도예요.

한편 가장 큰 거북은 바다에 사는 **장수거북**이에요. 무게가 무려 900kg 정도로, 볼링공 150개에 해당하는 무게지요. 볼링을 쳐 본 적이 있다면 볼링공 하나만 해도 얼마나 무거운지 잘 알겠죠.

바닷가 내 고향

암컷 거북은 알을 낳으려면 육지로 올라가야 하는데, 그중에서도 바다거북은 자신이 태어난 바로 그 바닷가로 돌아가서 알을 낳곤 해요. 바다거북은 갓 태어나 동전만 한 크기였을 때, 그러니까 아마도 수십 년 전에 고향 바닷가를 떠난 뒤로는 다시 와 본 적이 없을 거예요. 그런데도 어떻게 태어난 바닷가로 돌아갈 방법을 찾는지 아무도 모른답니다! 때로는 수천 킬로미터나 이동하기도 해요. 고향에 돌아간 암컷 바다거북은 지느러미발로 모래 속 깊이 구덩이를 파고 알을 200개 가까이 낳아요. 그런 다음 구덩이를 모래로 메우고는 바다로 돌아가지요. 두 달이 지나 알이 부화하면, 자그마한 새끼 거북은 스스로 모래를 헤치고 밖으로 나와서 바다를 향해 힘껏 내달려요. 빨리 움직이지 않으면 게나 도마뱀이나 새들에게 잡아먹히고 말거든요!

나무 위에 사는 거북?

거북이 땅 위에서 잘 돌아다니긴 하지만, 설마 나무 위까지 올라가지는 않을 것 같죠? 그런데 **큰머리거북**은 우리 상식을 뛰어넘어요. 새 부리처럼 생긴 커다란 머리와 기다란 꼬리를 이용해서 나무 위로 기어오를 수 있거든요! 이 거북은 이름처럼 머리가 터무니없이 커다래요. 등딱지의 절반만 한 크기로, 전체가 커다란 입으로 되어 있지요.

문어

문어는 생김새만 봐도 참 특이하지요. 문어는 아주 똑똑하고, 비밀스럽게 움직이며, 곤란한 일도 잘 피해 다녀요. 산호인 척하면서 숨어 있기도 하고, 펜에서 잉크가 터져 나오듯 먹물을 사방에 뿌리기도 하지요. 몽글몽글한 몸으로 아주 좁은 틈새로도 끼어 들어갈 수 있어요. 온몸에 뼈가 거의 없고, 심지어 가끔은 다리 하나를 떼어 낼 수도 있지요. 왜 그런 행동을 하는지 상상도 못 할걸요!

문어는 어디서 볼 수 있을까?

문어는 전 세계 바다에 살아요. 주로 따뜻한 지역의 얕은 물에 많이 살지만, 깊고 어두운 바다와 추운 지방 바다에 사는 문어도 있어요.

문어
an octopus

문어 무리
a consortium of octopuses
(문어는 무리 지어 생활하는 일이 거의 없고, 혼자 다니기를 좋아해요.)

사냥하는 문어

문어는 육식 동물로, 게, 새우, 바닷가재, 물고기 같은 조금 작은 바다 생물을 먹고 살아요.

▶ **흰문어**를 비롯한 여러 문어는 힘센 다리로 조개껍데기를 잡아떼고 안에 있는 살을 먹어요. 단단한 굴 껍데기도 열 수 있지요! 앵무새 부리처럼 생긴 주둥이 역시 매우 강력해서 조개껍데기를 깨뜨릴 수 있어요.

▶ **참문어**는 열거나 깨뜨리기 힘든 단단한 껍데기가 있으면 혀에 난 뾰족한 이빨로 구멍을 뚫어요. 침에 있는 독성이 구멍 안으로 들어가면 그 안에 있는 생물이 힘을 잃어서 껍데기를 열기가 쉬워지지요.

▶ 배고픈 문어는 때때로 상어도 잡아먹어요. 다리 여러 개로 상어를 꽉 붙잡고, 날카롭고 뾰족한 주둥이로 상어 살점을 뜯어 먹지요.

▶ 문어는 아래쪽에 있는 먹잇감을 위에서 휙 덮치기도 해요. 다리에 있는 빨판으로 먹잇감에 찰싹 달라붙어 입 속으로 밀어 넣지요.

▶ 음식을 입에 넣어야만 맛볼 수 있는 사람과 달리, 문어는 온몸의 피부로 맛을 볼 수 있어요. 아이스크림 통에 팔 쭌치를 찔러 넣어서 곧바로 딸기 맛인지 초코 맛인지 알아차릴 수 있다면 어떤 느낌일까요? 문어 다리에 있는 빨판은 감각이 매우 예민하고, 다리마다 맛을 느끼는 미로(맛봉오리)가 200개씩이나 들어 있답니다.

해파리 간식

어떤 문어는 해파리 독에 면역이 있어서 안심하고 해파리를 먹어 치울 수 있어요. 그뿐만 아니라 무서운 독을 지닌 고깔해파리나 달걀프라이해파리를 잡아서 죽인 다음에 끌고 다니는 문어들도 가끔 볼 수 있어요. 이렇게 하는 데는 아주 영리한 속셈이 있지요. 해파리 독을 이용해서 먹이도 잡고 자기 몸도 보호하려는 거예요.

암수 몸집이 100배 차이!

문어 암컷과 수컷은 서로 엄청나게 크기 차이가 나요. **담요문어** 암컷은 2m나 되지만, 수컷은 겨우 2cm밖에 되지 않아요! 암컷은 수컷보다 4만 배나 무겁고, 다리 사이에 얼룩무늬가 있는 붉은색 커다란 막이 있어요. 헤엄칠 때면 이 막을 망토처럼 쫙 펼쳐서 끌고 다니지요.

문어의 신기한 몸

문어는 심장이 무려 세 개나 돼요! 하나는 온몸으로 피를 보내고, 나머지 두 개는 아가미로 피를 보내지요. 헤엄칠 때는 온몸으로 피를 공급하던 심장이 박동을 멈춰요. 그래서 문어는 가능하면 걸어 다니기를 좋아해요.

▶ 사람 피는 철분이 많아서 붉은색을 띠지만, 문어 피는 구리가 많아서 푸른색이에요. 핏속에 있는 구리 성분은 매우 낮은 온도에서도 온몸 구석구석에 산소를 전달하는 데 도움이 되지요. 그래서 남극 주변의 얼어붙을 듯 차가운 물에 사는 문어들은 핏속에 구리가 더 많이 들어 있어요. 그만큼 피 색깔도 더 파랗답니다!

▶ 문어는 포식자가 다가와 겁을 먹으면 물속에 검은 먹물을 뿌려요. 살짝 끈적이는 물질로 되어 있어서, 포식자는 앞을 볼 수도 없고 냄새 맡거나 맛보기도 힘들어져요. 이 먹물은 문어 자신도 해칠 만큼 강력하므로, 포식자가 먹물에 눈이 멀어 정신 못 차릴 때 빨리 도망치지요.

▶ 문어는 포식자와 싸우거나 도망치다가 다리를 잃기도 하는데, 그러면 그 자리에서 새 다리가 자라난답니다.

편리해!

말썽꾸러기 문어

오스트레일리아 근처 바다에 사는 어떤 문어들은 조개껍데기를 주워서 서로 집어던지는 모습이 목격되곤 해요. 일찍이 알려진 적 없는 독특한 반사회적 행동이지요!

행복한 가족?!

문어가 새 가족을 꾸리려면 꽤 위험한 과정을 거쳐야 해요.

▶ 수컷 문어는 암컷과 마찬가지로 다리가 8개지만, 그중 하나에는 특이하게도 정자가 가득 차 있어요. 암컷 문어는 짝짓기가 끝나면 수컷을 죽이고 잡아먹는 경우가 많아요. 그래서 수컷 문어는 먹잇감이 되지 않으려고 영리한 방법을 쓰기도 해요. 새끼를 만드는 특별한 다리 한 짝을 끊어내어 암컷에게 내주고 얼른 도망치는 거예요. 대단하죠!

▶ 암컷 문어는 한꺼번에 수만 개나 알을 낳아요. 10만 개가 넘을 때도 있지요. 어미는 몇 달씩 포식자에게 알을 빼앗기지 않도록 단단히 지키고, 알들이 깨끗한 물에서 산소를 충분히 얻을 수 있게 보호해 주어요. 그러는 동안 한참을 아무것도 먹지 않거나 자기 발을 뜯어 먹기도 하면서 버티다가, 어쩌다 한 번만 먹이를 구하러 알 곁을 떠나지요.

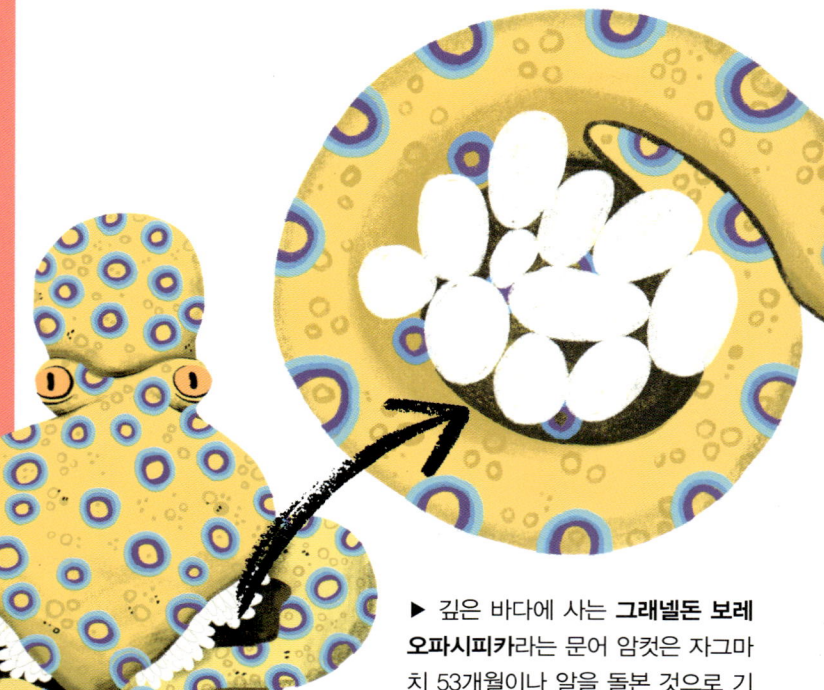

▶ 깊은 바다에 사는 **그래넬돈 보레오파시피카**라는 문어 암컷은 자그마치 53개월이나 알을 돌본 것으로 기록되어 있어요. 무려 4년 반 가까이 되는 기나긴 시간이지요!

떠나요, 집을 짊어지고

코코넛문어는 사람들이 캠핑카를 몰고 다니듯이 이동식 집을 가지고 다녀요. 이 영리한 생물은 코코넛이나 조개 껍데기 반쪽을 두 개 찾아서 다리 사이에 끼우고 다녀요. 다리 몇 개로 껍데기를 꼭 붙들고 다니느라 뒤뚱거리며 걷는 모양새가 썩 멋지지는 않아요. 그래도 위험한 상황이 닥치면 껍데기 반쪽으로 기어 들어간 다음 빨판으로 나머지 반쪽을 머리 위로 끌어당겨 몸을 꼭꼭 숨길 수 있지요.

꼭꼭 숨어라! 위장의 달인

문어는 생김새가 하도 별나서 어디서든 눈에 띌 것 같지만, 사실은 좀처럼 찾아내기 어렵답니다.

▶ 문어는 피부 표면에 여러 가지 색깔로 채워진 세포 수천 개가 있어요. 피부를 쭉 뻗거나 꼭 움츠리면서 원하는 색깔로 변신할 수 있지요. 그렇게 해서 주변 환경에 맞추어 색을 바꾸고, 심지어 줄무늬나 점무늬도 만들 수 있어요.

▶ 문어는 딱딱한 입을 집어넣을 수만 있으면 어디든 다 들어가요. 뼈가 없는 몸을 뒤틀고 배배 꼬아서 아주 좁은 틈새로도 밀어 넣지요.

▶ 문어는 몸 전체에 있는 특별한 근육을 오그렸다 폈다 하면서 피부 결을 매끄럽거나 거칠게, 또는 뾰족뾰족하게 바꿀 수도 있어요. 주변에 있는 바위나 모래, 해초, 산호 등에 맞추어 피부의 질감까지 바꾸는 거예요.

▶ 어떤 문어는 모래 속으로 들어가 숨기도 해요. **망치문어**는 온종일 모래 속에 있다가 한밤중에만 먹이를 구하러 밖으로 나오지요.

▶ 심지어는 변장술이 정말 뛰어나서 이름조차 **흉내문어**가 된 문어도 있답니다. 이 흉내쟁이 문어는 완전히 다른 동물, 예컨대 바다뱀이나 뱀장어, 쏠배감펭 같은 모습으로 생김새를 바꾸기도 해요. 포식자가 다가오면 먹음직스럽지 않거나 먹을 수 없는 동물처럼 몸을 바꾸어 잡아먹히지 않도록 하고, 또는 그 포식자가 두려워하는 동물을 흉내 내어 멀리 달아나게 하지요.

천재인데!

탈출 하라!

문어는 필요하면 짧은 시간 동안 물 밖으로 기어 나와 움직이기도 해요. 왜 물 밖으로 나오고 싶어 하냐고요? 야생에서는 게 같은 먹이를 쫓아서 잠깐 바위 위로 올라오기도 해요. 하지만 사람에게 잡혀 있을 때는 넘어야 할 장벽이 훨씬 높지요. 뉴질랜드에서 '잉키'라는 이름의 대단한 문어가 기적 같은 탈출에 성공한 적이 있어요! 높다란 수조 벽을 기어 올라가 빠져나온 다음, 수족관을 지나 좁은 관으로 몸을 밀어 넣어서 바다로 돌아간 거예요.

고대 로마의 기록에 따르면, 밤이 되면 문어가 바다에서 기어 나와 '가룸'이라는 유명한 생선 액젓을 만드는 공장을 습격했다고 해요.

기후 변화의 영향

문어의 파란 피는 물의 산성도에 민감하게 반응해요. 바닷물의 산성이 너무 높으면 피가 온몸으로 산소를 전달하기 어려워져요. 기후 변화로 바다가 점점 산성화하면서 충분한 산소를 얻기가 점점 힘들어지고 있어요.

혼자 있고 싶어!

문어는 동굴이나 바위틈에 숨어서 많은 시간을 보내는 비밀스러운 생물이에요. 자기에게 맞는 비밀 동굴을 찾지 못하면 스스로 만들기도 해요. 돌멩이를 집어 들어 벽을 쌓고, 잡아당겨 닫을 수 있는 돌문도 만들어요. 잡아먹었던 조개나 달팽이 껍데기로 굴 주변을 장식하기도 하고요. 문어 정원을 만드는 거지요.

숨을 끊어 놓는 무서운 문어

오스트레일리아 근처 바다와 남태평양에 사는 **파란고리문어**는 크기는 작지만 엄청나게 위험한 생물이에요. 보통 바위투성이 바닷가나 대도시 근처에도 많이 살지만, 좀처럼 모습을 드러내지 않아요. 파란고리문어가 포식자를 만나 겁에 질리면 갈색 피부가 전기를 띤 푸른 고리 모양으로 번쩍거리면서 물러가라고 경고해요. 게다가 강력한 독이 있어서 사람도 쉽게 죽일 수 있어요. 하지만 보통은 숨어 있기를 좋아하고, 위험할 때가 아니면 먼저 공격하지 않아요. 이 문어가 독을 쏘는 부분은 매우 작고 뾰족해서, 독에 쏘여도 그 순간에는 거의 느끼지 못해요. 하지만 독이 든 침이 몸에 들어와 생기는 증상은 어마어마해요. 숨 쉬기 힘들어지고, 입술과 혀가 무뎌지고, 결국 호흡할 때 쓰는 근육이 완전히 마비되고 말아요.

으악, 끔찍해!

고대의 문어

지금까지 발견된 가장 오래된 문어 화석은 '폴세피아'라는 생물의 일종이에요. 공룡 시대보다 몇백만 년 앞선 2억 9,600만 년 전에 살았던 동물이지요.

다리에 뇌가 있다고?

'뉴런'은 우리 몸의 여러 부분에서 무슨 일이 일어나는지 알려 주는 신경 세포예요. 예를 들어 여러분이 뜨거운 것을 만질 때 얼른 손을 치우도록 명령하는 게 바로 뉴런이에요. 사람의 뇌 속에는 수많은 뉴런이 있어요. 문어에게도 뉴런이 있는데, 대부분 동물의 뉴런이 뇌에 있는 것과 달리 문어의 뉴런은 65%가 다리에 있답니다! 그래서 문어 다리는 한꺼번에 여러 가지 일을 척척 해낼 수 있지요. 여러분은 왼손으로 머리를 쓰다듬으면서 오른손으로 배를 문지르는 것처럼 서로 다른 일을 동시에 해내기는 어려울 거예요. 하지만 문어는 여덟 개의 발로 여덟 가지 서로 다른 일을 동시에 해낼 수 있답니다. 동시 동작의 천재예요!

버스만큼 크고, 젤리만큼 작고

세상에서 가장 커다란 문어는 **대왕문어**로, 한국말로 그냥 문어 하면 이 문어를 가리켜요. 지금까지 알려진 가장 큰 대왕문어는 9m나 되었는데, 영국 런던의 빨간색 이층 버스보다도 살짝 컸지요. 무게는 270kg이 넘었고요. 가장 작은 문어는 **월피문어**인데, 몸길이가 2.5cm도 되지 않아요. 젤리 하나 무게보다 더 가볍지요!

꺄아!

하늘을 나는 동물

앨버트로스 80

박쥐 84

나방 88

수리 92

독수리 96

호아친 100

두루미 102

올빼미 106

사다새 110

벌새 114

소등쪼기새 118

딱따구리 120

앨버트로스

앨버트로스는 육지에서 꽤 멀찍이 떨어진 바다 위를 날아다니며 살아가는 바닷새예요. 멀리서 보면 갈매기랑 별로 구분이 안 될 수도 있지만, 사실은 전혀 달라요! 일단 앨버트로스는 몸집이 어마어마하게 커요. 사람보다 훨씬 크다고 보면 되지요. 먹이를 쫓아 바다 깊이 뛰어들 수도 있고, 짝에게 잘 보이려고 이상한 소리를 내기도 해요. 엄청나게 먼 거리를 날아다니는 동안 잠은 어떻게 자는지 알면 깜짝 놀랄걸요!

앨버트로스는 어디서 볼 수 있을까?

남극해에 주로 살고, 일부 종은 북태평양 주변에서 살기도 해요.

앨버트로스
an albatross

앨버트로스 무리
a flock of albatrosses

한평생 세계 여행을!

앨버트로스는 장수하는 새인데, 사는 내내 먼 거리를 이동해요. 어떤 새는 60살이 되어서도 계속 날아다니지요. 평균적으로 한평생 6,900,000km도 넘게 이동해요. 지구를 180번쯤 돌거나 달까지 6번 넘게 오갔을 때의 거리지요.

소금물도 괜찮아

앨버트로스는 거의 모든 시간을 바다 위에서 보내므로, 소금기 없는 신선한 물을 찾기는 어렵고 그냥 바닷물을 마셔야 해요. 사람은 바닷물을 마시면 끔찍한 일이 생겨요. 점점 더 목이 마르고 환각 증세가 나타나지요. 하지만 앨버트로스는 몸속에 바닷물을 처리하는 편리한 장치가 있어요. 부리 위쪽에 난 구멍으로 핏속에 쌓인 소금기를 배출하는 거예요.

기후 변화의 영향

물고기 수가 줄어들자 그만큼 앨버트로스의 먹이도 줄어들었어요. 해수면이 높아지면서 둥지를 지을 곳도 점점 찾기 힘들어지고 있어요.

앨버트로스의 연애

앨버트로스는 아주 오랜 시간 동안 짝이 될 상대와 사귀다가 정착해서 가족을 꾸려요. 연애만 2년 넘게 이어지기도 하지요! 그동안 짝을 위해 춤을 추거나 서로 털을 골라 주고, 상대에게 잘 보이려고 온갖 특이한 소리를 내기도 해요. 그중에 어떤 소리는 소 울음소리처럼 들리지요.

전문 사냥꾼

앨버트로스는 깜짝 놀랄 만큼 다양한 먹이를 잘도 먹어요. 식도에 들어갈 수 있는 거라면 거의 뭐든지 집어삼키지요. 가장 즐겨 먹는 오징어는 다음과 같이 여러 가지 방법으로 잡을 수 있어요.

▶ 앨버트로스는 바다 한가운데서 빙글빙글 돌면서 몇 시간이나 머물러 있곤 해요. 그 모습이 매우 평화로워 보이지만, 사실은 앨버트로스의 교활한 덫이랍니다! 이 특이한 움직임 때문에 오징어 같은 발광 동물*이 자극을 받아 물 표면으로 올라오는 것으로 보여요. 앨버트로스는 이때를 틈타 잽싸게 오징어를 잡아채지요.

▶ 때로는 오징어가 수면 위로 떠오를 때까지 기다릴 필요가 없어요. 물속 12.5m 깊이까지 잠수해서 먹이를 쫓을 수 있거든요! 오징어도 호락호락하게 잡히지는 않지만, 엄청난 속도로 정확한 위치에 잠수하는 앨버트로스를 피하기란 쉽지 않지요.

▶ 가장 쉬운 방법은 죽어서 물 위로 떠오른 오징어를 커다란 부리로 건져 먹는 거예요. 죽은 오징어는 도망가지 않으니까요!

*발광 동물: 몸에서 빛을 낼 수 있는 동물

앨버트로스는 얼마나 클까?

앨버트로스는 모두 몸집이 크지만, 그중에서도 **나그네 앨버트로스**가 가장 커요. 무게가 12kg이나 나가는 거대한 새로, 흰머리수리보다 두 배는 무겁지요. 날개 폭도 3.4m로 새들 가운데 가장 크고요. 여러분이 쓰는 침대 길이가 보통 2m 정도니까 이 새가 진짜 얼마나 큰지 짐작이 되겠죠!

플래너리 박사님의 탐험 수첩

예전에 러시아 연구선을 타고 드레이크 해협을 지나간 적이 있어요. 이 해협은 남극과 남아메리카 대륙 사이에 있는 좁은 바다로, 세계에서 폭풍이 가장 심한 장소 중 하나랍니다. 우리 배도 폭풍에 휘말려 똑바로 서 있기도 힘들 만큼 흔들렸어요. 이 배는 커다란 쇄빙선*이라 어떤 기상 조건에도 잘 견디도록 튼튼하게 만들어졌지만, 그래도 이리저리 심하게 흔들렸지요. 그런 배 안에서 비틀거리며 속이 뒤집힌 채로 힘들어하다가, 바다를 내다보니 앨버트로스가 날아다니는 모습이 눈에 띄었어요. 출렁이는 파도에 거의 닿을 듯이 바짝 다가갔다가 솟구쳐 오르면서, 세찬 바람에도 아랑곳하지 않고 완벽하게 날고 있었어요. 앨버트로스는 이 모진 환경을 완전히 휘어잡고 있었던 거예요. 숨이 막힐 지경이었어요! 어떻게 저 여린 새 한 마리가 모든 것을 깨부수고 집어삼킬 듯한 바람과 파도를 아무렇지도 않게 이겨 낼 수 있을까 하는 생각이 들었어요. 앨버트로스는 이 모든 일이 별것 아닌 듯이 보이게 만들었지요.

*쇄빙선: 얼음을 부수고 뱃길을 내는 장치를 갖춘 배

상어가 기다린다!

어린 앨버트로스가 처음 날기 시작할 때는 비행시간이 짧고, 보통 둥지 가까운 바다에서 날아올랐다가 곧장 물속으로 내리꽂기도 해요. 이때 커다란 뱀상어가 바다 저 아래에서 가만히 기다리곤 하는데, 어린 앨버트로스는 둥지 밖으로 나온 흥분에 사로잡혀 위험한 줄도 잘 몰라요. 얕은 물에서 둥둥 떠다니며 놀다가 저 밑에서 상어가 다가와도 무심코 보아 넘기거나, 심지어 주둥이를 콕 쪼고 지나가기도 해요. 그래도 저 아래 있는 생물이 얼마나 위험한지 깨닫는 데는 그리 오래 걸리지 않아요. 결국 빨리 배우지 않는 새는 상어 밥이 되기 쉽겠죠!

육아는 힘들어

앨버트로스 부모는 모든 시간을 다 바쳐서 정성껏 새끼를 돌보아요. 부모가 번갈아 가며 먹이를 찾아서 벼랑 끝에 있는 둥지를 떠나는데, 새끼 크기만 한 먹이 한 덩이를 찾아오려고 1,000km도 더 떨어진 곳까지 날아가기도 해요. 그 먼 길을 되돌아오는 내내 먹이를 부리로 물고 있을 수는 없으므로, 먹이를 삼켰다가 다시 토해 내어 새끼에게 먹이지요. 그러는 동안 앨버트로스 부모는 서로 거의 얼굴을 볼 새도 없어요. 보통 부모 한쪽이 둥지에 돌아오면 다른 한쪽이 몇 초 사이에 곧바로 교대해서 출발하거든요. 그래서인지 앨버트로스 부부는 한 번에 새끼 한 마리만 키워요. 새끼를 키우는 일은 정말로 힘들거든요!

자면서 나는 새

앨버트로스는 새들 가운데 하늘을 날면서 보내는 시간이 가장 길어요. 가슴 근육이 별로 크지 않아서 날개를 계속 펄럭이기는 힘들어요. 그 대신 거대하고 무거운 날개를 쫙 펼치고 바람을 타면서 활공*해요. 마치 사람이 행글라이더를 타는 것처럼요. 따라서 바람이 불지 않으면 날 수 없어요. 날개를 펄럭이며 날아오를 때는 좀 힘겨워하지만, 한번 하늘로 날아오르면 힘을 빼고 바람에 몸을 맡겨요. 어떤 앨버트로스는 태어나서 6년 동안 거의 하루 24시간, 일주일 내내 하늘을 날다가 아주 가끔만 바다 표면에 내려앉아 쉬기도 해요. 그렇다고 해서 6년 동안 계속 잠을 안 자고 깨어 있는 건 아니에요. 몽유병 환자처럼 날면서 잠을 잔답니다! 가끔 자면서 날던 새가 배 쪽으로 날아오는 일도 있어서 이런 사실을 알 수 있어요. 다치지 않도록 잠을 깨워 주어야 하지요.

위기에 빠진 앨버트로스

앨버트로스 여러 종이 심각한 멸종 위기에 놓여 있어요. 주로 피해를 주는 것은 낚싯바늘과 플라스틱 쓰레기예요. 고깃배에 걸어 놓은 낚싯줄에서 미끼를 빼먹으려다 낚싯바늘에 걸려서 물속으로 끌려가곤 해요. 또 플라스틱 쓰레기를 먹이로 잘못 알고 삼키는 일도 많아요. 플라스틱은 소화도 되지 않고 위를 가득 채워요. 그래서 진짜 먹이를 먹지 못하게 되지요. 우리가 함부로 버린 쓰레기가 바다에 흘러들어 새들을 해칠 수 있으니 조심해야 해요.

* 활공: 새가 날개를 움직이지 않고 나는 일

박쥐

박쥐는 전 세계에 약 1,300종이 있어요. 포유동물 가운데 설치류 다음으로 가장 다양하지요. 양으로 따지면 설치류가 앞설지 몰라도, 이 점만은 박쥐를 따라갈 동물이 없어요. 바로 포유동물 가운데 유일하게 날아다니는 동물이라는 점에서요! 박쥐 하면 사람 피를 빨아먹는 무시무시한 뱀파이어(흡혈귀)가 떠올라요. 실제로 피를 먹는 **흡혈박쥐**도 있지만, 모든 박쥐가 그렇게 다 무서운 건 아니에요. 작은 솜뭉치처럼 귀엽게 생긴 박쥐, 쭈글쭈글 주름진 얼굴이나 너무 큰 귀 때문에 웃음이 절로 나는 박쥐도 있지요.

박쥐는 어디서 볼 수 있을까?

박쥐는 전 세계 대부분 지역에서 살지만, 따뜻한 곳을 좀 더 좋아해요. 극지방에서는 너무 추워서 살지 않아요!

엄청난 비행 속도

브라질큰귀박쥐는 무려 시속 160km로 날 수 있어요.

박쥐 a bat

박쥐 무리 a colony(cloud) of bats

하늘을 나는 동물 • 박쥐

밀착 취재!

피를 먹는 박쥐

그래요, **흡혈박쥐**는 진짜로 있어요. 하지만 걱정 마세요. 흡혈박쥐는 말이나 소 같은 동물 피를 좋아하므로 여러분이 물릴 일은 거의 없으니까요. 게다가 다행히도 흡혈박쥐의 공격을 받은 동물은 보통 피만 좀 흘릴 뿐이지 목숨까지 잃지는 않는답니다.

▶ 피는 대부분 물로 되어 있으므로, 흡혈박쥐가 필요한 영양을 충분히 얻으려면 매일 밤 먹어야 해요. 한 끼 정도는 겨우 거를 수도 있지만 그 이상 먹지 못하면 살아남을 수 없어요.

▶ 흡혈박쥐는 여느 새처럼 공중에서 휙 날아와서 먹이를 잡지 않아요. 땅으로 걸어서 다가가고, 가끔은 네 발로 기어서 쫓아가기도 해요.

▶ 흡혈박쥐는 날카로운 송곳니로 먹잇감의 정맥을 끊어 놓아요. 보통 다치면 피가 진해지면서 상처가 아물게 되어 있는데, 흡혈박쥐는 침에 특별한 성분이 들어 있어서 먹는 동안 피가 진해지지 않도록 하지요.

▶ 흡혈박쥐 눈에는 적외선 감지 장치가 들어 있어요. 어둠 속에서도 먹이의 열을 감지해서 어디로 움직이는지 볼 수 있지요.

똑똑한데!

▶ 흡혈박쥐는 먹이를 다른 흡혈박쥐와 나눠 먹기도 해요. 그 방법이 좀 지저분하지만요. 좀 전에 먹은 피를 게워 내어 친구에게 나눠 주거든요.

예리한 감각

박쥐의 시력은 보통 사람의 시력보다 세 배는 뛰어나요. 청력은 더 대단하고요! 박쥐는 독특한 소리를 내는데, 이 소리는 주변 사물이나 먹이 등에 부딪쳐 다양한 메아리를 일으켜요. 이렇게 복잡한 소리와 그 울림을 이용해서 머릿속에 세밀한 주변 지도를 그릴 수 있지요. 박쥐가 내는 소리는 어마어마하게 큰데, 사람 귀로는 듣지 못하는 초음파라서 알아차릴 수 없답니다. 이렇게 초음파를 내어 그 돌아오는 소리로 자기와 상대의 위치를 알아내는 방법을 '반향 정위'라고 하지요.

땅굴 파는 박쥐

박쥐는 하늘을 날고 땅 위에서 걸어 다닐 뿐만 아니라, 땅을 파고 들어가기도 해요. 뉴질랜드에 사는 어느 박쥐는 날개를 접어서 썩은 나무나 땅 밑으로 굴을 파고 들어갈 수 있답니다.

박쥐 동굴

박쥐가 가장 큰 무리를 이루고 사는 곳은 미국 텍사스주의 한 동굴이에요. **큰귀박쥐**가 무려 2천만 마리나 모여 살지요. 낮에는 동굴 안에서 잠자고, 밤이면 밖으로 쏟아져 나와 벌레를 잡아요. 펄럭이는 검은 날개가 하늘을 가득 메우지요.

플래너리 박사님의 탐험 수첩

1991년에 저는 빙하기에 멸종했다고 알려진 **벌머과일박쥐**를 발견했어요. 동굴에 사는 박쥐 가운데 몸집이 가장 크고, 날개 폭이 1m나 되지요. 한때는 파푸아 뉴기니 어디에서나 살았지만, 내가 찾았을 때는 딱 한 동굴에서만 살고 있었어요. 이 동굴은 깊이가 1km나 되는 수직갱*이었는데, 사람들의 사냥을 피해서 이곳에 안식처를 찾은 아주 적은 무리만 살아남은 거예요. 이 동굴에 사는 박쥐가 정말 벌머과일박쥐가 맞는지 확인하기 위해서, 한밤중에 동굴 위로 가지를 뻗은 나무에 올라가서 그물을 쳐야 했어요. 정말 무서웠지요! 또 한번은 파푸아 뉴기니의 뉴아일랜드섬에서 날여우에 속하는 새로운 박쥐를 발견하기도 했어요. 거대한 동굴 안에 있는 박쥐 똥 산을 기어오르고 박쥐 오줌 호수를 건너가며 찾아냈지요. 이 박쥐의 이름은 **에니날여우**예요. 날개가 꼭 말라붙은 바나나 잎처럼 생겼는데, 낮에는 주로 바나나 나무나 다른 나무에 매달려 있지요.

*수직갱: 위아래로 난 동굴

젖 먹이는 아빠

다약과일박쥐는 아빠가 젖을 만들어서 새끼에게 먹이는 흔치 않은 동물이에요.

 크고 작고

날여우는 세상에서 가장 큰 박쥐예요. 이름과 달리 여우하고는 전혀 상관없어요. 단지 생김새가 여우를 닮았을 뿐이죠. 과일박쥐의 한 종류로, 날개 폭이 거의 2m나 돼요. 몸집은 꽤 크지만 무게는 그렇게 많이 나가지 않아요. 가장 큰 날여우도 1.5kg 정도로, 벽돌 반 개 무게밖에 되지 않지요. 우리는 철봉 같은 데 너무 오래 거꾸로 매달려 있으면 머리끝으로 피가 쏠리는 느낌이 들지만, 박쥐는 몸이 가벼워서 별 고통 없이 오래 매달려 있을 수 있어요.

한편 세상에서 가장 작은 박쥐는 **뒤영벌박쥐**예요. 박쥐 가운데서 가장 작을 뿐만 아니라 포유동물 중에서도 가장 작지요! 무게는 2g밖에 안 되어서, 두 마리 무게를 합쳐도 A4 종이 한 장보다 가벼워요. 몸길이는 2.5cm 정도로 종이를 묶는 클립보다 살짝 작고요.

딱 맞는 이름이야!

박쥐는 정말 별나게 생긴 동물이에요. 여러 박쥐마다 별난 부분도 제각각이고요. 이름을 들으면 어떤 점이 가장 독특한지 짐작할 수 있답니다.

▶ **뿔과일박쥐**는 커다란 초록 눈에 양옆으로 튀어나온 노르스름한 귀, 부드러운 미소를 머금은 듯한 기다란 입이 특징이에요. 사람들은 이 박쥐가 꼭 영화 〈스타 워즈〉 시리즈에 나오는 현명하고 상냥한 제다이 기사 '요다'처럼 생겼다면서 '요다박쥐'라는 별명을 붙여 주었어요.

▶ **잎코박쥐**는 코가 아주 커다랗고 이상하게 생겼어요. 모양이 저마다 가지각색인데, 어찌 보면 나무에서 구깃구깃한 이파리가 떨어져 박쥐 얼굴에 내려앉은 것처럼 보이기도 해요.

▶ **창코박쥐**는 돼지 코처럼 생긴 코 위에 창 쇠촉처럼 생긴 투실투실한 부분이 튀어나와 있어요.

▶ 박쥐는 대부분 귀가 꽤 커다래요. 그중에서도 **긴귀박쥐**라는 이름이 붙을 정도면 귀가 얼마나 클지 짐작이 되죠? 토끼처럼 머리 위로 불쑥 튀어나온 길고 큼직한 귀 때문에, 가뜩이나 작은 얼굴이 더욱 작아 보여요.

▶ **투명날개양털박쥐**는 몸이 양털처럼 보드랍고 푹신한 털로 뒤덮여 있어요. 날개는 투명하리라는 것도 금세 짐작할 수 있죠?

▶ **주름얼굴박쥐**는 아마도 여러분 할머니 할아버지보다 주름이 더 많을 거예요. 털이 없는 분홍빛 얼굴에 온통 쭈글쭈글하게 주름이 파여 있고, 살이 늘어져 접혀 있어요.

기후 변화의 영향

지구 온난화로 박쥐도 어려움을 겪고 있어요. 오스트레일리아에서는 여름 기온이 너무 높이 치솟는 바람에 수많은 박쥐가 더위와 탈수로 목숨을 잃고 있어요.

텐트 치는 박쥐

온두라스흰박쥐는 보송보송 흰 털이 난 아주 작은 박쥐예요. 귀와 코, 발, 날개 일부가 밝은 노랑과 주황으로 되어 있고, 귀는 꼭 작은 나뭇잎처럼 생겼어요. 이 박쥐는 캠핑을 좋아해요. 커다란 열대 식물 나뭇잎을 잘라 내어 텐트를 치는 거예요. 나뭇잎 한가운데 잎맥 부분이 반으로 접히면 그 안에 아늑한 초록빛 쉼터가 완성되지요. 이 텐트 안에 꼭꼭 숨어 있으면 포식자에게 들킬 염려가 없고, 궂은 날씨도 피할 수 있답니다.

영리해!

나방

나방은 나비에 비하면 별로 매력이 없다고요? 절대 그렇지 않아요! 어떤 나방은 눈부신 외모 덕분에 거미줄에 걸려도 거미가 그냥 놓아줄 정도라니까요. 사실 놓아주는 진짜 이유가 있지만, 그건 뒤에서 설명할게요. 나방은 위장술의 천재예요. 커다란 눈동자나 평범한 나뭇가지, 심지어 똥 덩어리로 보일 때도 있지요. 보통 나방은 꿀이나 즙 같은 달콤한 먹이를 즐겨 먹지만, 드라큘라 백작처럼 피 맛을 즐기는 나방도 있어요. 게다가 입이 없어서 아무것도 못 먹는 나방도 있고요!

나방과 나비

나방은 나비와 매우 가까운 관계예요. 약 2억 5천만 년 전에 같은 조상에게서 나뉘어 진화했거든요. 나방은 나비보다 훨씬 흔해요. 나비보다 10배는 더 많지요.

나방 a moth

나방 무리 a whisper of moths

나방은 어디서 볼 수 있을까?

전 세계 어디에서나 살아요.

나방 입에 무슨 일이?

나방은 보통 애벌레 시절에 먹이를 더 많이 먹어요. 나방으로 변하려면 에너지를 많이 쌓아 두어야 하거든요. 나방과 그 애벌레는 먹는 음식도 서로 달라요.

▶ 나방 애벌레는 특히 식물을 즐겨 먹어요. 나방 이름을 들으면 애벌레 시절에 무슨 나뭇잎을 먹고 사는지 알 수 있기도 해요. **벚나무모시나방**은 벚나무 잎을 먹고, **참나무산누에나방**은 참나무 잎을 먹는 것처럼요.

▶ 애벌레는 나방이 되면서 씹을 수 있는 입이 사라지고 길고 가느다란 주둥이가 생겨요. 이걸 빨대처럼 써서 꿀 같은 액체 먹이를 빨아 먹지요. 어떤 나방은 아예 꽃가루 같은 데다 입을 파묻고는 끊임없이 삼키기도 해요.

▶ 어떤 나방은 주둥이도 입도 전혀 없어서, 애벌레 단계를 지나면 아무것도 먹지 못해요. 애벌레일 때 많이 먹어 두어야 몸에 쌓인 영양분으로 나방이 된 뒤의 짧은 삶을 배겨 낼 수 있지요.

▶ **꼬리박각시**처럼 주둥이가 긴 나방은 공중에서 날면서 꿀을 먹어요. 꽃 위를 붕붕 맴돌며 돌돌 말린 긴 주둥이를 펴서 꽃 한가운데 꿀샘으로 집어넣지요. **다윈박각시(크산토판박각시)**는 주둥이가 30cm 자보다 길어서, 열대 지방 꽃의 길쭉한 꿀샘 속으로 쉽게 집어넣을 수 있어요.

▶ 시베리아에 사는 **흡혈나방**은 주둥이가 뾰족뾰족한 가시로 뒤덮여 있어서, 동물 피부 속에 집어넣어 혈관에 흐르는 피를 빨아 먹을 수 있지요.

▶ 어떤 나방은 주둥이를 잠자는 새의 눈꺼풀에 찔러 넣어 눈 속에 있는 소금기 풍부한 눈물샘에 닿기도 해요. 이 주둥이는 아주 가늘어서 새를 해치지 않고, 새들도 찔리고 나서도 그대로 가만히 잠을 자요.

● 플래너리 박사님의 탐험 수첩 ●

파푸아 뉴기니의 높은 산악 지역을 탐험할 때였어요. 비가 부슬부슬 내리는 어느 밤에 가까운 마을에 사는 친구를 찾아갔어요. 친구 집에 등불을 켜고 앉아서 이야기를 나누는데, 나방이 불빛에 이끌려 모여들기 시작했어요. 수만 마리 나방이 창문 안으로 들어와 오두막을 가득 메웠지요! 운전대만큼 커다란 녀석부터 새끼손가락 손톱만큼 조그만 녀석까지 종류도 제각각이었어요. 결국 나방이 너무 많이 날아다녀서 서로 얼굴도 보기 힘들 지경이 되었지요. 날이 무더워서 땀을 꽤 흘렸는데, 나방이 우리 몸에 달라붙어 땀을 빨아 마시기도 했답니다. 믿을 수 없는 광경이었지요!

밀착 취재! 장식나방

장식나방 애벌레는 활나물 비슷한 콩과 식물의 풀잎을 먹고 살아요. 이 식물은 스스로 독소를 만들어 내어 잎이 함부로 뜯어먹히지 않도록 보호하지만, 장식나방 애벌레만큼은 그 독소에 면역이 있어요. 심지어 독을 저장해 두었다가 제 몸을 보호하는 데 쓴답니다! 나방이 되고 나면 날개 아래쪽에 거품이 부글거리는 피가 맺히는데, 이 안에 독이 들어 있지요. 포식자들은 장식나방에게 강한 독성이 있다는 걸 잘 알아서, 장식나방 모습을 기억해 두었다 피하곤 해요. 예를 들어 거미는 장식나방이 거미줄에 걸려도 잡아먹으려 들지 않고 조심스럽게 줄을 잘라 놓아주지요. 더욱 재미있는 사실은, 이 독은 포식자를 물리치는 데만 쓰이는 게 아니에요. 수컷이 짝을 찾을 때도 독으로 매력을 뽐내지요. 독이 없는 수컷은 암컷에게 통 인기가 없답니다.

벌꿀 도둑

탈박각시는 해골박각시라고도 하는데, 이름처럼 등 부분에 탈바가지 같기도 하고 해골 같기도 한 무늬가 또렷이 나 있어요. 이 나방은 꿀을 좋아해서, 벌집에서 꿀을 훔쳐 먹기 위해 다양한 방법을 쓰지요. 먼저 아코디언을 연주하는 듯한 방법으로 끽끽 거슬리는 소리를 내어 벌들을 정신없게 해요. 벌 냄새 비슷한 물질을 만들어 내어 들키지 않고 몰래 벌집 안으로 들어갈 수도 있지요. 무엇보다도 탈박각시는 벌침에 어느 정도 면역이 되어 있어요. 벌집에 들어갔다 두어 번 쏘여도 살아서 도망 나올 수 있지요. 먹이를 구하러 갈 때마다 목숨을 걸어야 한다면 어떤 기분일까요!

나방은 얼마나 클까?

나방은 마침표만큼이나 작은 것부터 프라이팬처럼 큰 것까지 아주 다양해요. **아틀라스나방**은 세계에서 가장 큰 나방 가운데 하나인데, 날개 폭이 30cm 자만큼이나 커요. 가장 작은 나방은 **피그미나방**이라고 알려져 있어요. 몸집이 아주 작고 날개 폭은 3mm밖에 되지 않아요. 이 나방은 전 세계에 살고 있지만, 크기가 너무 작아서 못 보고 지나치기 쉬워요.

위장인가, 장식인가?

나방 날개는 복잡한 무늬와 강렬한 색으로 포식자들에게 겁을 주어요. 이렇게 눈에 띄는 날개를 보면 독을 품은 나방일 테니까 피하도록 하는 거지요. 하지만 가끔은 독이 전혀 없는 나방도 복잡한 색과 무늬를 띠곤 해요. 이 교묘한 흉내쟁이 나방은 주변 환경과 비슷해 보이는 보호색 말고 색다른 방식으로 위장하는 방법을 쓰는 나방 종에서 진화했어요.

▶ **배얼룩하늘나방**은 얼룩덜룩한 갈색 날개를 빨대처럼 둥글게 말고 나뭇가지 위에 앉아 있어요. 그러면 그냥 부러진 잔가지처럼 보이지요.

▶ **말벌나방**은 몸 색깔뿐만 아니라 전체 모습이나 투명한 날개도 말벌하고 정말 닮았어요. 날아다니는 모습마저도 말벌하고 비슷하지요. 포식자들에게 아무 힘없는 나방이 아니라 강력한 침을 쏠 줄 아는 말벌인 것처럼 보이려고 갖은 노력을 기울이는 거예요.

▶ **박각시**를 비롯해 몇몇 나방과 애벌레는 몸에 커다란 눈처럼 보이는 무늬가 있어요.

▶ **흰숲요정나방**은 나뭇잎 등에 웅크린 모습이 꼭 새똥처럼 보여요!

앗!

파인애플 향수

은무늬박쥐나방 수컷은 짝을 찾는 시기가 되면 달콤한 파인애플 향을 풍겨요. 암컷이 반할 수밖에 없지요!

나방의 화장실 이용법?

재주나방을 비롯한 여러 나방은 물웅덩이에 모여들어 물을 꿀꺽꿀꺽 마시곤 해요. 몸집이 작아서 물도 별로 필요 없어 보이는데, 왜 그렇게 많이 마실까요? 바로 물에 조금씩 들어 있는 소금기가 나방에게 이롭기 때문이에요. 마신 물에서 소금기만 남기고 남은 물은 곧바로 엉덩이로 내뿜어 버리지요! 물을 마시는 동안 1분에 20번이나 물을 찍 내뿜는데, 이 강력한 엉덩이 물총은 30cm나 뻗어 나가요. 나비나 나방이 흙탕물이나 진흙 위에 내려앉아 이런 행동을 하는 모습을 종종 볼 수 있답니다.

수리

수리는 몸집이 크고 부리는 갈고리처럼 휘어져 있으며, 거대한 날개와 강력한 발톱 때문에 매우 강렬한 인상을 주지요. 수리에는 여러 종류가 있어요. 한국어로는 독수리도 수리의 한 종류로 분류하지만, 영어로는 직접 사냥을 하는 수리(eagle)와 죽은 동물을 먹는 독수리(vulture)를 구분하는 편이에요. 수리는 무시무시한 사냥꾼이자 높은 하늘을 우아하게 나는 새로 잘 알려져 있어요. 하지만 남의 먹이를 훔치거나 빼앗아 먹는 치사한 짓도 곧잘 한답니다.

헷갈리는 이름

흰머리수리는 영어로 대머리수리라는 뜻을 지닌 'bald eagle'이에요. 몸 전체 깃털이 짙은 갈색이고 머리 부분만 흰색이라 멀리서는 깃털이 없는 것처럼 보이거든요. 그런데 한국어로 종종 대머리수리라고 불리는 새는 바로 독수리예요. 독수리의 독(禿) 자가 대머리라는 뜻을 담고 있지요.

수리는 어디서 볼 수 있을까?

아프리카, 유라시아, 아메리카 대륙 전체와 오스트레일리아에 살아요.

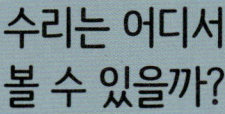

수리 an eagle

수리 무리
a convocation of eagles

하늘을 나는 동물 • 수리

수리는 무얼 먹을까?

수리는 종류마다 각각 좋아하는 먹이가 따로 있어요. 가장 흔하게는 설치류, 물고기, 파충류, 곤충이나 다른 새를 잡아먹어요. 그런가 하면 거북, 작은 캥거루, 산양, 나무늘보, 사슴, 플라밍고, 왈라비처럼 큼지막한 동물을 잡아먹는 수리도 있어요! 심지어 작은 악어를 먹기도 하고요.

수리는 먹이의 어떤 부분이든 가리지 않고 남김없이 먹어요. 강력한 위산이 나와서 질긴 먹이도, 심지어 뼈까지도 소화할 수 있거든요. 깃털처럼 소화가 잘 되지 않는 부분은 살짝 똥처럼 생긴 작은 덩어리 상태로 토해 내기도 해요.

웩!

엄청난 시력

수리는 시력이 매우 뛰어나요. 사람보다 네다섯 배는 더 멀리 볼 수 있지요. 3km 밖에 있는 먹이도 확인하고 쫓아갈 수 있답니다.

수리는 얼마나 클까?

수리가 얼마나 커다란지는 아마도 날개를 쫙 펼치고 날아오를 때 보면 잘 알 수 있을 거예요. **참수리**와 **흰꼬리수리** 등 커다란 수리의 날개 폭은 2.5m에 이르러요. 역사상 가장 키가 큰 농구 선수도 그보다는 작았지요! 거대한 몸집에 비하면 무게는 그렇게 많이 나가지 않아요. **필리핀독수리**와 **참수리**는 가장 무거운 축에 들지만, 그래 봐야 8~9kg 정도예요. 조그만 비글 비슷한 무게지요.

야생의 소리

참수리처럼 크고 시끄러운 소리를 내는 수리도 있지만, **흰머리수리** 같은 몇몇 수리가 내는 소리는 별로 대단하지 않아요. 여러분이 가끔 텔레비전에서 듣게 되는 수리 소리는 강렬한 효과를 내려고 소리를 키운 경우가 많답니다.

속았다!

하늘을 나는 동물 • 수리

93

사냥하는 수리

수리는 육식 동물이자 최상위 포식자예요. 때로는 자기 몸집보다 다섯 배는 커다란 동물을 죽이기도 해요.

▶ 수리는 무시무시하게 생긴 부리가 있지만, 먹이를 잡을 때는 보통 발톱을 써요. **부채머리수리**는 발톱 뒤쪽으로 난 갈고리발톱이 곰 발톱만큼이나 커다랗고, 다리 두께도 사람 발목만큼이나 두툼하답니다.

▶ 수리는 나무 꼭대기에서 사냥을 시작하곤 해요. 가만히 앉아서 땅에 뭐가 돌아다니는지 살펴보다가, 눈에 띄는 먹이가 있으면 휙 내려가 덮쳐요. 또는 어딘가로 날아가다가 먹이를 보면 뛰어들기도 하고, 심지어 땅에서 발로 달려가 쫓을 때도 있어요.

▶ 수리는 우리 눈과 달리 자외선을 볼 수 있어서 먹이를 쫓는 데도 유리해요. 동물이 자기 영역에 남긴 오줌 흔적을 따라가기만 하면 곧 그 주인을 찾아낼 수 있지요. 오줌에는 자외선을 반사하는 성분이 있거든요!

▶ **흰머리수리**나 **아프리카물수리**처럼 물고기를 잡아먹는 수리는 물속에 있는 먹이를 곧바로 낚아챌 수 있어요. 먹이가 무거우면 발톱으로 움켜쥐고 육지까지 끌고 가요. 때로는 아예 물속으로 들어가서 발로 먹이를 꼭 붙잡은 다음, 날개를 노 젓듯이 움직여서 뭍으로 가기도 해요.

▶ 수리는 몸집이 작은 새한테서 먹이를 훔치거나, 심지어 다른 수리와 싸워서 먹이를 빼앗기도 해요. 특히 먹이가 부족한 겨울에 그런 모습이 자주 보여요. 흰머리수리가 여우에게서 죽은 토끼를 훔쳐 가는 장면이 카메라에 담긴 적도 있지요. 어린 여우가 먹이를 포기하지 않고 맞서 싸우다가 먹이를 물고 가는 수리에게 이끌려 공중으로 날아오른 거예요. 결국 여우는 땅으로 떨어져 어디론가 가 버렸고, 승리를 거둔 수리는 훔친 먹이와 함께 멀리 날아갔지요.

치사해!

커다란 새의 커다란 둥지

수리 둥지는 어마어마하게 커요. 보통 나무나 절벽에다 둥지를 지어요. 나뭇가지로 틀을 만들고, 안에는 풀과 깃털과 이끼를 깔아서 폭신하게 해요. **흰머리수리** 둥지는 그중에서도 특히 큰데, 깊이만 6m가 넘어서 사람 어른도 그 안에 들어가면 바깥을 전혀 볼 수 없지요. 폭이 3m에 무게는 2,000kg이 넘어요. 자동차보다도 무겁답니다!

거대한 조상

하스트수리는 이제 멸종되어 사라졌지만, 한때는 세상에서 가장 커다란 수리였어요. 몸무게가 18kg 가까이 나가고 날개 폭은 3m나 되었지요! 이 거대한 맹금류 새는 뉴질랜드에 살면서 '모아'라는 날개 없는 거대한 새를 먹이로 삼았답니다.

• 플래너리 박사님의 탐험 수첩 •

오스트레일리아에 사는 **참수리**는 평생 한 마리 짝하고만 지내요. 그 전에 먼저 둘이 맹렬히 싸우면서 짝이 얼마나 강한지 시험하는데, 공중에서 서로 발톱을 움켜쥐고 빙글빙글 돌면서 아래로 내려가요. 언젠가 참수리 한 쌍이 막상막하로 겨루는 모습을 본 적이 있어요. 육지에서 1km쯤 떨어진 바다였는데, 서로 발톱을 움켜쥐고는 바다에 떨어질 때까지 놓지 않았어요. 바람이 심하게 부는 날이었고, 둘 다 지쳐서 물에 빠졌지만 싸움을 멈추지 않았지요. 머리 위에서는 휘파람솔개가 바싹 다가와 빙빙 맴돌면서 둘 중 하나가 죽기만을 기다리고 있었답니다.

나는 긴 빗자루를 들고 고무보트로 다가갔어요. 휘파람솔개는 날아가 버리고 참수리 둘이 드디어 떨어졌어요. 몸집이 조금 작은 수컷은 가슴에 깊은 상처가 생겼어요. 새하얀 가슴에 유일하게 난 붉은 흔적이었지요. 몸집이 좀 더 큰 암컷에게 빗자루를 받쳐 주자, 그 위에 올라가 가만히 서 있었어요. 두려운 기색은 전혀 없었지요. 빗자루를 머리 높이 정도 들어 올리자, 휙 날아서 물 위로 바싹 내려갔어요. 물에 또다시 빠질까 걱정되었지요. 그때 그 암컷 참수리의 두려움 없는 노란 눈과 거만한 눈빛은 지금도 잊을 수가 없어요. 무시무시한 부리는 또 어떻고요!

한편 다친 수컷은 좀 더 어리고 겁이 많았지요. 계속 헤엄쳐 달아나려다가 결국 포기했지요. 배 가까이 끌어당기자, 날개를 배에 걸치고 고개를 푹 숙인 채 완전히 지쳐서 뻗었어요. 나는 수컷을 바닷가 바위에 내려 주었어요. 거기서 몇 시간 동안 쉬었다가 다시 날아갔지요. 가끔 그 둘이서 짝이 되었는지 궁금해진답니다.

완벽한 비행 선수

수리는 거대한 날개를 펄럭거려서 에너지를 다 써 버리지 않도록, 따뜻한 공기의 흐름을 타고 미끄러지듯 활공하기를 좋아해요.

▶ 수리는 한 번에 몇 시간이나 공중에 머무를 수 있고, 3km 넘는 높이까지도 날아오른다고 해요.

▶ 수리는 보통 시속 50km 가까운 속도로 날아다니곤 해요. 드높은 하늘에서 아래로 내려올 때는 더욱 빠르지요. **검독수리** 같은 몇몇 수리는 시속 200km도 넘는 무시무시한 속도로 휙 내려오기도 해요.

▶ **흰머리수리**는 한쪽 날개에서 깃털이 빠지면, 반대쪽 날개의 같은 자리에서도 깃털이 떨어져 나가요. 날아다닐 때 완벽하게 균형을 잡으려는 거예요.

하늘을 나는 동물 • 수리

독수리

독수리 a vulture

땅에 내려앉은 독수리 무리
a venue(committee) of vultures

하늘을 나는 독수리 무리
a kettle of vultures

독수리는 우울하고 의뭉스러워 보이는 겉모습에 머리털도 거의 없어서, 좀 오싹한 느낌이 들어요. 다친 동물에게 떼로 몰려들어 죽기를 기다렸다가 먹이로 삼는 모습을 보면 더욱 그렇고요. 하지만 독수리를 나쁘게만 보는 건 독수리 입장에서 좀 억울해요. 일부러 다른 동물을 죽이는 일은 거의 없고, 갓 죽은 동물을 먹을 뿐이니까요. 게다가 썩어 가는 동물 사체가 아무 데나 널려 있지 않도록 깨끗이 먹어 치우는 청소부 역할도 하고요. 알고 보면 자연의 순환에 큰 도움을 준답니다.

독수리는 어디서 볼 수 있을까?

독수리는 크게 아시아, 아프리카, 유럽에 사는 구세계독수리와 아메리카에 사는 신세계독수리로 나뉘어요. 오스트레일리아와 남극 대륙을 제외한 모든 대륙에 살고 있지요.

독수리는 어떻게 울까?

독수리는 덩치에 비해 소리가 그렇게 크지 않아요. 신세계독수리는 심지어 소리를 내는 기관이 아예 없어요. 지저귀거나 우짖기보다 끽끽, 쉬쉬 하는 소리로 의사소통하지요.

독수리의 독특한 식생활

먹이가 나타났다!

독수리 수백 마리가 함께 죽은 동물 한 마리를 나눠 먹을 때도 있어요. 특히 커다란 동물이라면 말이죠. 독수리 떼가 한꺼번에 먹이에 달려들면 정신없는 식사 시간이 시작돼요. 날개를 미친 듯이 퍼덕거리고, 서로 짓밟고 쪼아 대며 먹이에 달려들지요. 당연히 이런 상황에서는 커다란 독수리가 유리해요. 몸집이 작고 어린 독수리는 한참 기다렸다가 남은 찌꺼기를 먹어야 하고요. 독수리 떼는 몇 분도 지나지 않아 죽은 동물의 뼈까지 깨끗이 먹어 치워요. 먹이를 덩어리째 삼켜서 일단 목에 있는 모이주머니에 쑤셔 넣고 보는 거예요. 모이주머니에 음식이 가득 찬 뒤에야 비로소 가만히 앉아서 소화를 시작하지요. 새끼가 있을 때는 먹이를 전혀 소화하지 않아요. 둥지로 돌아가 게워 낸 다음 새끼에게 주려는 거예요.

독수리는 죽어서 썩어 가는 고기를 주로 먹어요. 그래도 갓 죽은 신선한 고기를 가장 좋아하기는 하지요. 살아 있는 먹잇감을 뒤쫓을 때도 있지만, 그보다는 다쳤거나 몸이 약해진 동물을 주로 노려요. 얼룩말, 누, 하마, 영양 같은 동물을 즐겨 먹는데, 때로는 좀 뜻밖의 먹이를 먹기도 해요.

▶ 독수리는 고기를 가장 좋아하지만, 썩은 열매 같은 식물성 먹이를 먹을 때도 있어요.

▶ **야자대머리수리**는 거의 채식주의자에 가까워요! 개구리나 물고기 같은 작은 동물을 먹을 때도 있지만, 그보다는 야자나무에서 딴 열매를 엄청나게 많이 먹지요.

▶ **이집트대머리수리**는 타조 같은 커다란 새의 알을 돌멩이로 깨뜨려 끈끈한 내용물을 들이마신다고 해요.

▶ **큰수염수리**는 뼈를 즐겨 먹어요! 죽은 동물을 집어 들고 하늘 높이 올라가서 저 아래 바위가 많은 곳으로 떨어뜨려요. 여러 차례 반복해서 뼈가 바스러지면 뼈에 든 골수를 빼 먹고 뼛조각도 먹어요. 같은 방법으로 거북이 등딱지를 깨뜨려 그 안에 있는 살을 먹기도 해요.

새 가족 꾸리기

독수리는 종마다 다양한 방법으로 둥지를 터요. 구세계독수리는 주로 나무나 절벽 위에 나뭇가지로 커다란 둥지를 지어요. 이 둥지는 퀸 사이즈 침대보다 더 클 때도 있답니다! 한편 신세계독수리는 둥지를 새로 짓지 않고 맨땅에 드러나 있는 구덩이에 알을 낳지요. 독수리 알은 모양이 아름답고, 갈색이나 보라색 점무늬로 되어 있기도 해요. 새끼는 보송보송한 하얀 털이 뒤덮인 몸에서 커다란 발과 맨 부리가 삐죽 튀어나온 모습으로 알에서 깨어나요. 깜찍하고도 이상하게 생겼지요.

무기가 된 토사물

유독성 폐기물

칠면조독수리 같은 독수리가 게워 낸 토사물은 산성이 매우 강해요. 포식자가 다가오면 민감한 부분에 토해서 해치기도 해요. 냄새도 아주아주 고약해요! 반쯤 소화된 썩은 고깃덩어리로 이루어진 토사물이니까 그럴 만도 하지요. 독수리가 위험하다고 느낄 때 음식을 토하는 이유가 하나 더 있어요. 몸속에 쌓인 음식을 게워 내면 몸이 훨씬 가벼워져서, 더 빨리 날아서 도망칠 수 있거든요.

멸종 위기

코끼리 같은 커다란 동물이 점점 줄어들면서, 독수리도 날이 갈수록 먹이를 찾기가 힘들어지고 있어요. 개체 수가 매우 빠른 속도로 줄어들고 있는데, 먹이 부족 때문만은 아니에요. 사람들의 사냥감으로 사로잡히거나, 함부로 버린 독성 물질 때문에 죽기도 해요.

이런저런 독수리

독수리는 크게 세 가지 종류가 있는데, 각자 서로 다른 맹금류에서 진화했어요. 구세계독수리에 속하는 독수리와 수염독수리에는 모두 18종의 독수리가 포함돼요. 시력이 발달해서 예리한 눈으로 먹이를 찾을 수 있지만, 그에 비해 후각은 뒤떨어져 있어요.
그에 비해 **칠면조독수리** 같은 신세계독수리는 후각이 매우 뛰어나요. 뇌에서 냄새를 처리하는 부분이 넓어서, 나뭇잎에 가려 보이지 않는 썩은 고기도 금세 찾아내지요.

독수리가 똥을 먹는다고?!

독수리는 종종 다리에다 똥오줌을 누어요. 실수가 아니라 일부러 그러는 거예요. 지저분해 보이지만 다 그럴 만한 이유가 있어요. 먼저 더위를 식혀 주어요. 다리에다 물을 쏟으면 시원해지는 것처럼 말이죠. 냄새가 심해서 기분은 좀 나쁘겠지만요. 한편 독수리 똥오줌에는 '요산'이라는 성분이 들어 있어서, 썩은 동물 위를 걸어 다니다 보면 발에 묻기 쉬운 세균을 없애 주기도 해요. **이집트대머리수리**는 쇠똥을 즐겨 먹고, 특히 노란 똥을 좋아해요. 똥이 노란색일수록 영양분이 많이 들어 있거든요. 게다가 노란 똥을 먹으면 얼굴이 밝은 노란빛을 띠게 되어, 짝을 찾거나 다른 독수리에게 겁을 주어 물리치는 데도 도움이 되지요.

얼마나 높이 날 수 있을까?

루펠독수리는 땅에서 11km 떨어진 높은 하늘에서 날아가는 모습이 목격되기도 했어요. 아마도 세상에서 가장 높이 나는 새일 거예요.

해로운 동물인가, 영웅인가?

독수리는 위에서 강력한 위산이 나와서, 감염병을 옮기기 쉬운 썩어 가는 고기도 맘껏 먹을 수 있어요. 심지어 독수리의 위산은 우리 목숨을 위협하는 탄저균까지도 분해하지요! 어찌 보면 독수리가 썩은 동물을 먹어 치움으로써 위험한 세균이 널리 퍼지지 않도록 미리 막아 주는 거예요. 생김새도 좀 으스스해 보이고 식습관도 괴상하지만, 우리에게 큰 도움을 주는 좋은 친구랍니다!

엄청나게 커다란 새

안데스독수리는 독수리 가운데 가장 커다래요. 몸무게는 최대 15kg으로 5살 된 아이 몸무게와 비슷해요. 키는 7~8살 아이 키와 비슷한 1.2m 정도까지 자라고요. 새치고는 정말 큰 몸집이지요! 날개 폭은 무려 3.5m에 이르러요. 날개 넓이로만 따지면 세상에서 가장 커다란 새랍니다.

호아친

호아친은 생김새가 보통 새하고는 꽤 달라요. 아마도 아주 오랜 옛날에 살았던 어떤 새의 후손 가운데 유일하게 살아남은 종이기 때문일 거예요. 선명한 파란색 얼굴과 밝은 빨간색 눈, 깃털처럼 생긴 기다란 볏이 달린 호아친은 어디서도 눈에 확 띄어요. 특히 100마리씩 모여 있을 땐 더욱 그렇고요. 게다가 겉모습만 특이한 게 아니랍니다.

호아친은 얼마나 클까?

호아친은 다 자라면 키가 65cm 정도 돼요. 세 마리 키를 합치면 침대 길이 정도 되지요. 하지만 몸무게는 매우 가벼워요. 가장 큰 호아친도 1kg이 채 되지 않아요.

날 수는 있지만…

어른이 된 호아친은 그럭저럭 날 수는 있지만 잘 날지는 못해요. 나무 위에 앉아서 식사를 즐기거나 먹은 것을 소화하는 모습이 주로 눈에 띄지요.

호아친은 어디서 볼 수 있을까?

남아메리카의 아마존강과 오리노코강 주변 지역에 살아요.

하늘을 나는 동물 • 호아친

풀 뜯는 새

호아친은 초식 동물로, 가장 즐겨 먹는 음식은 신선한 잎과 꽃봉오리예요. 어리고 연한 잎일수록 더 좋아하지요. 새들은 목에 있는 모이주머니에 먹이를 저장하고 소화하는 경우가 많아요. 그런데 호아친의 모이주머니는 몇 가지 색다른 점이 있어요. 일단 크기가 엄청나게 커요. 속은 울퉁불퉁한 모양이라 삼킨 먹이를 잘게 찢고 부수어 주고요. 그렇게 잘게 부순 먹이를 특별한 세균과 섞어 발효시키면 소화가 충분히 이루어지지요. 이런 식으로 먹이를 소화하는 새는 호아친이 유일해요. 소와 양이 먹이를 소화하는 방식과 좀 비슷하지요.

몰래 다니긴 어려워!

호아친은 하늘을 날 때든 튼튼한 발로 나무를 기어오를 때든 썩 날렵하지는 못해요. 대체로 어설프고 요란스럽게 움직이지요. 먹잇감에 몰래 다가가지 않아도 되는 게 그나마 다행이랄까요. 나무나 덤불 사이를 푸드덕거리며 시끄럽게 돌아다니고, 쉭쉭, 끙끙, 쌕쌕, 캑캑거리는 온갖 희한한 소리를 내요. 귀엽게 지저귀는 소리 같은 건 들을 수 없지요!

비범한 아기 새

호아친은 물 위에 드리운 나뭇가지에 둥지를 짓곤 해요. 포식자가 다가오면 날지 못하는 새끼를 물속으로 떨어뜨려 탈출시키려는 거예요. 그런데 강물에 빠지는 게 더 위험한 것 아니냐고요? 새끼 호아친은 다른 아기 새들이랑 좀 다르거든요. 일단 헤엄도 잘 치고요. 또 지나가던 악어에게 잡아먹히지만 않는다면 강둑으로 올라간 다음 둥지가 있는 나뭇가지로 다시 기어 올라갈 수도 있답니다. 날아서가 아니라 발톱으로 기어서 둥지로 돌아가는 거예요. 그런데 그 발톱이 다리에 달려 있는 게 아니에요! 양 날개에 나 있는 커다랗고 날카로운 발톱으로 나뭇가지를 붙잡고 기어오르는 거랍니다. 알에서 깨어난 지 일주일쯤 지나서 날 수 있게 되면, 날개 발톱은 저절로 떨어져 나가지요.

냄새 나는 새

호아친은 '악취새'나 '스컹크새'라는 별명으로도 불려요. 그럴 만하기도 한 게, 냄새가 정말 심하거든요! 어떤 이들은 그 냄새가 쇠똥 퇴비 냄새랑 비슷하다고도 해요. 소와 호아친이 먹이를 소화하는 과정에서 생기는 냄새이므로 비슷할 수밖에 없지요. 이 동물들이 먹이를 소화할 때는 메테인이라는 냄새 고약한 가스가 나와요. 호아친이 트림을 하면 메테인 가스가 몸 밖으로 나와서 주변에 온통 냄새를 퍼뜨리는 거예요.

흡!

꺼어어억!

하늘을 나는 동물 · 호아친

두루미

두루미는 지구상에서 가장 오랫동안 살아온 새들 가운데 하나예요. 모두 15종이 있는데, 다들 무리를 이루고 지내기 좋아하는 사회적 동물이지요. 이따금 물가에 거대한 두루미 떼가 모여 있는 모습을 볼 수 있어요. 서로 시끄럽게 불러 대고 요란스럽게 춤을 추면서 야단법석을 떨곤 하지요. 이 놀라운 새에 관해 자세히 알게 되면 여러분도 두루미의 열성 팬이 될지도 몰라요!

무릎과 발바닥

두루미는 다리가 엄청나게 길어요. 그런데 보이는 대로 생각하면 안 돼요. 툭 튀어나온 '무릎'은 사실은 발뒤꿈치랍니다. 그러니까 '발바닥'이라고 생각되는 부분은 사실은 발가락이지요. 따라서 두루미는 발바닥이 아니라 발끝으로 걷는 거랍니다.

두루미는 어디서 볼 수 있을까?

남아메리카와 남극을 빼고 전 세계 곳곳에서 볼 수 있어요.

두루미 crane

두루미 무리 a herd(dance) of cranes

기후 변화의 영향

두루미들은 보통 습지에 둥지를 지어요. 먹이를 찾고 알을 낳기에도 적당하거든요. 그런데 지구 온난화로 두루미가 사는 습지들이 말라붙어서 점점 살아남기 힘들어지고 있어요.

시끄러운 친구들

두루미가 하늘로 날아오를 때나 습지를 천천히 걸어 다닐 때면 믿을 수 없을 만큼 우아하고 아름다워요. 하지만 이 새들이 내는 시끄러운 소리는 모습만큼 멋지지는 않아요.

▶ **회색관두루미**는 특이한 '뚜루룩' 소리를 내는데, 부리 아래에 있는 밝은 빨간색 목 주머니를 부풀려서 엄청나게 큰 소리를 낼 수 있어요.

▶ **캐나다두루미**가 내는 요란스럽고 시끌벅적한 소리는 1.5km 떨어진 곳까지 울려 퍼져요.

▶ 짝짓기하는 두루미 한 쌍은 번식기가 되면 큰 소리로 이중창을 불러요.

▶ 두루미는 자랄수록 숨통이 점점 더 길어져요. 다 자란 뒤에는 숨통이 너무 길어서 똑바로 세울 수 없고 복잡한 금관 악기처럼 휘어진 채로 다녀야 해요. **아메리카흰두루미**는 숨통이 가장 길어요. 꼿꼿이 편다면 1.5m에 이를 거예요.

무럭무럭 자라라!

▶ 두루미는 평생 한 마리 짝하고만 지내는 편인데, 뭔가 문제가 생기면 '이혼'하고 새 짝을 찾는 경우도 가끔 있어요.

▶ 두루미알은 크기가 10cm쯤 되고, 새끼는 커다란 사과 한 알 정도 크기로 알에서 깨어나요. 하지만 그렇게 작은 크기인 기간은 얼마 되지 않아요. 놀라운 속도로 쑥쑥 자라서 겨우 몇 달 만에 1.5m를 훌쩍 넘기기도 하지요. 그렇게까지 빨리 자라는 동물은 많지 않아요. 우리 인간이 그만큼 자라려면 몇 년씩 걸리지요.

▶ 새끼 두루미는 나이에 비해 발달이 빨라요. 알에서 깨어나자마자 걸을 수 있고, 눈도 바로 뜰 수 있어요. 이렇게 눈을 뜨고 걸을 수 있는 상태로 부화하는 새를 '조숙성 조류'라고 하지요.

크고 날씬한 새

붉은머리재두루미는 키가 1.8m에 이르는데, 날아다니는 새 중에서는 세상에서 가장 커요. 웬만한 사람 어른보다 더 크지요. 그것도 날개 폭에 비하면 별것 아니에요. 무려 2.5m를 가뿐히 넘거든요. 붉은머리재두루미는 호리호리해서 몸무게는 그렇게 많이 나가지 않아요. 무게가 가장 많이 나가는 종류는 12kg까지 나가는 **두루미(백두루미)**지요.

멋진 춤을 춘다고?

두루미는 짝에게 잘 보이려고 춤을 추어요. 둘이 함께 조화를 이루어 멋진 동작을 선보이지요. 하지만 연애하기 위해서만 춤추는 건 아니에요. 여러 가지 이유로 일 년 내내 춤을 추고, 때로는 거대한 무리가 함께 춤을 추어요. 어린 두루미는 부모에게 춤추는 법을 배우는데, 자기 가족을 꾸릴 준비가 될 때까지 몇 년씩 동작을 연습하기도 해요.

두루미의 춤은 좀 특이해요. 우아해 보일 때도 있지만, 때로는 우스꽝스럽기도 해요. 머리를 위아래로 빠르게 까딱거리면서 앞뒤로 겅중겅중 뛰어다니고, 날개를 퍼덕이며 땅으로 절하고, 때로는 고개를 뒤로 젖히고 커다란 소리를 내기도 해요. 먹이나 막대기를 집어 들어 하늘 높이 던져 올리면서 으스대기도 하고요.

두루미의 대이동

두루미 가운데 여러 종류가 철새예요. 겨울에는 따뜻한 지역에서 보내다가 봄철에는 새끼를 낳으러 시원한 지역으로 되돌아가지요. 어마어마한 두루미 떼가 하늘을 가로지르며 날아가는 모습이 대단한 볼거리를 이루기도 해요. 하지만 하늘 높이 날아오른 다음에는 쉽게 볼 수 없어요. 어떤 종은 10km 높이에서 날아가거든요. 비행기가 날아가는 높이와 비슷해서 우리 눈에는 잘 띄지 않아요.

멸종 위기

두루미 가운데서도 우아한 몸짓으로 유명한 **아메리카흰두루미**는 1941년에 전 세계에 딱 16마리만 남아서 거의 멸종될 뻔했어요. 서식지가 파괴되고 사냥감으로 희생되었기 때문이에요. 다행히 사람들이 열심히 노력한 끝에 점점 개체 수가 늘어났어요. 하지만 여전히 야생에 사는 무리는 얼마 되지 않는답니다.

내 모습 어때?

▶ **캐나다두루미**는 머리 위쪽 빨간 모자처럼 생긴 부분을 빼고는 원래 온몸이 회색으로 되어 있어요. 부리로 깃털을 가다듬기 전까지만 해도 그렇지요. 먹이를 찾다 보면 부리가 온통 진흙투성이가 되는데, 그 부리를 깃털에 문지르면 진흙에서 나온 붉은색과 갈색으로 온몸이 얼룩덜룩 물들지요.

▶ **회색관두루미**는 진흙 물을 들이지 않아도 눈에 확 띄어요. 머리 위에 왕관처럼 생긴 금빛 깃털 장식이 삐죽삐죽 나 있거든요. 마치 옛날 유럽 귀족들의 머리 장식처럼 보여요.

플래너리 박사님의 탐험 수첩

예전에 미국 위스콘신주에 있는 국제 두루미 재단에 방문한 적이 있어요. 이들은 두루미가 살아가기 좋은 서식지를 만들고자 열심히 일했어요. 이곳에는 지구상에 있는 모든 종류의 두루미가 살고 있어요. 야생에서는 몇 달씩 걸려야 볼 수 있는 모든 종류의 두루미를 30분 만에 다 만나 볼 수 있답니다.

옥수수로 배를 채우고

두루미는 물고기나 개구리처럼 물이나 물가에 사는 먹이뿐만 아니라 곤충, 쥐, 심지어 뱀을 잡아먹기도 해요. 게다가 식물도 먹는답니다. 야생 식물도 먹지만, 때로는 사람들이 농사지은 곡물을 먹을 때도 있어요. 철새인 **캐나다두루미**는 이동하는 중간에 미국 네브래스카주에 잠시 머무르면서, 추수가 끝난 들판에 남은 옥수수로 배를 채우지요. 이 거대한 옥수수밭은 플랫강 가까이에 자리 잡고 있어요. 두루미 떼가 함께 머무르면서 푹 자고 실컷 먹으면서 멀리 날아갈 에너지를 채우기에 딱 알맞은 장소랍니다.

하늘을 나는 동물 • 두루미

올빼미

올빼미는 주로 밤에 일어나 활동하므로, 올빼미를 직접 눈으로 보기는 쉽지 않아요. 그래서 실제로는 얼마나 커다란지, 얼마나 이상한 습성이 있는지 알면 깜짝 놀랄 거예요. 비늘로 뒤덮인 큼직한 발로 땅 위를 내달리기도 하고, 제 똥을 열심히 모아서 먹이를 찾는 데 쓰기도 하거든요!

올빼미? 부엉이?

올빼미는 크게 **올빼미**와 **원숭이올빼미**로 나뉘어요. 올빼미에는 거대한 **수리부엉이**부터 자그마한 **쇠올빼미**까지, 220종이 넘는 아주 다양한 올빼미가 속해 있어요. 원숭이올빼미는 하트 모양 커다란 머리 때문에 눈에 확 띄지요. 한국어로는 **올빼미, 부엉이, 소쩍새**가 모두 올빼미에 속하는 동물이에요.

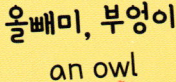

올빼미, 부엉이
an owl

올빼미 무리
a parliament of owls

기후 변화의 영향

뉴기니섬의 **검은가면올빼미**가 사는 고산 지대의 초원을 비롯해, 몇몇 중요한 올빼미 서식지가 기후 변화로 점차 파괴되고 있어요. 커다랗고 오래된 나무에 난 틈새에 둥지를 트는 올빼미들도 많은데, 나무를 함부로 베어 숲이 사라지면서 올빼미가 점점 더 보금자리를 찾기 어려워지고 있어요.

올빼미는 어디서 볼 수 있을까?

남극을 뺀 모든 대륙에서 살아요.

다양한 사냥 기술

올빼미는 뛰어난 청력을 이용해서 사냥해요. 어떤 올빼미는 심지어 먹잇감이 흙이나 나뭇잎이나 눈 밑에서 움직이는 소리도 들을 수 있어요. 청력 말고도 다양한 기술을 써서 먹이를 잡는답니다.

▶ 올빼미는 주로 나뭇가지에 가만히 앉아 있어서, 때로는 잠들어 있는 것처럼 보여요. 하지만 사실은 잠든 게 아니라 집중하고 있는 거예요! 나무 아래에 적당한 먹이가 나타나면 재빨리 휙 내려가 낚아채지요.

▶ 날면서 사냥하는 것도 자주 쓰는 기술이에요. 거대한 날개로 미끄러지듯 활공할 수 있는데, 날개 가장자리가 부드럽고 들쑥날쑥해서 거의 소리도 나지 않아요. 불쌍한 먹잇감은 누가 다가오는지도 전혀 모르는 채로 빠르게 날아온 올빼미에게 휙 낚아채인답니다.

▶ **물고기올빼미**는 이름처럼 물고기를 좋아해요. 물가에 사는 개구리 같은 동물도 즐겨 먹고요. 보통 강물 한가운데나 기슭에 있는 바위에 앉아서 먹이가 다가오기를 기다려요. 그러다 지나가는 물고기에게 휙 달려들어 발톱으로 잡아채지요.

▶ **땅굴올빼미**는 땅에서 많은 시간을 보내요. 먹이를 쫓을 때도 발로 달려가고요! 이 특이한 올빼미는 자기 굴 주변에 똥 무더기를 잔뜩 쌓아 두기도 해요. 바로 소똥구리를 꾀려는 거예요! 냄새에 이끌려 다가온 소똥구리를 넙죽넙죽 잡아먹지요.

쥐도 잡아먹는다고?

올빼미는 육식 동물이고, 이것저것 가리지 않고 아무거나 잘 먹어요. 어떤 올빼미는 100가지도 넘는 다양한 먹이를 잡아먹지요. 자그마한 올빼미들은 주로 곤충을 먹지만, 자기 몸집보다 두세 배 큰 동물을 사냥하는 올빼미도 있어요! 보통 쥐나 토끼, 작은 새를 먹는데, 그 밖에도 깜짝 놀랄 만큼 다양한 동물을 잡아먹어요. 코알라, 너구리, 독수리, 왜가리, 원숭이, 스컹크, 나무늘보, 작은 사슴, 새끼 여우, 멧돼지…… 심지어 고슴도치도요!

따끔!

안 보여!

낮에 사냥하는 올빼미도 있긴 하지만, 대부분 해가 떠 있을 때는 잠을 자요. 올빼미는 깃털 색깔과 모양 덕분에 주변 환경에 잘 녹아들어서, 대낮에 잠을 잘 때도 굳이 귀찮게 숨을 곳을 찾을 필요가 없어요. 올빼미가 나뭇가지에서 자고 있으면 거기 있는지도 모른 채 그냥 지나쳐 버리기 쉽지요.

올빼미의 눈

올빼미는 부리부리한 눈이 인상적인 데 비해 시력은 별로 좋지 못해요. 그래도 부족한 점을 메꾸는 신기한 특징이 있지요.

▶ 올빼미 눈에는 우리 눈과 달리 공 모양 눈알이 없어요. 눈이 긴 관처럼 되어 있지요. 따라서 올빼미 눈동자는 고개를 돌리지 않으면 이리저리 움직이며 다른 방향을 볼 수 없어요. 그 대신 올빼미는 척추뼈가 다른 새보다 두 배 많아요. 그 덕분에 고개를 완전히 돌려서 뒤쪽을 똑바로 바라볼 수도 있지요.

▶ 올빼미는 색을 잘 구별하지 못하지만, 밤중에는 누구보다 또렷이 볼 수 있어요. 흑백의 밝기는 티끌만 한 차이도 알아차릴 수 있어서, 어둡고 캄캄한 밤에도 주변에서 일어나는 아주 작은 움직임까지 눈치채지요.

▶ 올빼미는 멀리 있는 물체는 아주 잘 볼 수 있지만, 바로 눈앞에 가까이 있는 물체는 썩 잘 보지 못해요. 이런 단점을 보완하는 것이 바로 부리 둘레에 구레나룻처럼 나 있는 '털깃'이라는 뻣뻣한 털이에요. 먹이가 바싹 다가와서 눈으로 보기 힘들 때면 이 민감한 털로 감지해서 알아차리지요.

▶ **뿔올빼미**는 올빼미 가운데 눈이 가장 커요. 뿔올빼미 몸집이 사람만 하다고 치면, 눈은 오렌지만큼이나 클 거예요!

먹고 토하고

올빼미는 먹이를 통째로 삼키곤 해요. 아주 커다란 먹이만 찢어서 먹지요. 동물을 통째로 삼키다 보니 부작용도 있어요. 거의 날마다 먹은 것을 토하는 거예요. 하루에 몇 번이나 토하기도 하고요. 그렇다고 해서 몸이 아픈 건 아니에요. 토사물이 사람 것처럼 질척거리는 상태도 아니고 꽤 단단한 알갱이로 되어 있어요. 올빼미 몸속에서 소화되지 않는 털가죽이나 뼈, 깃털 조각 들이 뭉쳐진 것이거든요.

올빼미 헤엄

올빼미는 헤엄도 칠 수 있어요. 실수로 물에 빠졌을 때처럼 진짜 필요한 경우에만 헤엄치긴 하지만요. 예상할 수 있듯이 올빼미가 헤엄치는 모습은 정말 어설퍼요. 물 위로 머리를 내밀고 날개를 쭉 뻗어서 둥실 떠올라요. 그러고는 날개를 노처럼 저어서 뭍으로 가지요. 앞으로 나아가도록 날개를 휘저을 때마다 온몸이 위아래로 출렁거려요. 안타깝게도 물속에서 바로 하늘로 날아오를 수는 없어요. 뭍으로 가서 날개를 말린 다음에야 다시 날 수 있답니다.

올빼미가 사는 집

올빼미는 숲이나 눈 내리는 툰드라 지역이나 사막에도 살고, 심지어 도시 가까운 곳에서도 살아요. 올빼미 둥지는 종에 따라 아주 다양하지요.

▶ **뿔올빼미** 같은 몇몇 올빼미는 큰까마귀나 까치 같은 새의 둥지를 빼앗아 써요.

▶ **쿠바큰눈귀신소쩍새**는 직접 둥지를 만드는데, 보통 야자나무 속을 파내어 만들지요.

▶ **쇠올빼미**나 **붉은참새부엉이**처럼 사막에 사는 올빼미는 선인장에서 새끼를 키워요. 딱따구리가 파 놓은 구멍에다 둥지를 틀곤 하지요.

▶ **땅굴올빼미**는 나무에 둥지를 틀지 않고 땅속 굴에서 살아요. 스스로 굴을 파기도 하지만, 프레리도그나 아르마딜로나 들다람쥐가 파 놓은 굴을 차지할 때도 있어요.

▶ **원숭이올빼미**는 늘 땅 위에 둥지를 터요. 더부룩하게 자라난 풀숲 한가운데에 둥지를 만들어 밖에서 눈에 띄지 않도록 하지요.

플래너리 박사님의 탐험 수첩

오스트레일리아에 사는 **힘센올빼미**는 시드니에 있는 식물원에 가면 가장 쉽게 만날 수 있어요. 식물원에 우람한 큰잎고무나무가 두 그루 있는데, 이 나무 위에 앉아 있는 모습이 종종 눈에 띄거든요. 언젠가 이곳을 걷다가 땅바닥에 주머니쥐 내장이 쌓여 있는 게 보였어요. 난 그게 무얼 말하는지 바로 알아차렸지요. 나무 위를 올려다 보니, 아니나 다를까 힘센올빼미가 발톱으로 주머니쥐를 꼭 움켜쥐고 앉아 있었답니다. 여러분도 잠깐이나마 올빼미를 보고 싶다면, 주의를 기울여 둘레를 샅샅이 살펴보세요. 먹이를 먹다 땅에 흘린 것부터 찾아보는 거예요. 날여우의 날개라든지 주머니쥐나 들쥐의 뼈와 내장 같은 것들 말이죠. 고개를 들었을 때 당장 나무 위에 올빼미가 없어도 실망하지 마세요. 언젠가는 빽빽한 나뭇잎 사이에 앉아 있는 크고 멋진 올빼미를 볼 수 있을 거예요. 어쩌면 한 가족 전체를 만날 수도 있고요!

사라진 거대 올빼미

지구상에 살았던 올빼미 가운데 가장 커다란 종은 지금은 멸종된 **오르니메갈로닉스**예요. 오랜 옛날에 카리브해의 쿠바섬에 살았지요. 똑바로 서면 6살 아이 키와 비슷한 1.1m이고, 무게는 9kg이나 나갔어요. 이 올빼미는 멸종된 초대형 나무늘보인 땅늘보의 새끼 정도는 쉽게 죽일 수 있었지요.

사다새

흔히 '펠리컨'이라고 불리는 사다새는 거의 모든 부분이 다 커다래요. 사다새 여덟 종은 모두 통통한 몸에 커다란 발과 거대한 날개가 있어요. 그중에서도 가장 눈길을 끄는 부분은 단연코 아무도 따라잡을 수 없는 커다란 부리지요! 사다새는 부리로 온갖 신기하고 대단한 일을 해내요. 비록 물고기 처지에서 보면 대단하다기보다 너무 끔찍하고 두려운 괴물이겠지만요.

새 가족 꾸리기

사다새는 큰 무리가 한데 모여 알을 낳아요. 수백 마리에서 수천 마리가 서로 가까이 둥지를 짓는 거예요. 알은 부모 새가 번갈아 품어 주어요. 가끔은 커다란 발로 따뜻하게 품어 주기도 하지요.

근사한 머릿결

사다새는 머리 위로 길게 자라난 깃털 때문에 꼭 특이한 사람 머리 모양처럼 보여요. 깃털 가발을 뒤집어쓴 것처럼 보이기도 하고요.

사다새 a pelican

사다새 무리 a scoop of pelicans

사다새는 어디서 볼 수 있을까?
남극 말고는 모든 대륙에 살고 있어요.

하늘을 나는 동물 • 사다새

대단한 잠수 능력

갈색사다새는 다른 사다새와 먹이를 찾는 방법이 좀 달라요. 물 위를 날아다니며 뛰어난 시력으로 물속 먹이를 찾아내지요. 물고기를 찾으면 무시무시한 속도로 뛰어들어 먹이를 덮치고는 기절시켜서 꿀꺽 삼켜요. 다른 동물이 그런 식으로 물속으로 빠르게 뛰어들다가는 다치기 쉽지만, 갈색사다새는 다치지 않고도 물에 휙 들어가는 기막힌 재주가 있답니다.

▶ 물속에 뛰어들 때 온몸의 근육을 팽팽하게 당겨서 물에 세게 부딪쳐도 목이 부러지지 않도록 해요.

▶ 갈색사다새가 숨 쉬는 통로(기도)와 먹이를 삼키는 통로(식도)는 목 오른쪽에 자리 잡고 있어요. 물속으로 뛰어들 때는 몸을 왼쪽으로 꺾어서 이 섬세한 부분이 물에 심하게 부딪치지 않도록 보호해요.

▶ 피부 아래 있는 특별한 공기주머니를 부풀려서 물에 들어갈 때 받는 충격을 흡수해요.

플래너리 박사님의 탐험 수첩

오스트레일리아사다새는 사람을 경계하는 편이지만, 먹을 것을 구하기 어려운 시기에는 너무 굶주려서 사람이 많은 시드니 같은 대도시에 나타나기도 해요. 어느 해인가 나는 혹스베리강에 낚시하러 갈 때마다 물고기를 몇 마리 남겨 두고 오곤 했답니다. 내가 자주 찾는 낚시터에 와서 기다리는 사다새 친구들이 있었거든요.

최고의 부리

▶ 사다새는 전 세계의 새 가운데 부리가 가장 길어요. 무려 50cm 가까이 되기도 하지요. 불룩 튀어나온 부분을 '목주머니'라고 하는데, 공간이 엄청나게 널찍해요. 물을 13ℓ까지도 담을 수 있거든요!

▶ **오스트레일리아사다새**의 목주머니는 보통 연분홍색과 노르스름한 색으로 되어 있는데, 짝짓기 철이 되면 색이 훨씬 더 밝아지고 선명한 파란색 줄무늬 장식도 생겨나요. 알을 낳고 나면 다시 목주머니 색이 옅어지지요.

▶ **분홍사다새**는 수컷이나 암컷 모두 짝짓기 철이 되면 부리 위쪽에 커다란 혹이 생겨요. 약간 뿔처럼 생기기도 했는데, 알을 낳고 나면 떨어져 나가요. 아마도 짝에게 좀 더 매력 있어 보이려고 생겨난 특별한 장식일 거예요.

하늘을 나는 동물 • 사다새

사다새의 매력 뽐내기

오스트레일리아사다새 수컷은 짝짓기 철이 되면 암컷의 관심을 끌려고 여러 마리가 경쟁에 나서요. 수컷 무리는 암컷이 돌아다닐 때마다 줄줄이 뒤따라 다녀요. 그러면서 물고기나 막대기 같은 것을 하늘로 던지기도 하고, 부리를 휘휘 흔들면서 암컷의 눈길을 끌려고 애써요. 그러면서 한두 마리씩 점점 떨어져 나가다 마지막에 단 한 마리만 선택되지요. 텔레비전 경쟁 프로그램 참가자가 하나둘 탈락하다 최종 우승자 한 명만 남는 거랑 비슷하게요.

● 플래너리 박사님의 탐험 수첩 ●

사다새는 이따금 다른 새를 잡아먹기도 하고, 심지어 치와와를 잡아먹었다는 흥미로운 얘기도 들어 봤어요. 사다새가 참수리와 서로 을러 대는 모습은 꽤 여러 차례 본 적 있지요. 참수리는 새끼 시절에 터무니없는 짓을 많이 해요. 할 줄 아는 것도 없으면서 뭐든지 덤벼들거든요. 참수리는 1년 중 가장 먹이가 부족할 무렵에 나는 법을 배우곤 하는데, 따라서 날 때마다 먹을거리를 찾아다녀요. 그러다 사다새 무리를 보면 '오, 먹음직스러워 보이는군.' 하고 생각하겠죠. 하지만 사다새를 사냥하기는커녕 가까이 다가가지도 못해요! 사다새 무리가 부리를 쩍 벌리고 '아르르르르!' 하며 겁을 주기만 하면, 무모한 어린 참수리는 재빨리 생각을 고쳐먹고 뒤돌아 달아나지요.

먹히는 게 아니라 먹는 것!

사다새가 가끔 새도 잡아먹는다는 얘기를 듣고 나면, 새끼 사다새가 어른 사다새의 입 속으로 머리를 들이대는 모습을 보며 걱정이 될 수도 있어요. 하지만 괜찮아요! 잡아먹히는 게 아니라 먹이를 찾는 것이거든요. 새끼 사다새는 스스로 사냥할 수 없으므로, 배가 고프면 부모가 삼켰다가 역류시킨 물고기 죽을 부리 안에서 꺼내 먹지요.

냠냠!

대단한 낚시꾼

사다새 부리는 위보다 더 많은 양을 담을 수 있지만, 부리에 도시락 그릇처럼 먹이를 담아 두었다 나중에 먹지는 않아요. 잡자마자 삼켜 버리지요. 신선한 게 최고니까요!

▶ 사다새는 대부분 물 위에 떠다니면서 부리를 집어넣어 물고기를 잡아요. 부리 끝에 날카로운 고리가 있어서, 아무리 미끌미끌한 물고기도 확실히 붙잡을 수 있지요. 뭐든지 부리 속에 들어오기만 하면 부리의 근육을 꾹 쥐어짜서 먹이와 함께 퍼 올린 물을 다 짜낸 다음에 통째로 삼켜요.

▶ 사다새는 무리 지어 함께 먹이를 찾고 사냥하는 경우가 많아요. 곡선 대형으로 줄지어 늘어서서, 날개로 물 표면을 내리치며 부리를 물에 집어넣어 물고기를 한곳으로 몰아넣은 다음 건져 올려요. 때로는 물고기 떼를 얕은 물로 보내서 좀 더 쉽게 잡기도 해요.

▶ 사다새는 커다란 몸집으로 다른 새들 사이에 끼어들어서 먹이를 빼앗아 오기도 해요. 때로는 사다새가 먹이를 도둑맞기도 하고요! 갈매기는 사다새 머리 위에서 기다렸다가, 사다새가 물고기를 잡으면 고개를 숙여 먹이를 확 가로채지요.

못됐다!

사람과 사다새 중에 누가 더 클까?

사다새는 날아다니는 새 가운데 가장 무거운 편이에요. 그중에서도 **달마시안사다새(사다새)** 가 가장 큰데, 15kg 가까이 나가기도 해요. 키는 1.8m로 웬만한 사람 어른보다 더 크고, 날개 폭은 더 엄청나요. 무려 3m에 이른답니다!

뭐든지 꿀꺽꿀꺽!

사다새는 육식 동물로, 먹을 것에 관해서라면 별로 까다롭지 않아요. 물고기 말고도 가재나 개구리, 거북처럼 물가에 사는 여러 동물도 잡아먹어요. 게다가 갈매기나 오리, 비둘기도 잡아먹는다고 해요. 사다새는 이빨이 없어서 먹이를 통째로 삼키는데, 보통은 머리부터 집어삼키지요.

잔인해!

하늘을 나는 동물 • 사다새

벌새

벌새는 영어 이름이 '흥얼거리는 새'라는 뜻이지만, 전체 338종 가운데 진짜로 흥얼흥얼 노래하는 새는 없어요. 날개가 우리 눈에 보이지 않을 만큼 빠르게 움직이면서 윙윙 소리를 내기 때문에 이런 이름이 붙었지요. 한국어로는 벌처럼 윙윙거린다고 해서 벌새라고 하고요. 벌새는 '날아다니는 보석'이라는 별명이 붙을 만큼 깃털이 부분부분 무지갯빛으로 반짝이곤 해요. 하지만 그저 아름답기만 한 것은 아니에요! 몸집 크기에 비해 뇌의 크기가 새 중에서는 가장 크고, 모든 동물 가운데서도 두 번째로 크지요.

벌새는 어디서 볼 수 있을까?

벌새는 위로는 알래스카부터 아래로는 남아메리카 끝까지, 아메리카 대륙 전체에 걸쳐 살아요. 특히 남아메리카에서 흔히 볼 수 있지요. 벌새 하면 보통 열대 우림에서 자란 커다랗고 신기하게 생긴 꽃에서 꿀을 먹는 모습을 떠올릴 거예요. 실제로 열대 지방에 사는 벌새가 많긴 하지만, 그 밖에도 생각보다 꽤 다양한 곳에서 볼 수 있어요. 산소도 부족하고 날씨도 추운 높디높은 산악 지역에도 살고, 심지어 사막 지역에도 살고 있지요!

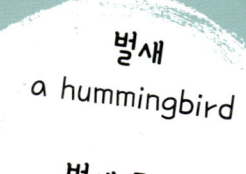

벌새
a hummingbird

벌새 무리
a charm of hummingbirds

꿀 먹는 새

벌새는 꿀을 모으기 편리하도록
신체 기관이 발달해 있어요.

언제나 배가 고파

벌새의 몸은 물질대사가 아주 활발해요. 사람을 비롯해 어떤 동물보다도 활발한 편이지요. 그런 만큼 에너지도 금세 바닥나므로, 힘을 유지하려면 더 자주 먹어 줘야만 해요. 날마다 자기 몸무게의 세 배 가까운 양을 먹는답니다.

▶ 벌새는 잡식 동물이에요. 주로 꿀을 먹고 살지만, 곤충이나 거미 등도 잡아먹어요.

▶ 어떤 벌새는 하루에만 1천 개 넘는 꽃을 돌아다니며 꿀을 먹어요. 기억력도 매우 뛰어나요. 어디에 가면 가장 좋은 꿀을 얻을 수 있는지 기억해 두었다가, 나중에도 반복해서 같은 꽃으로 되돌아가지요.

▶ 벌새는 벌이나 나비처럼 꽃가루받이*를 해요. 꿀을 먹을 때 입에 묻은 꽃가루를 다른 꽃에 옮겨서 식물의 번식을 돕는 거예요. 어떤 식물은 오로지 벌새들만 꽃가루를 옮겨 주어요. 다시 말해서 벌새 없이는 번식할 수 없는 거예요.

▶ 벌새는 종마다 각자 좋아하는 꽃에 딱 맞게 조금씩 다른 부리 모양을 하고 있어요. 어떤 벌새는 부리가 엄청나게 길어서, 기다란 트럼펫 모양 꽃 속의 저 밑바닥에 있는 꿀에 닿을 수 있어요. 꿀에 똑바로 찔러 넣는 것뿐만 아니라, 꽃 모양에 따라 구불구불 휘어져 들어갈 수도 있답니다.

▶ 벌새 혀는 보통 부리보다 두 배쯤 길어요. 투명해서 속이 거의 다 비치고, 끝은 뱀 혀처럼 양 갈래로 나뉘어 있어요. 양쪽에 각각 두 개의 관이 있어서 꽃에 넣으면 꿀로 가득 차요. 그런데 벌새 혀는 우리가 빨대로 음료수를 마실 때처럼 꿀을 빨아들일 수 없어요. 혀를 입으로 끌어당겨 속에 든 꿀을 쏟아 내는 식이지요. 그래서 꿀을 먹는 동안 끊임없이 혀를 내밀었다 입에 넣었다 해요.

기후 변화의 영향

기후 변화로 벌새가 살아가는 숲이 파괴되어 점점 개체 수가 줄어들고 있어요.

* 꽃가루받이(수분): 종자식물의 수술에 있는 꽃가루(화분)가 암술머리에 옮겨 붙어 열매를 맺게 하는 일. 바람이나 곤충, 새, 또는 사람 손에 의해 이뤄지기도 해요.

멋쟁이 깃털과 무모한 다이빙

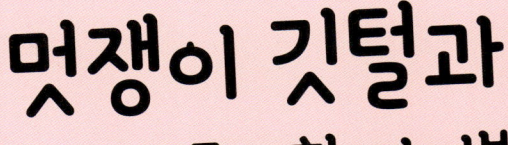

수컷 벌새는 눈에 확 띄는 특이한 겉모습을 자랑하는 경우가 많아요. 밝은색 깃털이 온몸 군데군데 나 있거나, 꽁지깃이 섬세한 무늬로 되어 있기도 하지요. 이렇게 화려한 겉모습으로 몸을 요란스럽게 움직이면서 암컷에게 매력을 뽐낸답니다.

▶ **붉은목벌새**나 **푸른목벌새** 같은 여러 벌새는 목 부분 깃털이 선명한 색으로 되어 있는데, 어떤 빛에서는 더욱 환하게 빛나요. 그래서 이 벌새는 깃털이 가장 멋지게 보이는 각도로 몸을 틀어 보이곤 하지요.

▶ 어떤 벌새 수컷은 목 깃털을 잔뜩 부풀려 눈에 확 띄도록 해요. **칼리오페벌새**는 아름다운 분홍빛 목 깃털을 뾰족뾰족하게 세워서 눈길을 사로잡아요.

▶ **물까치라켓벌새**를 비롯해 몇몇 벌새 수컷은 꼬리에 기다랗고 머리카락처럼 생긴 깃털이 달려 있어요. 깃털 끝에는 부채처럼 생긴 밝은 깃털이 나 있고요. 이 수컷 벌새는 암컷 앞에서 맴돌며 꼬리를 흔들어서 암컷의 마음을 사로잡아요.

▶ **라켓꼬리털부츠벌새**는 수컷과 암컷 모두 보송보송한 하얀 깃털이 다리를 감싸고 있어서, 마치 작고 귀여운 부츠를 신은 것처럼 보여요.

▶ **안나벌새**와 **코스타벌새**는 짝에게 잘 보이려고 높은 곳에서 뛰어내리는 별난 동작을 반복해요. 40m나 높이 치솟았다가 아래로 곤두박질치고는, 또다시 올라갔다 내려갔다 하는 거예요. 떨어지는 동안 깃털 사이로 바람이 스쳐 지나가면서 독특한 소리가 나기도 하지요.

계절 여행

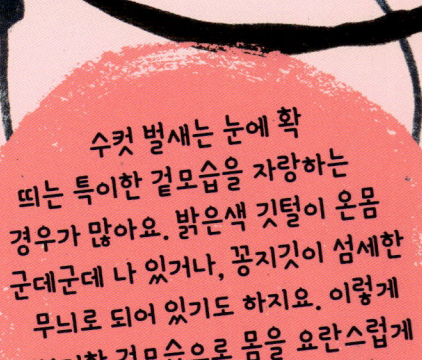

어떤 벌새는 추운 겨울에 그냥 버티기도 하지만, 추위를 피해서 장거리를 이동하는 벌새가 더 많아요. 따뜻한 햇볕과 꿀이 듬뿍 담긴 꽃을 찾아 떠나는 거예요. **갈색벌새**는 가장 먼 길을 날아가요. 알래스카에 있는 여름 집에서 멕시코에 있는 겨울 집까지 무려 5,000km 가까이 이동하지요.

● 플래너리 박사님의 탐험 수첩 ●

예전에 1년 동안 미국 보스턴에 머물렀을 때, 가끔 아주 커다란 날벌레를 보고 깜짝 놀라곤 했어요. 꽃들 사이에서 돌아다니며 윙윙대는 소리도 꽤 컸지요. 그중에 한 마리가 잠시 어느 꽃 앞에서 멈췄을 때야 비로소 날벌레가 아니라 **붉은목벌새**라는 걸 알아차렸답니다!

새 가족 꾸리기

벌새는 여러 가지 식물에서 얻은 재료로 아늑한 둥지를 지어요. 벌새 종류에 따라 둥지 모양이 조금씩 다른데, 바닥이 둥그런 것도 있고 뾰족한 것도 있어요. 둥지 안으로 비가 들이치지 않도록 나뭇잎 아래에 둥지를 짓기도 해요. 새알 크기는 종류에 따라 조금씩 다르지만, 모두 다 작다는 것만큼은 매한가지예요.

새야, 벌이야?

벌새는 세상에서 가장 작은 새예요. 학명인 '트로킬리디'도 그리스어로 '작은 새'라는 뜻이지요. 벌새 가운데서도 가장 작은 새는 **콩벌새**인데, 무게는 겨우 1.8g으로 카드놀이용 카드 한 장 무게밖에 나가지 않아요. 크기는 5cm가 채 되지 않고요! 콩벌새는 쿠바에 사는데, 이곳에서는 날아다닐 때 '준준' 소리가 난다며 '준준시토'라는 이름으로 불려요. 벌새 가운데 가장 커다란 것도 작기는 마찬가지예요. **자이언트벌새**는 콩벌새에 비하면 거인 같을지 몰라도, 겨우 20cm 정도로 커다란 바나나 길이 정도밖에 되지 않아요.

가장 작은 벌새 알은 1cm도 채 되지 않아요.

물을 털어라

벌새가 비를 맞아서 몸을 말리고 싶을 때는 강아지처럼 온몸을 부르르 떨어요. 머리와 몸을 힘껏 흔들어서 물방울을 날려 보내는 거예요. 어찌나 심하게 흔드는지, 목이 90도 가까이 돌아가기도 해요.

신기한 날개

벌새는 보통 새와 나는 방법이 사뭇 다르답니다.

▶ 벌새는 여느 새처럼 날개를 위아래로 펄럭이는 것이 아니라, 복잡한 회전 운동을 해서 더 큰 힘을 만들어 내요. 날개를 움직이는 가슴 근육이 발달해서, 전체 몸무게의 30%를 차지하기도 해요.

▶ 벌새는 뒤로 날거나 심지어 거꾸로 날아갈 수도 있어요!

▶ 벌새는 똑같은 장소에서 30초 넘게 떠 있는 유일한 새예요. 한 번에 몇 분씩이나 제자리에 떠 있기도 하지요!

▶ 어떤 벌새는 1초에 100번이나 날개를 움직일 수도 있어요. 날개 움직임이 너무 빨라서 사람 눈에는 흐릿한 형체로만 보이지요.

하늘을 나는 동물 ● 벌새

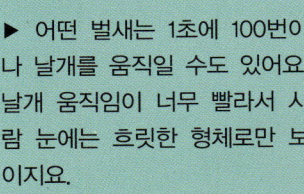

소등쪼기새

'소등쪼기새'라는 이름을 들으면 이 새가 어떤 새인지 짐작하기 어렵지 않을 거예요. 황소 같은 커다란 동물 등에 앉아서 콕콕 쪼아 대기를 좋아하지요! 소등쪼기새의 학명은 '부파구스'인데, '소를 먹는다'는 뜻이에요. 뭔가 좀 잘못된 이름 같죠? 이 작은 새가 커다란 소를 집어삼킬 수는 없을 테니까요. 소등쪼기새가 진짜 무얼 먹는지 알면 깜짝 놀랄 거예요.

소등쪼기새는 어디서 볼 수 있을까?

아프리카에서만 볼 수 있어요. 이곳에는 소등쪼기새가 등을 쪼면서 지내기 좋은 커다란 포유동물이 많이 살고 있지요.

이동식 침대

소등쪼기새는 낮 동안 어슬렁어슬렁 돌아다니는 숙주 동물*의 등을 꼭 붙잡고 낮잠을 자요. 때로는 아예 자리 잡고 밤새도록 매달려 잠자기도 하고요.

* 숙주 동물: 기대어 사는 동물에게 영양분과 서식지를 제공하는 동물

소등쪼기새
an oxpecker

소등쪼기새 무리
a fling of oxpeckers

조심해!
소등쪼기새는 위험하다고 느끼면 쉭쉭 소리를 내요. 숙주 동물도 이 소리를 경고로 삼아 가까이에 위험한 것이 있는지 알아차릴 수 있지요.

하늘을 나는 동물 • 소등쪼기새

두 가지 소등쪼기새

소등쪼기새는 **붉은부리소등쪼기새**와 **노랑부리소등쪼기새**, 이렇게 딱 두 가지 종이 있어요. 붉은부리소등쪼기새는 부리가 정말 붉은색이에요. 노랑부리소등쪼기새 부리는 바탕이 선명한 노란색이고, 끝부분은 주홍색으로 되어 있어요.

먹이 종합 선물 세트

소등쪼기새는 숙주 동물 등에 달라붙어 털 속에 있는 벌레를 잡아먹고 살아요. 파리, 구더기, 벼룩 같은 여러 벌레를 먹는데, 그중에서도 진드기를 가장 좋아해요. 그 이유는 사실 소등쪼기새가 가장 좋아하는 먹이가 바로 피이기 때문이에요. 진드기는 숙주 동물 피부에 파고들어 피를 마셔요. 그런 진드기를 잡아먹으면, 마치 잼이 듬뿍 들어 있는 도넛처럼 겉은 바삭바삭하고 속에는 붉은 피가 배어 있는 벌레 도넛을 먹는 셈이에요. 피만 좋아하는 게 아니라 콧물, 침, 눈물, 눈곱 같은 것도 냠냠 맛있게 먹어요. 비듬과 귀지도 그럭저럭 좋아하고요.

지저분해!

평범하지 않은 집

소등쪼기새는 몸집이 훨씬 더 커다란 동물과 어울리며 지내곤 해요. 소, 기린, 코뿔소, 얼룩말, 물소, 하마, 영양 같은 동물 위에 앉아 있는데, 특히 털 많은 동물을 더 좋아하지요. 튼튼한 발과 날카로운 발톱이 있어서, 숙주 동물의 몸 어느 부분에 앉아 있든지 균형을 잡으며 떨어지지 않고 끈덕지게 버틸 수 있어요.
그런데 코끼리 같은 몇몇 동물은 소등쪼기새가 주변에서 맴도는 걸 무척이나 싫어해요. 파리가 우리 몸 위에 앉으려 하면 손짓으로 쫓아내는 것처럼, 코끼리도 몸을 흔들어 소등쪼기새를 쫓아 버려요.

이동식 집에서만 살 수 있을까?

소등쪼기새는 숙주 동물 몸에서 먹고, 자고, 놀고, 심지어 짝짓기도 할 수 있어요. 하지만 숙주에게서 떠나야만 하는 때도 있지요. 일단 숙주 동물의 몸에는 짜디짠 눈물밖에 없으므로, 목이 마르면 물 먹으러 가야 해요. 거다가 움직이는 동물 위에 알을 낳았다가는 금세 굴러떨어지고 말겠죠! 알을 낳을 때면 나무 구멍을 찾아서 둥지를 틀고, 풀과 깃털로 폭신하게 자리를 깔아요. 숙주 동물 피부에서 갓 뽑아낸 털도 함께 깔아 주고요.

딱따구리

딱따구리는 나무에 맹렬한 기세로 구멍을 뚫는 새로 잘 알려져 있어요. 그래서 언뜻 보면 나무를 망가뜨리는 해로운 새로 여기기 쉬워요. 그런데 그 날카로운 부리로 쪼아 없애는 것은 나무껍질만이 아니에요. 나무 속에 파고 들어가 병을 일으키는 성가신 해충을 없애서 나무를 더 건강하게 해 주지요. 딱따구리에 속하는 새로는 **개미잡이, 즙빨기딱따구리, 크낙새** 등 여러 종이 있어요.

딱따구리는 어디서 볼 수 있을까?

딱따구리는 오스트레일리아, 뉴질랜드, 뉴기니, 마다가스카르나 극지방에는 살지 않지만, 그 밖에는 어느 곳에서나 볼 수 있어요. 남아메리카와 동남아시아에 특히 흔하지요.

딱따구리
a woodpecker

딱따구리 무리
a descent of woodpeckers

별걸 다 먹는 새

딱따구리는 대부분 곤충을 많이 먹어요. 날카로운 부리로 나무에 구멍을 뚫어서 나무껍질 틈새나 나무 속에 사는 조그만 벌레를 먹어 치우지요. 하지만 딱따구리도 꽤 다양해서, 다른 먹이를 먹는 새도 있어요.

▶ 수액을 먹는 딱따구리는 꽤 많지만, 그중에서도 **즙빨기딱따구리**는 수액을 정말로 좋아해요. 즙빨기딱따구리는 나무 속에 흐르는 수액에 가 닿도록 작은 구멍을 여러 개 뚫어서 나무껍질에 점박이 무늬를 만들기도 해요. 게다가 사실은 부리로 수액을 빨아 먹는 게 아니라 혀로 핥아서 먹지요.

▶ **힐라딱따구리**나 그 비슷한 새들은 날카로운 부리로 다른 새끼 새의 머리를 쪼아 열어서 피와 뇌를 먹는다고 해요.

▶ **황금이마딱따구리**는 선인장 열매를 즐겨 먹어서, 그 작은 얼굴이 과즙 때문에 자줏빛으로 물들기도 하지요.

▶ **도토리딱따구리**는 무얼 먹을까요? 당연히 도토리를 먹지요! 나무에 도토리 크기만 한 구멍을 뚫은 다음, 구멍 하나에 도토리 하나씩 꼭꼭 끼워서 나중에 먹으려고 숨겨 두어요. 때로는 나무 한 그루에 도토리를 5만 개나 저장해 두기도 하는데, 구멍 하나에 도토리 하나씩이니까 구멍이 얼마나 많이 뚫려 있을지 짐작이 되겠죠! 그냥 나무뿐만이 아니라 나무 전봇대나 울타리 기둥, 심지어 목재로 된 집에다 구멍을 뚫기도 해요!

나무집을 짓자

딱따구리는 보통 나무에 구멍을 뚫어 둥지를 지어요. **대나무딱따구리**는 대나무를 뚫고, **힐라딱따구리**나 **사다리줄무늬딱따구리**처럼 사막에 사는 새는 선인장에 구멍을 뚫어 둥지를 지어요. 땅에 사는 딱따구리 가운데 **안데스딱따구리**는 땅을 파서 둥지를 짓고, **초원딱따구리**는 흰개미가 쌓아 올린 탑에다 둥지를 짓기도 해요.

나무 타기는 정말 쉬워!

딱따구리는 나무에서 먹이를 찾으며 오랜 시간을 보내곤 해요. 날카로운 발톱으로 나무껍질을 붙잡고 위아래로 문제없이 오르락내리락 할 수 있어요. 또 꽁지깃이 뻣뻣한 딱따구리도 많은데, 이걸로 다리가 하나 더 있는 것처럼 나무에 달라붙어 균형을 잡을 수 있어요. 끝이 뾰족하고 날카로워서 발톱처럼 나무껍질을 움켜잡을 수 있거든요.

편리해!

딱따구리는 얼마나 클까?

가장 커다란 딱따구리는 **큰회색딱따구리**로, 키가 50cm 넘게 자라요. 가장 작은 **애기딱따구리**는 8cm도 채 안 되고요. 애기딱따구리는 다른 딱따구리에게 다 있는 길고 뻣뻣한 꽁지깃이 없어요. 꼬리가 아예 없는 것도 있고요!

무엇이든 먹기 좋은 딱따구리 혀

딱따구리는 기다랗고 날쌘 혀가 있어서, 새로 뚫은 틈새나 구멍에 쏙 집어넣어 벌레나 수액을 빼낼 수 있어요. 딱따구리의 혀는 사람 혀처럼 입 안에만 붙어 있는 것이 아니라, 도시락 통을 감싸는 고무줄처럼 두개골을 둘러싸고 있어요. 어떤 딱따구리 혀는 10cm나 되기도 하지요. 종에 따라 혀 모양도 서로 다른데, 각자 좋아하는 먹이를 먹기에 딱 알맞은 모양으로 되어 있어요.

▶ **즙빨기딱따구리**를 비롯해 수액을 먹는 딱따구리는 털이 숭숭 난 특이한 혀가 있어요. 약간 붓처럼 생긴 이 혀는 액체 먹이를 모으기에 편리해요.

▶ 나무에 구멍을 뚫고 그 속에서 애벌레 같은 것을 꺼내 먹는 딱따구리는 먹이를 잡아채기 좋게 혀끝에 뾰족뾰족 가시가 돋아나 있어요.

▶ **쇠부리딱따구리**처럼 땅에서 개미 같은 먹이를 찾는 딱따구리는 혀끝이 납작해서 달아나려는 먹이를 한꺼번에 입에 떠 넣을 수 있어요.

딱따구리는 나무를 먹을까?

딱따구리는 나무에 열심히 구멍을 파면서도 나무를 먹지는 않아요. 몸에 특별한 장치가 있어서 나무 조각이나 먼지가 몸 안으로 들어오지 않게 하지요.

▶ 딱따구리는 양 눈에 눈꺼풀이 한 겹 더 있어서, 날아다니는 파편이 눈에 들어오지 않도록 보호해 줘요. 목수가 작업할 때 쓰는 투명한 보호안경처럼 말이에요. 이 눈꺼풀은 나무에 열심히 구멍을 뚫을 때 눈알이 튀어나오거나 터지지 않도록 보호해 주기도 해요.

▶ 딱따구리의 콧구멍 주변에는 뻣뻣한 깃털이 나 있어요. 나무 부스러기가 콧구멍 안으로 들어가 코가 막히는 일이 없도록 해 주지요.

나만의 연주를 보여 주마!

때때로 딱따구리는 둥지를 틀거나 먹이를 찾으려는 게 아니라, 그저 시끄러운 소리를 내고 싶어서 나무를 쪼기도 해요! 수컷이 그러는 경우가 특히 많은데, 마치 드럼 연주자가 멋진 연주를 뽐내듯 저마다 자기 스타일로 나무를 쪼아 대지요. 이렇게 나무를 쪼는 행동으로 짝에게 매력을 선보이기도 하고, 다른 침입자가 자기 영역에 들어오지 못하게 경고하기도 해요.

머리를 보호하라!

딱따구리는 1초에 20번 넘게 나무를 쫄 수 있어요. 때로는 하루에 1만 번 넘게 쪼아 대기도 해요. 머리를 그렇게 쿵쿵 부딪친다는 생각만 해도 골치가 아파 오는데, 어떻게 날마다 그럴 수 있을까요?

▶ 딱따구리 두개골은 겉 부분이 매우 단단해요. 그리고 그 바로 아래쪽 뼈는 스펀지처럼 구멍이 숭숭 뚫린 두꺼운 층으로 되어 있어요. 이 부분이 충격을 흡수해서 뇌를 보호하기 때문에 온종일 나무를 쪼아 대도 끄떡없어요.

▶ 딱따구리 목둘레는 겹겹이 근육으로 되어 있어서, 나무에 부딪치며 앞뒤로 움직일 때 척추가 다치지 않도록 보호해 줘요.

▶ 딱따구리의 뇌는 크기가 작고 두개골로 둘러싸여 있어요. 또 납작한 부분이 정면을 향하도록 기울어져 있지요. 이 납작한 부분 덕분에 충격이 더 넓은 표면으로 골고루 퍼져나갈 수 있어요.

▶ 딱따구리는 나무에 구멍을 뚫을 때 매우 빠른 속도로 움직여요. 나무를 한 번 쫄 때 부리가 나무에 닿는 시간은 실제로 1밀리초(0.001초)도 되지 않아요. 이렇게 짧은 순간만 나무에 부딪치므로 뇌가 다치지 않을 수 있지요.

새야, 뱀이야?

개미잡이는 위험하다고 느끼면 쉿쉿거리는 소리를 내요. 뱀이 포식자에게 겁을 주어 쫓아 버리려고 내는 소리와 살짝 비슷하지요. 개미잡이의 신기한 기술은 소리뿐만이 아니에요. 목이 엄청나게 유연해서 180도로 꺾어서 뒤돌아볼 수 있어요. 땅 위나 커다란 나무 밑둥에서 개미를 비롯한 여러 벌레를 잡아먹어서 개미잡이라는 이름이 붙었지요.

숲에 사는 동물

나무타기캥거루 126

별코두더지 130

거미 134

곰 140

바실리스크 146

카멜레온 148

스컹크 152

나무늘보 156

대롱니쥐 160

호랑이 162

늑대 166

영장류 170

나무타기캥거루

여러분은 아마 캥거루에 관해서라면 잘 알 거예요. 배 주머니에 새끼를 넣고 깡충깡충 뛰어다니는 커다란 털북숭이 동물로, 오스트레일리아 내륙의 건조한 지역에 주로 살고 있지요. 그런데 나무를 기어오르는 캥거루도 있다는 건 생각도 못 했을걸요. 그 큼지막한 몸집으로 나무를 타는 모습이 상상이 잘 안 되겠지만, 나무타기캥거루라면 달라요. 이름에서 짐작할 수 있듯이 캥거루의 일종인데, 나무 위에서 주로 살아가지요. 몸집이 그렇게 크고 토실토실한데도 나무 위에서 꽤 날렵한 동작으로 움직일 수 있어요! 나무 위에서 사는 것 말고는 보통 캥거루랑 무슨 차이가 있냐고요? 다음 쪽을 읽으면서 한번 알아보세요. 나무타기캥거루에 관한 재미있는 얘깃거리가 너무 많은데 다 싣지 못해 안타깝네요.

나무타기캥거루
a tree kangaroo

나무타기캥거루 무리
a mob of tree kangaroos

나무타기캥거루는 어디서 볼 수 있을까?

오스트레일리아 북동부와 뉴기니의 열대 우림 그리고 인도네시아 동부의 파푸아 고산 초원에서 살아요.

성능 좋은 우비

나무타기캥거루는 어깨 근처에 나선 모양 털이 나 있어서, 비를 맞아도 빗물이 피부 속으로 스며들지 않고 털가죽 위로 흘러내려요. 종에 따라 이 나선 모양 털이 조금씩 다른 위치에 나 있는데, 그 이유가 정말 기발해요. 잠자는 자세가 서로 다르므로, 자다가 비를 맞아도 젖지 않도록 비가 떨어지는 자리에 털이 나는 거예요.

새로운 기술

나무타기캥거루는 바위왈라비의 후손으로, 나중에 나무 타는 기술을 익혔어요. 엄청난 기술 향상이지요!

◆ 플래너리 박사님의 탐험 수첩 ◆

나는 운 좋게도 나무타기캥거루 네 종을 처음으로 찾아내어 이름을 붙이고 학계에 보고했어요. **텐킬레(스코트나무타기캥거루), 딩기소, 웨이만케** 그리고 **세리나무타기캥거루**예요. 앞의 세 이름은 뉴기니 사람들이 나무타기캥거루를 부르는 이름이고, 마지막 하나는 뉴기니섬에서 탐사 여행을 할 때 함께해 준 최고의 친구 레스터 세리의 성에서 따왔어요. 이 네 종은 모두 뉴기니섬 높은 산악 지역에서 발견했는데, 너무 외진 곳이라 그동안 다른 생물학자들이 찾아내지 못했던 거예요. 하지만 그 지역에 사는 사람들은 이 동물들을 잘 알아서 내게 여러 가지 정보를 가르쳐 주었지요. 나무타기캥거루는 숲에서 자연스럽게 마주치기는 힘들어요. 누군가 근처에 있다는 걸 알아차리면 곧바로 나무 뒤로 사라져 버리거든요. 몸을 꼭꼭 숨긴 채 나무 사이로 여러분이 너무 가까이 다가오지 않는지 훔쳐볼 거예요. 한번은 어미가 개한테 물려 죽고 혼자 남은 새끼 나무타기캥거루를 돌본 적도 있어요. 그 새끼 나무타기캥거루는 밤이면 사람들 옆에 웅크리고 있고, 사람들과 함께 돌아다니는 것도 즐겼어요. 늘 다정하고 멋진 친구가 되어 주었지요.

기후 변화의 영향

나무타기캥거루는 주로 특정 열대 우림이나 매우 추운 산꼭대기 근처 서식지에서만 살아요. 지구 온난화 때문에 즐겨 먹는 식물이 점점 더 높은 산에서만 자라게 되면서, 서식지도 점점 줄어들고 있어요. 기후 변화가 이대로 계속된다면, 산꼭대기 근처에 있는 나무타기캥거루의 서식지마저 사라지면서 이 동물도 멸종하고 말 거예요.

낮잠이나 자야지

나무타기캥거루는 나뭇가지 사이를 아슬아슬하게 뛰어다니기도 하지만, 그보다는 나무 위에서 느긋하게 쉬는 시간이 더 많아요. 팔베개에 머리를 묻은 채로 나뭇가지에 웅크려 낮잠에 푹 빠지곤 하지요.

엄청난 점프 실력

여느 캥거루와 마찬가지로 나무타기캥거루도 땅에서 깡충깡충 뛰어다녀요. 그런데 땅뿐만 아니라 드높은 나무 꼭대기에서도 폴짝폴짝 뛰어다닐 수 있답니다. 나뭇가지 사이를 경중경중 걸어다니는 나무타기캥거루도 있고요. 이렇게 나무 위를 거뜬하게 돌아다니는 캥거루는 나무타기캥거루뿐이에요. 우리가 나무타기캥거루처럼 나무 위에서 돌아다니다가는 한 발짝만 잘못 디뎌도 저 아래로 곤두박질칠 거예요. 그만큼 아주 위험한 행동이지요. 하지만 나무타기캥거루는 별로 걱정하지 않아요. 그렇게 높은 데서 뛰어내려도 거의 다치지 않거든요. 나무타기캥거루는 날개가 달린 것도 아닌데 20m 높이의 나무 위에서 뛰어내리는 엄청난 점프 실력을 자랑해요. 20m면 대형 버스 두 대 길이랍니다. 배트맨 같은 기술이 있는 사람이라면 한번 따라 해 볼 수도 있겠지만, 그게 아니라면 심각한 부상을 입고 말 거예요.

친척끼리 하나도 안 비슷해!

나무타기캥거루는 생김새도 좀 독특해요. 캥거루에 속하는 동물인 건 틀림없지만, 뭔가 현실 세계에 있는 평범한 캥거루처럼 보이진 않아요. 게다가 종마다 서로서로 생김새도 사뭇 달라요. 각자의 스타일이 뚜렷하지요. 아래 두 종만 비교해도 언뜻 보면 같은 나무타기캥거루라는 걸 믿기 힘들어요!

▶ **딩기소**는 온몸에 검은색과 흰색이 섞인 북슬북슬한 털이 덮여 있어서, 꼭 작은 판다처럼 생겼어요.

▶ **굿펠로우나무타기캥거루**는 밤색 털이 뒤덮인 몸에 아랫배와 발 부분만 노란색으로 되어 있어요. 등에는 노란색 두 줄이 평행선으로 나 있고, 눈동자는 파란색이에요!

무늬를 보니 내 친구야!

매치나무타기캥거루는 저마다 얼굴에 고유한 무늬가 있어요. **굿펠로우나무타기캥거루**는 꼬리에 서로 다른 무늬가 있고요. 과학자들이 짐작하기로는 나무타기캥거루가 다른 유대류보다 지능이 발달하고 사회적인 관계도 깊어서, 몸에 난 무늬와 색으로 친구와 가족을 멀리서도 알아볼 수 있다고 해요. 실제로 굿펠로우나무타기캥거루는 유대류 가운데 몸에 비해 뇌의 크기가 가장 크답니다.

이름에 무슨 일이?

나무타기캥거루는 토끼랑 전혀 닮지 않았지만, 학명은 '나무 토끼'라는 뜻을 지닌 '덴드롤라구스'예요. 꽤 수수께끼 같은 이름인데요. 아마 19세기 덴마크의 어느 생물학자가 뉴기니에 와서 우연히 이 캥거루 고기를 먹으면서 토끼 고기 맛이 난다고 생각했던 모양이에요.

배 속에 벌레가 우글우글

나무타기캥거루는 종마다 좋아하는 먹이도 달라요. 몸속에는 소화를 돕는 위충이 살고 있지요. 나무타기캥거루가 먹이를 먹으면 일부만 소화된 음식이 위로 내려오고, 이때부터 위충의 잔치가 시작되어요. 그중에서도 **딩기소** 몸속에 위충이 가장 많아요. 한 마리 몸속에 무려 25만 마리나 살고 있지요. 이 위충은 머리핀만큼이나 두껍고 뻣뻣하며 두 배는 길어요. 여러분 배 속에 그렇게 꿈틀거리는 벌레가 한가득 들어 있다고 상상해 보세요!

새끼 나무타기캥거루의 모험

나무타기캥거루는 갓 태어났을 때 강낭콩보다도 작아요. 태어나자마자 가장 먼저 해야 할 일은 어미의 배 주머니 속으로 기어 들어가는 거예요. 나무 꼭대기에서 앞다리만으로 위태롭게 움직이며 어미의 털가죽을 붙잡아야 해요. 뒷다리는 아직 충분히 발달하지 못했거든요. 인생의 첫 순간을 이렇게 힘들게 시작했으니, 조금 더 자랄 때까지 아늑한 배 주머니에서 오래오래 편히 쉴 자격이 있겠죠!

별코두더지

두더지는 꽤 신기하고 재미난 동물이에요. 그런데 별코두더지는 보통 두더지보다 좀 더 신기한 특징이 많아요. 다른 두더지처럼 별코두더지도 땅속에서 굴을 파고 벌레를 잡아먹으며 많은 시간을 보내요. 그런데 다른 두더지와 달리 강이나 습지에서 헤엄치기도 좋아하지요! 자전거만 탈 수 있다면 철인 3종 경기도 완주하겠죠? 하지만 사람들은 별코두더지의 수영 실력을 그다지 눈여겨보지 않아요. 코에서 튀어나와 있는 촉수처럼 생긴 피부 덩어리가 워낙 강렬하게 눈길을 끌기 때문이지요.

별코두더지는 어디서 볼 수 있을까?

별코두더지는 북아메리카에만 살아요. 여러분이 그곳에 갈 일이 있다면 꼭 만나 보길 바라요!

별코두더지
a star-nosed mole

별코두더지 무리
a company(fortress, labour, movement) of star-nosed moles

물속 모험

별코두더지는 커다란 발을 삽처럼 써서 흙을 파헤쳐요. 그뿐 아니라 털이 많고 발톱이 달린 이 커다란 발을 지느러미처럼 이용해서 물살을 가르며 헤엄치기도 하고요. 그러니까 별코두더지는 땅속에서도 물속에서도 먹이를 쫓을 수 있는 두 배로 무서운 사냥꾼이지요! 별코두더지는 사람처럼 물속에서 코로 공기 방울을 내뿜는데, 그 공기 방울을 다시 들이마셔 숨을 쉰다는 점은 달라요. 한번 내뿜은 공기 방울 안에는 주변에서 나는 냄새가 들어가 갇히므로, 이 공기 방울을 다시 들이마시면 가까이에 어떤 먹잇감이 있는지 알아내어 쫓아갈 수 있어요. 코를 킁킁거려 냄새를 맡는 원리와 비슷한데, 물속에서 한다는 점이 다르지요!

랩으로 둘러싸인 새끼

새끼 별코두더지는 태어날 때는 전혀 앞을 보지 못해요. 자라면서도 크게 나아지지는 않지만요. 또 새끼의 귀와 코에 난 돌기에는 비닐 랩 같은 투명한 막이 씌워져 있어서 듣지도 냄새 맡지도 못해요. 그래서 새끼 때는 세 가지 중요한 감각을 전혀 쓰지 못한 채 살아남아야 해요. 투명 막은 몇 시간 만에 떨어져 나가는 것도 아니에요. 무려 두세 주 동안이나 계속 달라붙어 있지요. 다행히 부모가 한 달 동안 곁에 머물면서 잘 보살펴 준답니다. 그런 다음에 스스로 살아갈 수 있게 되지요.

진짜 두더지 맞아?

별코두더지는 약 3천만 년 전에 보통 두더지와 다른 방식으로 진화하기 시작했어요. 그래서 이렇게 생김새도 특이하고 두더지답지 않게 헤엄도 치는 거예요! 별코두더지와 가장 가까운 동물은 유럽에 사는 '데스만'으로, 몸집이 작고 물을 좋아하는 포유동물이지요. 데스만은 강둑으로 파고드는 것 말고는 땅속을 전혀 파헤치지 않아요. 잠잘 때는 뭍으로 올라오지만, 깨어 있을 때는 거의 물속에서 보내지요.

빨리 먹기 대회 우승자

별코두더지는 곤충이나 지렁이 같은 벌레를 주로 먹어요. 가끔은 물고기도 잡아먹고요. 사냥할 때면 몸놀림이 어찌나 빠른지, 곤충 위치를 확인해서 집어삼킬 때까지 0.2초도 걸리지 않아요. 먹이를 잡아채는 데 있어서는 세상에서 가장 빠른 동물이지요. 눈이 거의 보이지 않는 걸 감안하면 정말 대단한 기록이에요!

촘촘한 이빨

별코두더지는 그 얄팍한 입에 이빨이 44개나 꼭꼭 들어차 있어요. 다행히 치아 교정기를 낄 일은 없을 테지요!

코 위에 문어가?!

별코두더지라는 이름은 그 독특한 코 모양에서 왔어요. 별처럼 생기기도 했고, 또는 꿈틀거리는 분홍색 문어를 아래쪽에서 바라본 것 같은 모습이지요. 이 코에는 살로 이루어진 돌기가 22개 있는데, 모두 감각이 엄청나게 예민해요. 슈퍼 히어로의 손 같다고 보면 되지요. 사람 손에는 신경 섬유가 1만 7천 개 있어서 무언가 만질 때 감각을 느낄 수 있어요. 그 정도도 많아 보이지만, 별코두더지는 무려 10만 개나 있지요! 코 전체 크기가 우리 엄지손가락 끝부분 정도밖에 되지 않으니, 그 모든 힘을 아주 작은 부분에 압축해서 담고 있는 거예요.

별코두더지는 눈이 거의 보이지 않으므로, 코의 돌기에 의지해서 돌아다니고 먹이를 찾아요. 땅속에서는 끊임없이 고개를 끄덕이면서 촉수를 땅에 부딪쳐서 주변이 어떻게 생겼는지 파악해요. 땅의 진동을 감지해서 가까이에 움직이는 것이 있는지도 알아내고요. 아주 작은 벌레조차도 금세 들키고 말지요!

겨울이면 길어지는 꼬리

겨울이 되면 별코두더지 꼬리는 평소보다 네 배나 커지기도 해요. 봄에 새끼 낳을 준비를 하려면 체질량을 늘려야 하므로, 꼬리에 남는 지방을 듬뿍 저장해 두는 거예요.

어느 계절이건 문제없어!

별코두더지는 추위가 닥쳐도 아랑곳하지 않아요. 땅속으로 파고들어 가듯이 눈 속에서도 굴을 파고들어 가고, 물이 얼어붙기 시작해도 계속 헤엄을 쳐요. 두꺼운 털가죽이 물을 밀어내어 포근한 외투를 입은 것처럼 따스하게 추운 겨울을 날 수 있지요.

이름에 무슨 일이?

별코두더지의 학명은 '콘딜루라 크리스타타'로, '꼬챙이 같은 꼬리'라는 뜻이에요. 하지만 사실 꼬리에는 눈길을 사로잡는 특징이 별로 없으므로, 별코두더지라는 일반명이 더 잘 어울리지요.

작지만 다부진 몸매

별코두더지는 다 자라 봐야 55g밖에 나가지 않아요. 테니스공 비슷한 무게지요. 몸길이는 15~20cm로, 초콜릿 한 판 정도 길이예요.

거미

여러분은 거미를 무서워하나요?

왜죠?

그래요, 세상에는 매우 강력한 독을 품은 거미도 있고, 다리 여러 개로 무서우리만치 빠르게 움직이는 거미도 있지요. 하지만 사람을 해치려고 일부러 쫓아오는 거미는 거의 없어요. 거미가 먹잇감을 물처럼 녹인다거나, 암컷이 수컷을 잡아먹는다거나 하는 무시무시한 일들은 사람하고는 전혀 상관없지요. 거미에 관해 자세히 알아보면 놀랍도록 섬세한 거미줄이나 엉덩이를 흔들며 춤추는 것 같은 신기한 행동에 반하게 될지도 몰라요.

거미 a spider

거미 무리 a clutter(cluster) of spiders

숲에 사는 동물 • 거미

행복한 가족

어떤 거미에게는 가족을 꾸리는 일이 몹시 끔찍할 수도 있어요. 짝짓기하다가 목숨을 잃곤 하거든요! **검은과부거미**를 비롯한 여러 암컷 거미는 짝짓기가 끝나면 수컷을 잡아먹어요. 수컷 거미는 대체로 암컷보다 몸집이 훨씬 작아서, 암컷이 잡아먹기로 마음먹으면 목숨을 건지기 힘들지요. 한편 오스트레일리아에 사는 **게거미** 암컷은 새끼에게 곤충을 잡아다 먹이지만, 겨울이 오면 먹이를 찾기가 점점 힘들어져요. 때가 되면 새끼에게 마지막 먹이를 주지요. 바로 자기 몸을 먹이는 거예요.

놀라운 희생이야!

거미의 도시락에는 어떤 먹이가?

거미는 딱 한 종을 빼고는 모두 육식을 해요. 대부분 곤충이나 다른 거미를 잡아먹는데, 몸집이 큰 몇몇 거미는 도마뱀이나 설치류 또는 작은 새를 잡아먹기도 해요. 거미는 액체 상태인 먹이만 삼킬 수 있는데, 도대체 어떻게 이런 동물까지 잡아먹는 걸까요? 몇 가지 방법이 있어요. 대부분은 먹잇감에 독을 쏘거나 소화액을 토해 놓아요. 이렇게 하면 먹이가 분해되어 삼키기 좋은 상태가 되지요. 어떤 거미는 먹이를 실로 돌돌 감은 다음에 독을 쏘기도 해요. 그러면 먹이가 작은 그릇에 깔끔하게 담긴 액체 상태가 되어 좀 더 쉽게 먹을 수 있답니다. 마치 도시락 그릇에 담긴 음식을 먹는 것처럼 말이죠. 거미는 보통 이빨이 없지만, 어떤 거미는 입 주변에 톱니 모양 집게가 있어서 단단한 먹이도 잘게 갈아 먹기도 해요.

그렇다면 육식을 하지 않는 거미는 무얼 먹을까요? 중앙아메리카 지역에 사는 **바기라 키플링기**는 아카시아 나무에 살면서 나뭇잎 끝부분을 주로 먹어요. 때로는 꽃가루나 꿀이나 개미 애벌레를 조금씩 먹기도 하고요.

숲에 사는 동물 • 거미

거미는 어디서 볼 수 있을까?

거미는 전 세계 어디에나 살고 있어요. 남극 대륙만 빼고요.

최고의 춤꾼

어떤 수컷 거미는 짝에게 매력을 뽐내려고 공들여 춤추기도 해요. 가장 대단한 춤꾼은 **공작거미**로, 자그마한 몸집에 눈에 확 띄는 알록달록한 털옷을 입고 있어요. 그 작은 몸을 양옆으로 재빨리 움직이면서 다리를 쭉쭉 뻗거나 파르르 흔들기도 해요. 두 다리를 하늘로 쫙 펴서는 손뼉이라도 치듯이 위아래로 흔들기도 하고요. 하지만 최고의 쇼는 뒤꽁무니 쪽에서 볼 수 있어요. 공작거미 엉덩이 부분은 몸 전체에서 가장 알록달록해요. 공작 깃털만큼이나 화려한 이 엉덩이를 머리보다 높이 들어 올리고, 씰룩씰룩 움직이며 춤을 춘답니다!

귀여워!

사냥하는 거미

어떤 거미는 굳이 성가시게 거미줄을 치지 않고, 저마다 신기한 방법으로 먹이를 사냥해요.

▶ **괴물거미**는 '그물 던지는 거미'로도 알려져 있는데, 다른 거미처럼 넓게 거미줄을 치지 않아요. 그물을 만들어서 다리 사이에 펼쳐 놓고 있다가, 먹잇감이 아무 낌새도 못 알아채고 지나갈 때 확 던져서 감싸 버려요.

▶ **아키스거미**는 암컷 나방의 페로몬을 흉내 내어 수컷 나방을 유혹한다고 해요. 페로몬에 이끌려 다가오는 수컷 나방을 잡아먹는 거예요.

▶ **올가미턱거미**는 먹이를 잡기 위해 굴을 파지도 거미줄을 치지도 않아요. 그저 아주 빠른 턱으로 먹이를 잡아챌 뿐이에요. 이 뛰어난 사냥꾼은 먹이 뒤쪽으로 살금살금 다가가서, 힘껏 잡아당긴 고무줄을 놓았을 때처럼 엄청난 속도로 주둥이를 탁 앙다물어 먹이를 잡아채지요.

▶ **큰뗏목거미**는 몸집이 꽤 커다랗고 물가에 사는 거미예요. 이 거미는 물 표면을 걸어 다닐 수 있어요. 다리에 난 짧은 털로 무게를 고루 분산시켜 물에 빠지지 않고 건널 수 있는 거예요. 이 능력을 이용해서 곤충이나 다른 거미뿐만 아니라 올챙이나 물고기도 잡아먹지요!

▶ **여섯눈모래거미**는 꼭 게처럼 모래 속에 몸을 파묻고 눈에 띄지 않게 숨어 지내요. 그러고 있다 가까이서 돌아다니는 먹이가 있으면 재빨리 잡아채지요. 온몸에 늘 모래 알갱이가 묻어 있어서 자연스럽게 위장할 수 있어요.

플래너리 박사님의 탐험 수첩

나는 시드니에 있는 오스트레일리아 박물관에서 15년 넘게 포유동물 전문 학예사로 일했어요. 그 당시 연구실 한쪽 옆방에는 뱀 전문가가, 반대쪽 옆방에는 거미 전문가가 있었지요. 박물관에서는 별별 일이 다 벌어져요. 내 서류 보관함에 살아 있는 뱀이 도사리고 있었던 적도 한두 번이 아니지요. 뱀 때문에 놀라는 것도 그리 유쾌한 경험은 아니지만, 그보다 거미 전문가의 유별난 거미 사랑 때문에 더 불안에 떨곤 했어요. 평소에 거미를 특별히 무서워하진 않는데, 그래도 급한 일로 연구실 밖으로 달려 나가다가 거미 전문가가 양손 한가득 맹독성 **깔때기그물거미**를 들고 있는 모습을 보면 솔직히 좀 껄끄러웠다는 걸 인정해요. 거미 전문가는 무척 쾌활한 친구였지만, 그의 연구실에 찾아가기는 좀 겁이 났어요. 연구실 구석구석에 거미 사육장이 빼곡 들어차 있고, 그 사이 통로는 너무도 좁았거든요. 연구실 전체가 커다랗고 다리가 북슬북슬한 괴물의 소굴처럼 느껴졌지요. 가장 끔찍한 점은 이 친구가 거미를 너무도 사랑한 나머지, 내가 방문할 때마다 사육장에서 가장 최근에 데려온 거미를 꺼내서는 내 얼굴 앞에 열심히 들이대며 보여 주곤 했다는 거예요.

기후 변화의 영향

기후 변화가 거미에게 미친 영향은 다 똑같지 않아요. 어떤 종은 서식지가 줄어들어 개체 수가 감소하지만, 어떤 종은 서식지가 점점 늘어나고 있어요.

거미가 날 수 있다고?

거미는 진짜 날 수는 없지만, '풍선 타기' 기술로 공기를 타고 머나먼 거리를 이동할 수 있어요.

숲에 사는 동물 • 거미

어떤 거미는 풍선 타기 기술로 심지어 바다를 가로지를 수도 있어요! 어떻게 하는 거냐고요? 먼저 나무 위처럼 높은 곳으로 올라간 다음, 긴 거미줄을 여러 가닥 자아내요. 이 거미줄로 돛 모양을 만들어 바람을 잡아타면, 위로 붕 떠올라 공기 중으로 날아가지요. 바람이 살살 불면 멀리 가지 못하지만, 거센 바람을 만나면 어디로든 갈 수 있어요! 풍선 타기는 몇몇 겁없는 거미만 재미 삼아 도전하는 기술이 아니에요. 홍수 같은 위험을 피해야 할 때면 풍선 타기로 목숨도 구할 수 있거든요. 때로는 엄청난 거미 떼가 한꺼번에 날아오르는 모습도 볼 수 있어요. 이 거미 떼가 도착하는 곳은 온통 거미줄로 뒤덮인답니다.

거미의 진화

거미는 적어도 38억 년 전에 지구에 나타났고, 여전히 잘 지내고 있어요! 오늘날 전 세계에는 거미 3만 8천여 종이 살고 있고, 아직 제대로 발견되지 않고 이름도 붙지 않은 거미가 아주 많이 있답니다.

대단한 거미줄

거미는 종에 따라 거미줄을 만드는 방법이 서로 달라요. 거미줄은 먹잇감이 피하거나 탈출하기 어려운 복잡한 구조로 되어 있지요.

▶ 동남아시아와 오스트레일리아에 사는 **큰문짝거미**는 비단으로 된 굴처럼 생긴 거미줄을 짜요. 굴 안에 들어가 살면서 입구에 섬세한 실을 여러 가닥 쳐 놓지요. 지나가던 곤충이 입구의 실을 살짝만 건드려도 거미줄이 홱 움직여요. 그러면 거미가 밖에서 소동이 일어난 걸 알아차리고 나와서 먹이를 덥석 무는 거예요.

▶ **왕거미**의 거미줄은 눈에 확 띄는 특별한 구조물로 장식되어 있어요. 자외선을 반사해서 거미가 곤충을 끌어들이는 데 도움이 되지요.

▶ 어떤 거미는 사다리 모양 거미줄을 1m도 넘는 길이로 쳐 놓기도 해요. 이런 모양은 나방을 잡을 때 특히 유리해요. 나방 날개는 느슨한 비늘로 뒤덮여 있어서 보통 거미줄에는 잘 달라붙지 않아요. 그런데 나방이 사다리 거미줄에 걸리면 몸부림치느라 보호 비늘이 다 빠져 버려요. 그렇게 해서 나방을 잡을 수 있지요.

▶ 어떤 거미줄은 아주 가느다란 실로 되어 있어요. 끈적임은 없어도 곤충 다리를 마구 뒤엉키게 해서 잡아 둘 수 있지요.

▶ 거미줄은 인장 강도, 즉 잡아당기는 힘에 견디는 정도가 강철과 비슷하답니다!

밀착 취재! 깔때기그물거미

> 깔때기그물거미는 세상에서 가장 위험한 생물 가운데 하나예요. 오스트레일리아 동부에 사는데, 숲에서도 도시에서도 나타나지요.

깔때기그물거미 수컷은 짝짓기 철이 되면 굴에서 나와 짝을 찾아 떠나요. 때로는 사람이 사는 집에 들어가기도 하는데, 살짝 축축한 곳에 숨어 있기를 좋아해요. 욕실 바닥에 무심코 던져 놓은 수건 같은 곳 말이죠. 깔때기그물거미는 때로 매우 공격적이므로 놀라게 하지 않는 게 좋아요. 겁을 먹으면 물 수도 있거든요.

이 거미는 송곳니가 아주 튼튼해서 사람 손톱이나 작은 포유동물의 두개골까지도 뚫을 수 있어요. 여러 차례 물고 또 물어서 상처 부분을 독으로 흠뻑 적셔요. 깔때기그물거미에 물리면 어마어마한 통증에 시달리고, 경련이 나타나고, 입에 거품이 일고, 속이 뒤집히고, 눈이 안 보이고, 온몸이 마비되기도 해요. 물린 상처를 재빨리 치료하지 않으면 어른은 30시간 안에 고통스러운 죽음을 맞고, 아기라면 한 시간 만에 죽을 수도 있어요.

므든 거미가 다 그렇지만, 깔때기그물거미도 일브러 사람을 물어서 독을 낭비하는 걸 원하지는 않아요. 독을 만드는 데는 시간이 한참 걸리기 때문이에요. 사람을 무는 데 함부로 쓰면 먹이를 사냥할 때 쓸 독이 모자라니까요.

다행이야!

곰

곰은 보송보송한 털을 지닌 사랑스러운 친구일까요? 아니면 날카로운 발톱과 이빨로 가엾은 먹잇감의 온몸을 갈가리 찢어 놓는 무시무시한 사냥꾼일까요? 둘 다 맞아요! 곰에게 붙여 줄 만한 별명은 그것 말고도 정말 많아요. 예를 들면 헌신적인 부모, 뒹굴뒹굴 씨름꾼, 살아 있는 진공청소기, 나무 타기 선수, 장거리 수영 챔피언 같은 것들이지요. 곰은 모두 8종이 있는데, 열대 우림과 차디찬 툰드라 숲, 산악 지역이나 평지의 숲을 비롯해 다양한 환경에서 살고 있어요.

달리기 선수

불곰은 한 시간에 50km 가까운 속도로 달릴 수 있어요. 자동차만큼이나 빠르고, 사람보다는 훨씬 더 빨리 달릴 수 있어요.

곰 a bear

곰 무리 a sloth of bears

숲에 사는 동물 • 곰

태양곰과 **안경곰**은 나무 위에서 여러 시간을 보내요. 심지어 나무 꼭대기에서 잠자기도 하지요. 몸집이 너무 커서 나뭇가지에 앉아 있기 힘든 곰이라면, 나뭇가지로 둥지를 지어서 그 안에 웅크리고 있지요.

귀여워!

새야, 곰이야?

곰은 얼마나 클까?

북극곰은 곰 가운데 가장 몸집이 커요. 육지에 사는 육식 동물 가운데 가장 크지요. 새끼 북극곰은 무게가 겨우 500g 나가지만, 다 자라고 나면 자그마치 725kg에 이르러요. 키는 2.5m나 되고요. 농구 선수처럼 엄청나게 키가 큰 사람들보다도 더 크지요!

따뜻하고 투명한 털외투

북극곰은 곰 가운데서도 털가죽이 가장 두꺼워요. 커다란 발바닥에도 털이 나 있어서, 얼음 위를 한결 편하게 돌아다닐 수 있어요. 북극곰 털은 하얀색으로 보이지만 사실은 투명하고 속이 비어 있어요! 그 덕분에 열이 몸속에 좀 더 오래 남아 있지요. 또 햇빛이 피부 속까지 잘 닿아서 비타민 D를 얻기도 유리해요. 그런데 털 밑에 있는 피부는 온통 검은색이에요. 혓바닥마저도요!

산악 등반 전문가

판다는 보통 높은 산 위에 있는 대나무 숲에서 살아요. 먹이를 찾아서 더 높은 산 위로 4km씩 올라가기도 해요. **안경곰**은 나무가 울창하고 무성한 정글에서 살기도 하지만, 드높은 산악 지역에서도 잘 지내요. 종종 구름과 안개가 짙게 껴 있는 운무림으로 4km 넘게 올라가곤 하지요.

내 땅에서 나가!

▶ **불곰**은 종종 뒷다리를 딛고 일어서서 나무에 몸을 비벼 냄새를 남겨 놓아요. 다른 곰이 자기 영역에 들어오지 못하게 경고하는 뜻도 있고, 짝을 찾는 데도 도움이 되지요. 때로는 아주 거칠게 나무껍질에 몸을 문지르기도 하는데, 춤을 추거나 몸이 너무 가려워서 긁는 것처럼 보이기도 해요.

▶ **북극곰**도 다른 곰이 알아차릴 수 있도록 냄새를 남기는데, 그 방법이 좀 독특해요. 걸을 때 발에서 난 땀이 얼음 속으로 스며들어서, 어디를 가든지 냄새 나는 발자국을 남기는 거예요.

플래너리 박사님의 탐험 수첩

예전에 루마니아에 있는 곰 보호 구역에 가 본 적이 있어요. 해 질 녘에 아주 작은 위장 오두막에 숨어서, 열 마리쯤 되는 곰이 미리 준비된 죽은 양을 먹는 모습을 지켜보았어요. 우리는 캄캄한 밤이 되어서야 오두막에서 나와서, 어두운 숲을 지나 차가 있는 곳으로 돌아갔지요. 안내원은 우리가 곰을 무서워하는 것보다 곰이 우리를 훨씬 더 무서워한다고 말했어요. 하지만 안전하다는 걸 잘 알면서도, 한밤중에 곰이 사는 집 근처를 걸어서 지나가려니 정말 겁이 났답니다.

곰은 어디서 볼 수 있을까?

곰은 전 세계에 두루 퍼져 살고 있어요. 여러분이 사는 곳 가까이에도 곰이 있는지 한번 알아보세요.

▶ **불곰**은 아시아, 북아메리카, 유럽 등 가장 여러 곳에 퍼져 살고 있어요. 북아메리카에 사는 불곰은 **회색곰**으로도 불려요.

▶ **판다**는 중국에만 살아요.

▶ **태양곰**은 동남아시아에 살아요.

▶ **느림보곰**은 남아시아에 살아요.

▶ **안경곰**은 남아메리카에 사는 유일한 곰이에요.

▶ **아메리카큰곰**은 북아메리카에서만 볼 수 있어요.

▶ **반달가슴곰**은 아시아 곳곳에 살고 있어요.

▶ **북극곰**은 캐나다, 미국, 그린란드, 노르웨이, 러시아 같은 나라에 속한 북극 지역에서만 살아요.

잘도 자는 곰

곰들은 보통 낮 동안에 깨어서 돌아다니지만, 어떤 곰은 밤에 활동하기를 더 좋아해요.

▶ **태양곰**은 이름과 달리 낮에는 잠을 자고, 태양빛이 아니라 달빛을 받으면서 돌아다녀요!

▶ **곰**은 굴처럼 아늑한 곳에서 지내길 좋아해요. 땅 밑으로 굴을 파고 들어가거나, 동굴 또는 나무의 빈틈에 머물기도 해요. **북극곰**은 눈 속에 굴을 파요. 굴 안도 춥기는 마찬가지지만, 적어도 차디찬 칼바람은 막을 수 있지요.

▶ 곰들이 다 겨울잠을 자는 건 아니지만, **불곰**을 비롯해 대부분은 겨울잠을 자요. 굴속에 자리 잡고 겨우내 잠을 자는데, 먹으려고 잠깐 일어나는 일도 전혀 없어요. 아무것도 먹지 않고 오랜 시간을 보내므로, 봄이 올 무렵이면 몸무게가 반으로 줄어 있지요.

수영 챔피언

곰은 훌륭한 수영 선수예요. 물에 들어가서 먹잇감을 찾을 때도 있지만, 그냥 재미로 물에 들어가서 몸을 시원하게 식히면서 첨벙거리고 놀기도 해요. **북극곰**은 특히 수영 실력이 뛰어나요. 발이 살짝 물갈퀴처럼 생겨서 먼 거리도 노 젓듯이 움직여 갈 수 있어요. 몸에서 지방이 차지하는 비율이 높아서 물에도 잘 뜨고요. 북극곰은 육지에서 수천 킬로미터 떨어진 바다에서 헤엄치는 것으로도 알려져 있어요! 때로는 떠다니는 얼음을 잡아타고 물 위를 여행하기도 해요. 헤엄치기에는 너무 먼 거리를 이동할 때도 있거든요.

곰보다 더 귀여운 동물은 무엇일까요? 바로 새끼 곰이죠! 새끼 곰은 자그맣고 보송보송하고 꼭 안아 주고 싶게 생겼어요. 얼마나 사랑스러운지 몰라요!

진짜 살아 있는 곰 인형

▶ 새끼 곰은 복숭아 통조림 무게 정도밖에 나가지 않아요. 더 가볍기도 하고요!

▶ 새끼 곰 형제자매는 이리저리 뒹굴고 다투는 것처럼 몸싸움을 하면서 함께 놀아요. 이런 행동은 그저 재미로만 하는 게 아니라, 누가 가장 힘세고 대장 노릇을 할지 가려내는 데도 도움이 되지요.

▶ 새끼 **판다**는 갓 태어날 때는 온몸이 흰색이에요.

▶ **태양곰** 어미는 종종 뒷발을 딛고 일어서서 앞발로 새끼를 안아 주어요. 사람 엄마와 똑같지요.

▶ **반달가슴곰** 새끼는 겨울잠 자는 시기에 태어나요. 어미 품에 꼭 안긴 채 굴속에 머무르지요. 태어난 지 두 달쯤 지나서야 비로소 제대로 기어서 굴 밖으로 나올 수 있어요.

▶ **느림보곰** 새끼는 어미 등을 타고 다니기도 해요. 하지만 다른 어미 곰은 대부분 새끼가 등을 타고 다니는 걸 견디지 못해요!

숲에 사는 동물 • 곰

143

곰은 무얼 먹을까?

사람들은 종종 곰을 무서운 육식 동물로 여기지만, 모든 곰이 동물을 사냥하지는 않아요. 식물을 주로 먹는 곰도 있고, 고기를 먹는 곰도 산딸기나 꿀 같은 식물성 먹이를 함께 먹지요.

▶ **판다**는 대나무를 주로 먹지만, 가끔은 쥐나 새를 먹을 때도 있어요. 판다는 진화하면서 손목뼈 하나가 엄지손가락 비슷하게 발달해서 대나무를 꺾기가 좀 더 쉬워요. 판다는 우리가 잠자는 시간보다 더 많은 시간을 먹는 데 써요. 하루 24시간 중에 12시간을 먹으면서 보내니까요! 날마다 먹이를 무려 10~20kg이나 먹지요.

▶ **불곰**은 날아다니는 나방을 꿀꺽꿀꺽 삼키곤 해요. 하루에만 4만 마리나 잡아먹을 때도 있지요. 물고기도 즐겨 먹는데, 특히 연어를 좋아해요. 물가에 서서 헤엄치는 연어를 바로 잡아채기도 하고, 기다리지 못하고 직접 물에 뛰어들어 잡아먹기도 하지요.

▶ **안경곰**은 주로 식물을 먹어요. 선인장도 먹고요!

▶ **태양곰**은 긴 혀를 이용해서 흰개미 떼를 떠먹거나 벌집에서 꿀을 꺼내 먹기도 해요. 꿀을 정말 좋아해서 때로는 '꿀곰'이라는 별명으로도 불리지요!

▶ **느림보곰**은 개미와 흰개미를 즐겨 먹어요. 7cm 넘는 발톱으로 높이 쌓인 흰개미 탑도 쉽게 부술 수 있어요. 이때 생기는 먼지를 함께 삼키지 않도록 휙 불어 날린 다음에, 개미만 입으로 쭉쭉 빨아들이지요. 앞니 사이에는 크게 틈이 벌어져 있어서 개미가 잘 통과해요. 콧구멍을 막아 주는 덮개가 있어서 입으로 빨아들이는 힘이 더 강력해지도록 하고요. 털북숭이 진공청소기라고나 할까요!

기후 변화의 영향

곰 8종 가운데 6종은 멸종 위기에 놓여 있어요. 특히 **판다**와 **북극곰**이 심각하지요. 북극의 바다에 떠다니던 얼음이 녹거나 얇아지면서, 북극곰은 서식지와 먹이를 찾기가 점점 더 힘들어지고 있어요.

등긁이 돌멩이

매우 드문 일이긴 하지만, 도구를 이용할 줄 아는 곰도 있어요. 돌멩이를 주워서 가려운 곳을 긁는 거예요. 특히 따개비가 따닥따닥 붙어 있어서 표면이 매우 거친 돌멩이를 애써 찾아내어 등긁이로 쓴답니다.

곰의 먹이와 진화

뼈 화석을 연구해 보면 유럽에 사는 **불곰**은 빙하기 이전에는 모두 육식을 했고, 나중에야 식물을 먹기 시작했다는 걸 알 수 있어요. 그 당시 유럽에 살던 **동굴곰**은 식물만 먹었어요. 하지만 동굴곰이 2만 8천 년 전에 멸종되자, 불곰은 식물 먹이를 두고 경쟁할 상대가 사라져서 훨씬 더 식물을 많이 먹게 되었어요. 1만 년 전부터 유럽에 농사짓는 사람들이 나타나면서 농장 동물을 잡아먹는 곰을 죽이기 시작하자, 고기를 먹는 불곰이 목숨을 많이 잃었어요. 자연히 식물을 먹는 곰들이 더 많이 살아남아 번식했고, 따라서 오늘날 유럽에 사는 불곰은 대부분 채식을 한답니다.

엄청난 식욕

불곰처럼 추운 계절에 겨울잠을 자는 곰은 겨울이 다가오면 먹이를 엄청나게 많이 먹어요. 이때는 '폭식증'을 앓는 상태가 되어서 식습관이 대폭 달라지고, 먹기 시작하면 한 번에 20시간이나 내내 먹을 수 있지요. 그러니까 하루에 네 시간만 자고 나머지 시간은 먹는 데 쓴다는 말이에요! 이때는 날마다 40kg이 넘는 먹이를 먹는데, 커다란 피자 40판을 먹는 거랑 비슷해요.

북극곰은 겨울잠을 자지 않지만, 그래도 먹을 수 있을 때 최대한 엄청나게 많이 먹어 두어요. 실컷 먹어서 몸에 지방이 쌓이면 먹이가 부족할 때도 견딜 수 있으니까요. 때로는 무려 8개월이나 먹지 않고 버티기도 해요!

개야, 곰이야?

개와 곰은 서로 가까운 편이에요. 3천만 년 전에는 지금보다 훨씬 더 비슷해 보였지요. 사실 어떤 곰 조상은 개와 더 닮았고, 어떤 개 조상은 곰이랑 더 닮았어요! 곰이 오늘날의 곰과 같은 모습이 되고 개가 늑대 비슷한 모습으로 진화하는 데는 수백만 년이 걸렸지요.

곰의 뒷마당은 얼마나 넓을까?

수컷 **북극곰**은 생활 영역이 어떤 곰보다도 더 넓어요. 300,000~350,000km² 에 이르는 지역을 돌아다니거든요. 암컷 북극곰은 그에 비하면 훨씬 좁은 125,000km² 안에서 움직이지요.

숲에 사는 동물 • 바실리스크

바실리스크

바실리스크라는 이름을 들으면 마법의 힘을 지닌 거대한 뱀을 떠올릴지도 몰라요. 그럼 신화 속의 괴물 바실리스크와 서늘한 숲에 사는 도마뱀은 어떤 공통점이 있을까요? 일단 둘 다 파충류인 건 비슷해요. 고대 그리스에서는 바실리스크가 수탉과 뱀, 사자 몸이 합쳐진 괴물로, 사람은 그 모습을 보기만 해도 돌이 되어 버린다고 믿었어요! 바실리스크 도마뱀 온몸에 나 있는 비늘로 된 볏을 보면 확실히 수탉 같은 느낌이 좀 있긴 해요. 이 도마뱀을 직접 본다고 해서 실제로 돌이 되지는 않겠지만, 커다란 몸집으로 물 위를 가뿐히 걸어 다니는 모습을 보면 깜짝 놀라서 잠시 돌처럼 굳을 수도 있어요.

바실리스크는 어디서 볼 수 있을까?
중앙아메리카와 남아메리카 북부에 살아요.

바실리스크
a basilisk

생각보다 큰 도마뱀

바실리스크는 보통 몸길이가 70~75cm예요. 골든 레트리버보다 더 길지요. **바실리스크이구아나**는 90cm도 넘게 자라기도 해요. 몸길이에서 무려 3분의 2를 꼬리가 차지한답니다.

나무가 좋아!

바실리스크는 땅 위에서 주로 시간을 보내는 종도 있고, 숲속 나무 꼭대기에 올라가 숨어 지내기 좋아하는 종도 있어요. 날카로운 발톱으로 나무껍질을 움켜쥐고는 6m 넘는 높이까지 올라가곤 해요. 그래도 모든 바실리스크는 물 가까이, 특히 강둑 근처에서 살고 싶어 하는 공통점이 있어요. 땅에 머무르다 위험한 상황이 닥치면 뒷문으로 몰래 도망치듯이 물가로 사라지는 거예요.

꼭꼭 숨어라

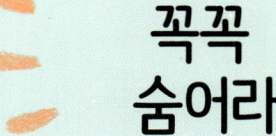

바실리스크는 몸을 적시지 않고도 물 위를 내달릴 수 있지만, 수영 실력 또한 매우 뛰어나요. 그래도 재미 삼아서 헤엄치는 일은 거의 없어요. 물속에 들어가 반 시간 가까이 숨을 참곤 하는데, 바로 땅 위에 있는 포식자를 피하기 위해서예요.

물 위를 걷는 기적

바실리스크는 물 위를 걸을 수 있어서 '예수도마뱀'이라는 별명도 붙었어요. 보통은 땅에서 만난 포식자를 피해 달아날 때 물 위를 걷지요. 걷는 모습이 그다지 우아하지는 않아요. 똑바로 서서 뒷발을 재빨리 굴리는데, 마치 보이지 않는 자전거 페달을 밟는 것처럼 보여요. 앞발은 뻣뻣하게 내밀고, 온몸을 이리저리 흔들고, 머리는 양옆으로 까딱거리며 달린답니다. 바실리스크가 물 위를 달릴 수 있는 것은 몸이 다음과 같은 구조로 되어 있기 때문이에요.

▶ 바실리스크의 뒷발은 크기가 매우 커서 몸무게가 넓은 표면에 골고루 퍼질 수 있어요. 설피(눈신)를 신는 것과 비슷한 원리지요. 발바닥에는 피부가 한 겹 더 있어서, 발로 물 위를 탁 내리치면 피부 사이로 공기 방울이 들어가 몸이 뜰 수 있게 해 주어요.

▶ 달릴 때는 발을 매우 빠른 속도로 움직여서 물속으로 가라앉지 않도록 해요. 속도를 늦추면 공기 방울이 생기지 않아서 발이 물에 잠기고 말 거예요.

▶ 꼬리가 중요한 역할을 해요. 온몸의 균형을 잡고 방향을 바꾸게 해 주지요.

▶ 바실리스크는 보통 땅에서 출발해서 물 위를 걷지만, 때로는 나무 위에서 물로 뛰어내려 곧바로 달릴 수도 있어요.

▶ 보통 물 위에서 10~20m 정도 달릴 수 있는데, 어리고 가벼운 바실리스크가 가장 빨리 달려요.

카멜레온

누군가 여러분에게 카멜레온 같다고 한다면, 그 말은 여러분이 주변 상황에 맞게 자신을 잘 바꿀 줄 안다는 뜻이겠지요. 하지만 사람이 아무리 능숙하게 환경에 맞추어 변화할 줄 알아도 진짜 카멜레온에 비하면 아무것도 아니에요! 이 도마뱀은 깜짝 놀랄 만큼 주변 색에 잘 녹아들지만, 색상이 밝고 화려해서 눈에 확 띄기도 해요. 카멜레온 피부색이 확확 변하는 게 신기하다고 느꼈다면, 그 아래서 도대체 무슨 일이 벌어지는지 한번 알아보아요.

사자 같은 도마뱀?

카멜레온은 그리스어로 '땅 위의 사자'라는 뜻이에요.

쓸모 없는 독

어떤 카멜레온은 몸속에 독 분비샘이 있지만, 거의 퇴화해서 누군가에게 해를 끼칠 만큼 충분한 독을 만들어 내지 못해요.

카멜레온은 어디서 볼 수 있을까?

카멜레온 여러 종 가운데 절반 정도가 마다가스카르에 살아요. 나머지는 가까운 작은 섬들과 케냐, 탄자니아 등 아프리카 여러 나라에 흩어져 살고 있지요. 인도, 스리랑카, 에스파냐, 포르투갈 그리고 중동 일부 지역에도 살고 있어요.

이사 간 카멜레온

가장 오래된 카멜레온 화석은 6천만 년 된 것으로, 중국에서 발견되었어요. 하지만 오늘날에는 중국에 카멜레온이 살지 않지요.

마법사 카멜레온?

카멜레온 몸 색깔은 천천히 바뀔 때도 있지만, 몇 분이나 몇 초 만에 아주 빨리 변하기도 해요. 이 색깔 변화는 마법으로 이뤄지는 게 아니라 결정 구조를 이용하는 거예요! 카멜레온 피부는 여러 층으로 이루어져 있는데, 층마다 특별한 역할을 맡고 있어요.

▶ 피부 맨 바깥층은 색소로 가득 찬 세포로 되어 있어요. 이 세포는 부풀었다 오그라들었다 하면서 피부색을 어둡거나 밝게 바꾸어요. 색상을 바꾸지는 않고 밝기만 조절하지요.

▶ 피부 아래층은 작은 결정으로 채워진 '홍색소포'라는 세포로 되어 있어요. 이 세포는 카멜레온의 상태에 반응해서 모습을 바꾸지요. 홍색소포가 얼마나 부풀었나 오그라들었나에 따라 빛을 다르게 반사하는데, 그 결과 피부색이 달라지는 거예요. 세포 모양도 피부색에 영향을 미치고, 결정으로 채워진 여러 세포 사이에 빈틈이 얼마나 되느냐에 따라서도 달라져요. 카멜레온이 흥분하면 이 세포들 사이가 멀어지고, 편안할 때는 가까워지지요.

▶ 더 안쪽으로 들어가면 적외선만 반사하는 피부층이 있어요. 과학자들은 이 피부층 덕분에 카멜레온이 체온을 조절할 수 있을 것으로 짐작해요.

알을 낳을까, 새끼를 낳을까

▶ 카멜레온이 가족을 꾸릴 때는 가장 색이 밝은 수컷이 유리해요. 암컷 카멜레온이 밝은색 수컷과 짝짓기를 더 좋아하거든요.

▶ **라보드카멜레온**은 낭비할 시간 없이 서둘러 새끼를 낳아야 해요. 이 카멜레온은 기껏해야 3개월 정도 살 수 있거든요.

▶ 카멜레온은 대부분 알을 낳아요. 하지만 **잭슨카멜레온** 같은 몇몇 카멜레온은 알이 아니라 사람처럼 살아 있는 새끼를 낳아요. 여러분 친척 중에 알에서 태어나는 사람이 있다면 얼마나 신기할까요!

▶ 카멜레온은 한 번에 알을 100개까지 낳아요. 그중에서 30마리까지 깨어날 수도 있지만, 보통은 그보다 적게 깨어나요.

▶ 카멜레온 어미는 흙을 파서 만든 굴이나 썩은 나무 속에 알을 낳아 묻어 두어요.

▶ 카멜레온 부모는 새끼를 돌보지 않아요. 알에서 깨어날 때까지 가까이서 기다리지도 않고요! 알이 보통 1년 넘도록 부화하지 않으니 어쩔 수 없는 일인지도 몰라요. 어떤 카멜레온의 알은 깨어나는 데 무려 2년이나 걸리므로, 그렇게 오래 기다리기는 어렵겠죠.

로봇처럼 뛰어난 눈

카멜레온 눈은 대단한 능력이 있어요. 360도를 다 둘러볼 수 있고, 양쪽 눈이 동시에 완전히 다른 방향을 볼 수도 있어요. 심지어 카메라 렌즈처럼 멀리 있는 물체를 가까이 확대해서 보는 기능도 있지요.

카멜레온은 얼마나 클까?

가장 작은 카멜레온은 **브루케시아 미크라**로, 다 자라야 3cm도 되지 않아요. 새끼손가락 위에 올려놓을 수 있을 만큼 작지요. 가장 큰 카멜레온은 **파슨카멜레온**인데, 최대 69.5cm까지 자라요. 사람 팔 전체를 써도 제대로 올려놓을 수 없지요.

도마뱀이야, 나뭇잎이야?

어떤 카멜레온은 환경에 맞추어 색을 바꿀 필요가 없어요. 원래 생긴 모양이나 크기, 색깔 자체가 거의 눈에 띄지 않거든요. 예를 들어 **디카리잎카멜레온**은 꼭 갈색 나뭇잎처럼 생겼어요!

● 플래너리 박사님의 탐험 수첩 ●

나는 카멜레온을 정말 좋아해요. 아프리카에 갔을 때 몇 번 만나기도 했지요. 한번은 보츠와나에서 말을 타다가 커다란 **땅카멜레온**을 본 적이 있어요. 몸 색깔은 회색이었고, 모래언덕 위에 나무 막대기인 척하며 가만히 서 있었어요. 꼼짝도 않고 가만히 서서 꼬리는 하늘로 쭉 뻗어 올리고 있었지요. 더 자세히 보고 싶어서 말에서 막 내리려다가 다행히 곧바로 그만두었어요. 카멜레온 옆에 커다란 사자 발자국이 찍혀 있었거든요. 사자 발자국은 이제 막 찍힌 듯 모래가 계속 쓸려 들어왔고, 나는 뒤돌아서 최대한 빨리 말을 달려 도망쳤답니다.

알록달록 카멜레온

제아무리 카멜레온이라 해도 세상 모든 색깔로 몸을 바꿀 수는 없어요. 200종의 카멜레온은 각각 특정 범위에서만 피부색을 바꿀 수 있지요. 어떤 배경에도 맞추어 피부색이 변할 수 있다는 생각은 잘못된 속설이에요.

▶ 카멜레온은 긴장이 풀리면 대부분 갈색과 초록색을 띠는데, 바로 카멜레온이 사는 숲에 잘 어우러지는 색이지요.

▶ 카멜레온은 색만 변하는 것이 아니라 점무늬나 줄무늬 같은 모양을 만들어 내기도 해요.

▶ 보통 수컷이 암컷보다 좀 더 색을 잘 바꾸고, 바꿀 수 있는 색깔 범위도 더 넓어요. 같은 종이라도 수컷과 암컷의 색이 서로 차이가 크지요.

색깔 전쟁

카멜레온은 주변 환경에 몸을 잘 숨기기 위해 피부색을 바꾸곤 하지만, 그것만이 주된 이유는 아니에요. 색을 바꾸면서 서로 의사소통하기도 하지요. 몸 색깔로 화가 났는지, 짝짓기하고 싶은지, 경고를 보내고 싶은지 등등 여러 느낌을 표현할 수 있어요.

▶ 수컷은 자기 영역을 지키려 할 때 스스로 낼 수 있는 가장 밝은 빛으로 다른 수컷을 위협해요. 사람들이 경고하는 뜻으로 자주 쓰는 밝은 빨간색으로 몸 색깔이 바뀌기도 하지요. 수컷 둘이서 서로 맞설 때는 마침내 한쪽이 평범한 색으로 돌아가면서 패배를 인정해요. 색을 바꾸는 것만으로 다른 수컷을 겁주기 힘들 때는 몸을 쓰기도 해요. 몸을 한껏 부풀리고, 쉭쉭 소리를 내고, 휙 움직이고, 머리로 들이받고, 서로 부딪치고, 마침내 한쪽이 물러날 때까지 격투를 벌이지요.

▶ 수컷은 짝에게 매력을 뽐내고 싶을 때면 더욱 화려한 색을 선보여요. 청록, 파랑, 초록, 주황, 노랑, 빨강처럼 다양하고 눈부신 색을 뽐내지요. 암컷이 짝짓기를 원하지 않을 때는 보통 밝은색 얼룩이 섞인 어두운색으로 몸을 바꾸어 뜻을 전해요. 특히 이미 새끼를 배었을 때는 이런 방법이 도움이 되지요.

▶ 수컷 카멜레온 중에 몸집이 작고 어린 카멜레온은 몸 색깔을 바꾸어 암컷처럼 보이도록 꾸미기도 해요. 다른 수컷이 자기 영역을 차지하려고 싸움을 걸어오지 않게 하려는 거지요.

나무 위에 살거나, 땅에서 살거나

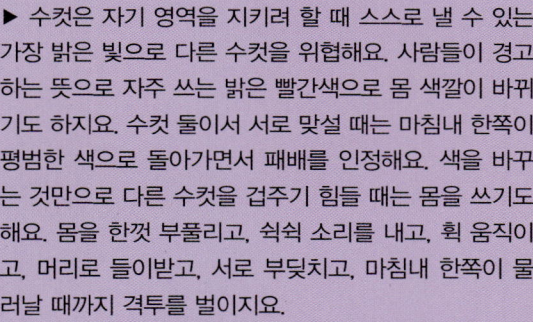

▶ 카멜레온 중에는 대부분의 시간을 나무 위에서 보내는 종이 많아요. 꼬리로 나뭇가지를 휘감으며 나무를 기어오르는데, 그럴 땐 꼬리가 마치 좀 더 길고 유연한 팔다리처럼 쓰여요. 꼬리를 쓰지 않을 때는 돌돌돌 꼭 잡아당겨 말아 두고요.

▶ 아주 일부지만 땅에서 보내는 시간이 더 많은 종도 있어요. **뿔잎카멜레온**이나 **고롱고사피그미카멜레온** 같은 경우가 그렇지요. 이 카멜레온은 잠잘 때는 완벽한 안전을 위해 나무 위로 올라가지만, 깨어 있을 때는 변장술을 이용해서 숲 바닥에 떨어진 나뭇잎과 전혀 구별되지 않게 몸을 숨겨요. 땅에서 주로 머무는 카멜레온 중에는 심지어 나뭇가지를 붙잡을 수 있는 꼬리도 없이 짧고 뭉툭한 꼬리만 남은 경우도 있어요.

▶ 카멜레온은 발목과 팔목이 매우 유연하고, 발 모양도 나뭇가지와 나무껍질을 잡기 좋게 되어 있어요. 언뜻 보면 양쪽 발에 두툼한 발가락이 두 개씩만 있는 것처럼 보이는데, 사실은 작은 발가락 여러 개가 뭉쳐서 커다란 발가락 한 개가 된 거예요. 따라서 하나처럼 보이는 발가락에 발톱 여러 개가 달려 있지요!

스컹크

스컹크 하면 지독한 냄새가 떠올라요. 스컹크의 학명인 '메피티다이'는 늪지나 화산 분화구에서 고약한 냄새가 나는 기체를 내뿜는다는 로마 신화 속 여신 이름 '메피티스'에서 따왔어요. 스컹크 냄새가 얼마나 끔찍할지 짐작이 되겠죠! 하지만 스컹크는 냄새 말고도 눈여겨볼 특징이 더 많아요. 생김새도 아름답고 운동 능력도 탁월하지요.

스컹크는 어디서 볼 수 있을까?

스컹크오소리는 스컹크일까요, 오소리일까요? 물론 스컹크의 일종으로, 필리핀과 인도네시아에 살아요. 스컹크오소리를 뺀 나머지 스컹크는 모두 아메리카 대륙에 살지요.

스컹크 a skunk

스컹크 무리 a surfeit of skunks

스컹크 무리를 뜻하는 영어 단어 'surfeit'는 무엇이 지나치게 많다는 뜻이에요. 코가 예민한 사람들에게는 스컹크 한 마리만 있어도 많다고 느껴질 텐데, 스컹크가 무리 지어 있다면 확실히 지나치게 많다고 느껴지겠죠?

스컹크는 무얼 먹을까?

스컹크는 발톱으로 바닥에 깔린 나뭇잎 더미를 긁어내고 파헤쳐서 곤충 같은 먹이를 찾아요. 먹이를 크게 가리진 않아요. 식물 열매나 알, 물고기, 파충류, 애벌레 등 여러 가지 먹이를 먹고, 쥐나 두더지처럼 작은 포유동물도 먹지요. 심지어 뱀도 잡아먹어요!

스컹크는 몇몇 뱀의 독에 저항력이 있어요. 그래서 비슷하게 몸집이 작고 털이 난 다른 동물들에 비해 이 무시무시한 포식자를 별로 두려워하지 않아요.

굳센 엄마

암컷 스컹크는 매우 독립적이며 새끼도 혼자 키우기를 좋아해요. 짝짓기가 끝나고 얼마 지나지 않아 수컷에게 이 뜻을 분명하게 밝히는데, 때로는 멀리 쫓아 버리기도 해요. 짝짓기가 끝나고 나서 바로 새끼를 배지 않는 경우도 많아요. **서부얼룩스컹크**는 짝짓기를 한 뒤에 150일까지 기다렸다가 그 뒤에야 아기집에서 새끼를 기르기도 해요. 그때쯤이면 수컷은 확실하게 떠나고 난 다음이지요! 새끼 스컹크들은 태어날 때 전혀 앞을 보지 못해요. 3주 동안은 눈이 꼭 감겨 있어서, 어미가 먹이고 돌봐 주는 데 완전히 의지하지요.

줄무늬는 왜 있을까?

스컹크 몸에는 줄무늬가 나 있는 경우가 많은데, 아마도 몸을 보호하는 능력과 상관있을 거라고 짐작해요. 털가죽 위에 난 하얀 선을 따라가다 보면 포식자의 눈길은 끔찍한 냄새가 나오는 곳에 가 닿지요. 엉덩이 말이에요!

스컹크는 얼마나 클까?

스컹크 가운데 가장 큰 **돼지코스컹크**는 몸길이가 80cm에 이르러요. 래브라도와 비슷하지요. 하지만 그래 봐야 상당 부분을 꼬리가 차지하므로, 몸집이 커 보여도 무게는 4.5kg 정도밖에 나가지 않아요. 닥스훈트 무게의 절반쯤이지요.

그런가 하면 가장 작은 스컹크는 **피그미얼룩스컹크**인데, 몸길이가 20cm도 되지 않아요. 꼬리로 몸을 말고 있을 때면 한 손으로 받쳐 줄 수도 있지요.

플래너리 박사님의 탐험 수첩

스컹크와 진짜 비슷하게 생긴 동물이 오스트레일리아와 뉴기니에 살고 있어요. 줄무늬주머니쥐는 몸집이 작고 고양이만 한 유대류 동물로, 흑백 줄무늬가 또렷하게 나 있지요. 스컹크처럼 커다란 털북숭이 꼬리가 달린 종도 있고, 뉴기니에 사는 어떤 종은 꼭 가짜 수염처럼 생긴 검정과 은색 줄무늬 꼬리가 달려 있기도 해요! 지금까지 알려진 줄무늬주머니쥐 네 종은 모두 열대 우림에 살고 있어요. 저는 뉴기니에서 줄무늬주머니쥐를 연구하면서 이 동물도 스컹크처럼 강렬한 냄새를 풍긴다는 걸 알아냈어요. 스컹크 냄새보다는 덜 끔찍했지만요. 줄무늬주머니쥐가 젖을 먹였거나 웅크리고 있었던 나무 구멍에는 냄새가 배어 바로 알아차릴 수 있어요. 다행히 줄무늬주머니쥐는 냄새를 뿌리고 다니지는 못해요. 그래도 이 동물을 손으로 만지고 나면 며칠씩이나 냄새가 빠지지 않을 수도 있지요!

스컹크 냄새는 어떻게 없앨 수 있을까?

스컹크 냄새는 쉽게 씻겨 나가지 않아요. 샤워를 해도 그대로 남아 있지요. 사람들은 스컹크 냄새를 없애려고 별별 방법을 다 쓰곤 해요. 빵 만들 때 쓰는 바닐라액이나 토마토 주스, 사과 식초 같은 것들로 닦아 보지만, 그 무엇도 스컹크 냄새를 없애지는 못해요. 가장 널리 쓰이는 것은 베이킹 소다와 설거지용 세제, 과산화 수소인데, 부디 이런 방법을 쓸 일이 없기를 바랍니다!

누가 누구일까?

스컹크에게 다 줄무늬가 있는 것은 아니에요. 스컹크는 크게 다섯 종류가 있는데, 저마다 흰색 털이 다양한 모양으로 나 있어요. 흰색 털이 전혀 없이 검은 털로만 뒤덮인 스컹크도 있고요.

▶ **줄무늬스컹크**는 등 위에 긴 흰색 줄 두 개가 나 있고, **얼룩스컹크**는 흰 털이 소용돌이 모양과 커다란 점무늬로 나 있어요.

▶ **돼지코스컹크**는 줄무늬가 있는 경우도 있지만, 주로는 등 전체가 흰 털로 뒤덮여 있어요. 게다가 한번 보면 잊을 수 없는 독특한 코가 있지요. 코에는 털이 전혀 없고 꽤 커다란데, 이름에서 알 수 있듯이 꼭 돼지코처럼 생겼답니다.

▶ **스컹크오소리**는 흰색 털이 섞인 정도와 모양이 아주 다양해요. 어떤 경우는 흰색 털이 아예 없기도 해요. 다른 스컹크보다 꼬리 길이도 꽤 짧은 편이랍니다.

▶ **흰등줄스컹크**는 꼬리 길이가 매우 길고 온몸의 털이 보들보들해요. 특히 머리 위쪽과 목 부분 털이 길게 자라나 있지요. 흰색 털은 아주 적고 대부분 검은 털인 경우도 있고, 머리부터 꼬리 끝까지 온통 흰색 털로 뒤덮여 있는 경우도 있어요.

스컹크가 사는 곳

스컹크는 대부분 땅에서 지내요. 하지만 얼룩스컹크는 나무를 잘 타서 '나무스컹크'라는 별명으로도 불려요. 땅속에 굴을 파고 살거나 속이 빈 나무 안, 또는 바위틈에서 사는 스컹크도 있어요.

스컹크의 냄새

스컹크가 지독한 냄새를 풍긴다는 건 다들 알고 있어요. 그러면 왜 그렇게 고약한 냄새를 갖게 되었을까요? 그 냄새는 어디서 생기는 걸까요?

▶ 스컹크는 포식자를 만나 위험한 상황에 놓였다고 느끼면, 항문 바로 안쪽에 있는 젖꼭지처럼 생긴 두 돌기에서 기름기 있는 액체를 쏘아요.

▶ 스컹크 냄새는 사라지는 데 며칠씩 걸리지만 독성이 있지는 않아요. 냄새로 포식자에게 겁을 주려는 것뿐이지 죽이려는 건 아니에요!

▶ 스컹크가 쏜 액체에 맞으면 그 부분이 화끈거리는 느낌이 나고, 잠깐이지만 눈이 보이지 않거나 숨 쉬기 힘들 수도 있어요. 속이 뒤집혀 토할 수도 있고요!

▶ 스컹크는 냄새나는 액체를 10m까지 멀리 쏠 수 있어요. 목표물이 가까울수록 더 정확하게 맞힐 수 있지요.

▶ 스컹크는 냄새나는 물질을 안개처럼 뿜어내거나 물줄기처럼 세차게 쏠 수도 있어요. 스프레이 통 분사구를 조절하는 것과 비슷하지요. 공격해 온 동물이 가까이 있어서 얼굴에 대고 제대로 맞힐 수 있을 때는 물줄기처럼 쏘아요. 안개처럼 분무하는 것은 효과는 적지만, 적을 제대로 맞히기는 어렵고 당장 도망가야 할 때 넓은 공간에 냄새를 퍼뜨리기 좋아요.

▶ 스컹크가 쏘는 액체와 양파에는 비슷한 종류의 화학 물질이 들어 있어요. 두 냄새 다 우리 눈에 눈물이 고이게 하는 이유가 짐작이 되지요.

▶ 때로는 공격해 온 동물에게 냄새나는 액체를 쏘기 전에 다른 방법으로 겁을 주어 쫓아내려고 시도해요. 쉭쉭거리거나 으르렁거리는 소리를 내고, 앞발을 쿵쿵 구르고, 등을 구부리며 꼬리를 한껏 치켜세우기도 해요. 심지어 공격자에게 달려들기도 해요. **돼지코스컹크**는 몸을 쭉 일으켜 뒷발로 섰다가 네 발로 휙 덮치는 기술도 써요.

▶ **동부얼룩스컹크** 같은 몇몇 **얼룩스컹크**는 물구나무를 서서 냄새나는 액체를 쏠때도 있어요. 꼬리를 머리 위로 쫙 펴고 몸집이 더 커 보이도록 하면서, 공격자를 똑바로 바라보아 위협이 잘 통하는지 확인하는 거예요. 때로는 곡예사처럼 물구나무선 채로 후다닥 움직여 공격자에게 덤벼들기도 하고요!

▶ 스컹크 냄새를 맡지 못하는 사람도 있어요. 아주 드문 경우지만, 정말 운이 좋지요!

나무늘보

나무늘보는 크게 두 종류로 나뉘어요. **두발가락나무늘보**와 **세발가락나무늘보**예요. 둘 사이에 무슨 차이가 있는지는 말 안 해도 알겠죠? 당연히 발가락 개수가 다를 테지요. 맞아요! 하지만 그게 다는 아니에요. 두 나무늘보는 사실 아주 먼 친척일 뿐이고, 생각보다 그렇게 가깝지 않아요. 과학적으로 말하면 서로 '과'가 달라요. 그래도 공통점도 많은 건 어쩔 수 없지요. 둘 다 아주 느리고, 나뭇잎을 즐겨 씹고, 나무에 늘어져서 낮잠을 자곤 해요. 나무늘보가 그렇다는 건 이미 많은 사람이 알고 있지요. 그런데 나무늘보가 물에 들어가면 얼마나 다른 모습을 보이는지 알고 있나요?

나무늘보 a sloth

나무늘보 무리 a bed of sloths

나무늘보는 어디서 볼 수 있을까?
남아메리카와 중앙아메리카에 살아요.

최고로 느린 동물

나무늘보는 세상에서 가장 느린 포유동물이에요. 그 점에서는 아무도 따라잡을 동물이 없지요. 나무를 탈 때는 1분에 기껏해야 1.8~2.4m쯤 올라가요. 더 느릴 때도 많고요.

나무 위에서

나무늘보는 짝짓기할 때도 나무를 떠나지 않아요. 짝을 찾는 일부터 새끼를 낳기까지, 모든 일이 나무 위에서 일어나지요. 암컷 나무늘보는 가족을 꾸릴 준비가 되면 특별한 방법으로 주변에 알려요. 바로 고함을 지르는 거예요! 이 커다란 소리는 휘파람이나 비명처럼 들리기도 하지요. 나무늘보는 한 번에 새끼 한 마리를 낳고 나무 높은 곳에서 길러요. 아기 주머니가 없으므로, 자그마한 새끼가 땅에 떨어지지 않으려고 어미의 북슬북슬한 배를 꼭 움켜쥐고 있어요.

놓치지 않을 거야!

나무늘보는 게으르기로 유명해요. 하루에 아홉 시간씩 잠자고, 깨어 있는 시간에도 가만히 있거나 아주 천천히 움직여요. 그런데 어떻게 울창한 열대 우림의 쭉쭉 뻗은 나무 위에서 그렇게 편히 쉴 수 있을까요? 갈라진 나뭇가지 사이의 편안한 자리를 찾아 눕기도 하지만, 나뭇가지에 거꾸로 매달려 잠자는 경우가 더 많아요. 앞발과 발톱으로 나뭇가지를 꼭 붙잡아야 떨어지지 않을 텐데, 다행히 둘 다 엄청나게 튼튼해요. 얼마나 튼튼하냐면 심지어 나무늘보가 그 상태로 숨을 거두어도 떨어지지 않을 정도예요. 죽은 뒤에도 마지막 순간에 붙잡고 있던 나뭇가지에 그대로 매달려 있는 거예요.

나무늘보는 얼마나 클까?

두발가락나무늘보는 보통 **세발가락나무늘보**보다 살짝 크지만, 둘 다 무게가 4~8kg 정도로 작은 퍼그와 비슷한 무게예요. 키는 68cm 정도까지 자라는데, 팔다리가 하도 길어서 훨씬 더 커 보여요. 가장 작은 나무늘보는 파나마의 '에스쿠도 데 베라과스' 섬에서만 사는 **피그미세발가락나무늘보**로, 키가 48cm 정도예요. 무게는 치와와와 비슷한 2.5kg 정도 나가요.

나무늘보의 무기

나무늘보는 왜 그렇게 느리게 움직일까요? 바로 포식자로부터 자기 몸을 보호하기 위해서예요. 나무늘보는 제 몸을 지킬 방법이 별로 많지 않아요. 애초에 포식자의 눈에 띄지 않는다면, 포식자를 피해 달아나거나 맞서 싸울 필요도 없겠죠. 나무늘보가 가진 유일한 방어술을 꼽으라면 바로 발톱이에요. 무려 10cm나 되지요. 나무늘보 발톱은 우리 손발톱과는 전혀 달라요. 손가락뼈 일부가 손톱처럼 생긴 칼집 안에 들어 있는 형태지요.

피눈물을 흘린다고?

세발가락나무늘보는 이따금 눈에서 붉은 액체를 흘리기도 해요. 어디 아픈 거 아니냐고요? 사실 아주 정상적인 눈곱이랍니다. 우리가 아침에 잠에서 깨어났을 때 눈가에 붙어 있는 딱딱한 부스러기와 비슷한 거죠. 색이 붉은 이유는 이 나무늘보가 붉은색을 띤 나뭇잎을 먹기 때문이에요.

휴, 다행이야!

코끼리만 한 나무늘보

오랜 옛날에 살았던 나무늘보는 오늘날 볼 수 있는 나무늘보와 큰 차이가 있었어요. 특히 몸집이 어마어마하게 컸지요. 무게가 7,000kg 정도로, 코끼리만큼이나 무거웠답니다!

한가로운 물놀이

나무늘보가 헤엄을 잘 칠 거라고 기대하진 않겠죠? 하지만 꽤 잘한답니다! 이미 멸종한 **땅늘보** 가운데 어떤 종은 심지어 남아메리카 주변 태평양에서 수영하며 해초를 먹고 살기도 했어요.

나무늘보는 나무 위에서 곧바로 물로 뛰어들기도 해요. 긴 앞발을 휘저으며 물살을 가르지요. 물속에서는 땅 위에 있을 때보다 세 배는 더 빨라요. 하지만 역시 나무늘보답게 빨리 헤엄치는 일은 그리 흔치 않아요. 그보다는 물 위에 누워 둥둥 떠다니기를 좋아하지요. 몸무게가 꽤 가볍기도 하고, 소화 과정에서 위 속에 생기는 가스 덕분에 물 위에 계속 떠 있을 수 있답니다.

나무 위의 일광욕

세발가락나무늘보는 가끔 햇빛이 잘 드는 나무 높은 곳으로 올라가서 일광욕을 즐기기도 해요. 나무늘보는 몸을 따뜻하게 유지하는 일이 매우 중요해요. 몸을 부르르 떨어서 체온을 올릴 수가 없거든요. 에너지가 너무 많이 드니까요!

대단한 위

나무늘보는 나뭇잎을 정말 좋아해요. 날마다 어마어마한 양을 먹어 치우지요. **두발가락나무늘보**는 나뭇잎 말고도 곤충, 열매, 도마뱀 같은 것도 먹지만, **세발가락나무늘보**는 훨씬 까다로워요. 나뭇잎만 먹는데, 그것도 아무 나뭇잎이나 먹지 않거든요. 그 많은 나뭇잎을 소화하기는 쉽지 않아요. 그래도 다행히 나뭇잎을 소화하기 딱 좋은 특별한 위가 있지요. 나무늘보 위는 네 부분으로 이루어져 있는데, 나뭇잎을 잘게 부수고 거기서 영양분을 얻어 내도록 돕는 강력한 세균이 가득 들어 있어요. 나무늘보 위는 전체 몸무게에서 3분의 1을 차지한답니다!

꼭꼭 숨어라!

나무늘보는 가만히 있는 것 말고도 잎이 무성한 주변 환경에 몸을 잘 숨기는 비결이 있어요. 바로 털에서 녹조류가 자라는 거예요. 나무늘보가 워낙 천천히 움직이기 때문이기도 하고, 이렇게 털에서 얼룩덜룩 초록색이 자라면 마치 식물처럼 보여서 주변에 있는 나뭇잎과 잘 구별되지 않는 장점이 있어요.

근사한 이름

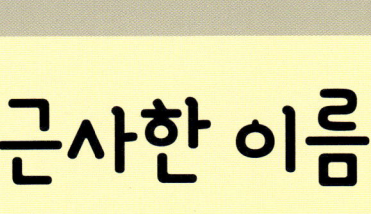

세발가락나무늘보의 학명은 '브래디파디디'인데, 고대 그리스어로 '걸음이 느리다'는 뜻이에요. **두발가락나무늘보**의 학명은 '메갈로나이치디'로, 역시 고대 그리스어로 '커다란 발톱'이라는 뜻이지요.

튼튼한 앞발과 힘없는 뒷발

나무늘보는 거의 모든 시간을 나무에서 보내요. 나무 위에는 먹이가 풍부하고, 포식자들 대부분이 나무 위로 올라올 수 없으니 안전하지요. 나무늘보가 땅에서 잘 돌아다니지 않는 또 다른 이유도 있어요. 몸 구조가 땅에서 돌아다니기에 잘 맞지 않거든요. 나무늘보의 몸은 그렇게 튼튼하지 않아요. 몸집이 비슷한 다른 동물들보다 근육량도 훨씬 적고요. 그나마 있는 근육은 나무를 기어오르는 데 쓰기 좋게 배치되어 있어요. 그러니까 몸의 앞부분, 특히 앞발에 집중되어 있지요. 앞발에 비하면 뒷발은 아주 약해요. 그래서 어쩌다 땅에서 기어 다닐 일이 생기면 거의 앞발에 의지해서 앞으로 나아가요. 나무늘보의 크고 기다란 발톱은 나뭇가지를 붙잡기에는 편리하지만, 땅에서 걸어 다녀야 할 때는 거추장스럽기만 해요. 손톱을 기다랗게 기른 사람이 스마트폰 화면을 누를 때처럼 말이죠.

성가셔!

나무늘보 털에도 머릿니 같은 곤충이!

나무늘보를 좋아하는 건 사람뿐만이 아니에요. 나무늘보의 극성팬인 나방도 있답니다. 이 나방은 나무늘보 털에 살면서 거기서 자라는 녹조류를 먹고 나무늘보 땀을 마시지요. 좀 지저분하다고요? 알을 어디에 낳는지 알면 더 깜짝 놀랄걸요! 이 특이한 나방은 나무늘보 똥 더미를 알을 낳기에 가장 좋은 장소로 여겨요. 세상에 태어나 처음 만나는 장소가 참 독특하죠!

대롱니쥐

대롱니쥐는 생김새가 정말 독특한 동물이에요. 털 없이 비늘로만 뒤덮인 긴 꼬리는 쥐 꼬리를 늘여 놓은 것처럼 생겼고, 발도 지나치게 커다래요. 게다가 돼지처럼 꿀꿀거리는 소리를 내지요! 대롱니쥐는 공룡과 같은 시대에 살았을 만큼 매우 오래전부터 살아왔는데, 지금은 심각한 멸종 위기를 맞았어요. 대롱니쥐는 도미니카공화국에 단 두 종류 남은 토박이 육지 포유동물 가운데 하나예요. 이토록 오래 살아남은 까닭은 대부분 꼭꼭 숨어서 지내기 때문이에요. 똑똑하고 신통한 방법으로 자기 몸을 보호할 줄 알기 때문이기도 하고요.

이거 정말 젖 맞아?

어미 대롱니쥐는 새끼에게 젖을 먹여요. 그런데 여느 젖먹이 동물처럼 배나 가슴이 아니라 엉덩이 가까이에서 젖이 나온답니다. 뒷다리와 몸이 연결되는 곳 근처 접혀 들어간 부분에 젖꼭지가 있거든요.

숲에 사는 동물 • 대롱니쥐

잊을 수 없는 냄새

대롱니쥐는 피부 속 특별한 샘에서 나오는 강렬하고 퀴퀴한 냄새를 풍겨요. 염소나 젖은 강아지 냄새라고들 표현하지요.

대롱니쥐는 어디서 볼 수 있을까?

대롱니쥐는 모두 두 종이 있는데, 모두 카리브해의 섬에서만 살아요. 한 종은 히스파니올라섬에 있는 두 나라 아이티와 도미니카공화국에 살고, 다른 한 종은 쿠바에 살지요.

도망칠까, 숨을까?

대롱니쥐는 나무를 탈 수 있긴 하지만, 주로 땅 가까운 곳에서 시간을 보내곤 해요. 땅속으로 파고들어 가 있는 때도 많고요! 낮 동안에는 땅속에 웅크리고 있거나 동굴 또는 속이 빈 나무에 들어가 있기도 해요. 행동이 어설프고 느릿느릿 꾸물꾸물 걸어 다니는 편이지만, 위험이 닥치면 꾀 빨리 움직여요. 가장 빨리 움직일 때도 그 모습이 썩 자연스럽지는 못해요. 발끝으로 서서 달리고, 똑바로 나아가지 못하고 이리저리 왔다 갔다 하면서 움직여요. 때로는 겁에 질리면 움직임을 딱 멈추고 머리를 푹 숙여요. 제 눈에 포식자가 보이지 않으면 포식자도 자기를 볼 수 없기를 바라면서요.

무시무시한 침

대롱니쥐는 영어로 '솔레노돈'이라고 하는데, 고대 그리스어로 '대롱 모양 이빨'이라는 뜻이 담겨 있어요. 이빨이 신기하게도 대롱 모양으로 되어 있어 이런 이름이 붙었지요. 대롱니쥐는 포유동물 가운데 유일하게 독이 있어요. 대롱 모양 이빨로 깨물어 독을 쏘지요. 대롱니쥐는 뱀처럼 날카로운 송곳니 두 개가 있어요. 이빨 안에 있는 독은 사실 독성이 강한 침인데, 누군가를 깨물면 송곳니에 난 홈에서 침이 흘러나와 전달되지요. 대롱니쥐에게 물린 작은 동물은 호된 고통을 겪어야만 해요. 몸이 마비되고 경련이 일어나고 숨 쉬기도 힘들어요. 대롱니쥐의 독은 사람까지 해칠 정도는 아니지만, 그래도 물린 자리가 붓고 꽤 아프며 통증이 일주일까지도 갈 수 있어요. 그러니 만약 대롱니쥐가 가까이 있다면 물리지 않도록 조심하세요!

소리와 냄새로 찾아라!

▶ 대롱니쥐는 두더지나 땃쥐처럼 곤충을 주로 먹고 살아요. 그래도 가끔은 새로운 음식에 도전해서, 개구리나 도마뱀, 식물 뿌리나 열매, 또는 다른 식물성 먹이를 먹기도 해요.

▶ 대롱니쥐는 밤에 먹이를 사냥해요. 주로 커다란 발에 달린 발톱으로 흙을 파헤쳐서 먹이를 찾지요. 썩은 나무의 껍질을 긁어내어 그 안에 사는 곤충을 잡아먹기도 하고요.

▶ 대롱니쥐의 눈은 작고 반짝거려요. 닭 눈이랑 비슷하지요. 시력이 형편없어서 가까이 있는 먹이도 쉽게 알아볼 수 없어요.

▶ 그래도 다행히 청력은 훌륭해요. 박쥐처럼 반사되어 들리는 소리, 즉 '반향'으로 위치를 파악해서 사냥하지요. 딸깍 소리를 낸 다음, 나무나 바위나 다른 동물 등 주변에 있는 물체에 부딪쳐 되돌아온 소리로 먹이가 어디에 있는지 알아내는 거예요.

▶ 대롱니쥐는 후각도 매우 뛰어나요. 치솟은 코로 땅을 뒤적이는데, 길고 민감한 수염도 먹이를 감지하는 데 도움이 되지요. 코에는 특별한 관절이 있어서 꽤 유연하게 움직여요. 사람 무릎이나 팔꿈치에 있는 관절과 비슷하지요. 비좁은 틈이나 구석에 코를 찔러 넣어 먹이를 찾기에 유리하답니다.

호랑이

호랑이를 직접 본 적이 있나요? 그러지는 못했더라도 아마 그림이나 사진은 자주 보았을 거예요. 호랑이는 커다래요. 줄무늬도 있지요. 그리고 또 무슨 특징이 있을까요? 호랑이는 먹이가 남으면 어떻게 하는지, 호랑이가 꼬리를 흔드는 건 무슨 뜻인지, 물속에 들어가서 도대체 무얼 하는지 다음 쪽에서 한번 알아보아요.

호랑이는 어디서 볼 수 있을까?

호랑이는 중국, 인도, 방글라데시, 캄보디아, 타이, 베트남, 네팔, 말레이시아, 부탄, 미얀마, 라오스, 인도네시아, 러시아 등에 살아요.

팝콘 냄새 오줌

호랑이 오줌에서는 독특한 냄새가 나요. 어떤 사람들은 그 냄새가 극장에서 먹는 커다란 통에 담긴 버터 팝콘 냄새랑 비슷하다고들 이야기해요.

맛있겠다!

호랑이 a tiger

호랑이 무리 an ambush (a streak) of tigers

호랑이보다 빠를 수 있을까?

호랑이는 사람보다 훨씬 빨리 달려요. 급할 때는 시속 65km까지 달릴 수 있어요. 자동차만큼이나 빠르지요.

호랑이는 얼마나 클까?

호랑이는 고양잇과 동물 가운데 가장 커요. 그중에서도 **시베리아호랑이**가 가장 큰데, 무게가 363kg이나 나가요. 사람 어른 다섯 명 무게와 맞먹지요. 몸길이는 3.3m까지 자라요. 꼬리를 빼고 말이에요. 꼬리 길이가 1m나 될 때도 있답니다!

수마트라호랑이는 호랑이 가운데 가장 작은데, 친척인 시베리아호랑이의 절반도 되지 않아요. 무게도 꽤 가벼워서 136kg 정도밖에 나가지 않아요. 물론 아무리 그래도 여러분보다는 훨씬 더 많이 나가지만요!

줄무늬로 구별하자

호랑이 줄무늬는 저마다 조금씩 달라요. 줄무늬가 똑같은 경우는 없고, 형제라고 해도 서로 달라요. 모두 다 주황색 털에 검은 줄무늬가 있는 것도 아니에요. 금빛 털에 옅은 주황색 줄무늬가 있거나, 흰 털에 연갈색 줄무늬가 있기도 해요. 게다가 줄무늬가 털에만 있는 것도 아니랍니다. 맨 아래 피부도 똑같이 줄무늬로 되어 있지요!

영역 표시

호랑이는 냄새로 자기 영역을 표시하거나, 또는 나무를 긁어서 흔적을 남기기도 해요. 오줌 웅덩이나 똥 덩어리를 주변에 남겨서 냄새를 퍼뜨리는데, 이 오줌 냄새는 40일 동안이나 사라지지 않아요!

호랑이와 집고양이의 공통점은 무얼까?

호랑이는 발톱을 사용하지 않을 때면 속으로 집어넣을 수 있어요. 집고양이처럼 말이죠. 이렇게 하면 발톱을 날카롭게 유지해서 필요할 때 제대로 쓸 수 있어요. 도망가는 먹잇감을 낚아챌 때처럼 말이죠.

귀여운 아기에서 무시무시한 사냥꾼으로

새끼 호랑이는 갓 태어났을 때 1kg도 채 되지 않아요. 처음에는 아주 작고 귀여운 털 뭉치처럼 보여요. 먹이나 모든 생활을 어미에게 완전히 의지해서 살지요. 하지만 매우 빠른 속도로 성장해요. 한 살이 되면 스스로 사냥하러 나갈 준비가 마무리돼요.

숲에 사는 동물 • 호랑이

꼬리를 주목하라

호랑이가 울부짖는 소리는 엄청나게 먼 곳까지 울려 퍼져요. 무려 3km 밖에까지 들리지요! 호랑이는 길고 표현력이 풍부한 꼬리로 의사소통해요. 하지만 강아지와 달리 호랑이가 꼬리를 흔드는 건 기분이 좋지 않다는 뜻이에요. 때로는 공격하려는 신호이기도 하지요. 꼬리를 휙 뻗어 올리는 것도 언짢다는 뜻이에요. 호랑이가 마음이 편할 때는 꼬리도 편히 늘어져 있어요.

호랑이의 친척

호랑이와 가장 가까운 친척은 눈표범이에요. 비록 생김새와 사는 곳은 다르지만요. 호랑이와 사자는 자주 하나로 묶여 비교되곤 하지만, 둘 사이는 그렇게 가깝지 않아요. 줄무늬가 있고 없고만 다른 게 아니라, 가장 중요한 차이는 호랑이의 뇌가 사자보다 평균 16% 정도 더 크다는 거예요. 호랑이는 매우 똑똑하고, 빨리 배우고, 기억력도 뛰어나지요.

넓은 집에 혼자서

호랑이는 대부분 숲이 우거진 곳에서 살아요. 숨을 곳도 많고 사냥할 먹이도 풍부하기 때문이지요. 호랑이는 나무를 기어오를 수도 있어요. 하지만 주변이 온통 나무로 둘러싸인 곳에 살아도, 땅에서만 돌아다니길 더 좋아하지요. 호랑이는 혼자 살기를 좋아하고, 이웃과도 멀리 떨어져 살고 싶어 해요. 사회성이 발달한 편은 아니죠! **시베리아호랑이** 한 마리가 자기 영역으로 삼는 땅은 정말 넓어요. 무려 4,000km²가 넘지요. 땅이 별로 넓지 않은 곳에 사는 호랑이는 서로 훨씬 더 가까이 살 수밖에 없어요. **인도호랑이**는 100km² 안에 18마리가 살기도 해요.

사냥하는 호랑이

물놀이하는 맹수

호랑이는 종종 강과 호수에서 헤엄치기도 해요. 먹이를 잡아먹으려고 그러는 것만은 아니에요. 물속에서 첨벙거리며 놀기를 좋아하고, 더울 땐 물에서 몸을 식히기도 하지요. 날마다 자기 영역을 돌아다니면서 30km까지 헤엄치기도 해요. 폭이 7km쯤 되는 강은 쉽게 헤엄쳐 건널 수 있어요.

호랑이는 겉으로만 봐도 얼마나 대단한 사냥꾼인지 알 수 있어요. 커다란 이빨과 날카롭기 그지없는 발톱을 보면 말이죠.

▶ 호랑이는 몸집이 그렇게 커다란 것치고는 눈에 잘 띄지 않아요. 남몰래 움직이기의 달인인데, 그 줄무늬 털이 숲속에 드리운 나무 그림자와 빛이 이루는 줄무늬에 기막히게 섞여지요. 몸을 땅으로 납작 낮춘 채 슬그머니 움직이는 경우도 많고, 커다란 발바닥이 매우 푹신푹신해서 걸어 다닐 때 소리가 거의 나지 않아요.

▶ 호랑이는 보통 밤에 사냥해요. 먹잇감이 살짝만 움직여도 금세 알아차리는 재주가 있지요. 밤눈도 아주 밝아서 사람보다 6배는 더 잘 볼 수 있어요.

▶ 호랑이는 먹잇감을 몰래 뒤쫓다가 덤벼들어 단번에 치명상을 입혀요. 주로 목덜미 부분을 꽉 무는 방법을 쓰지요. 호랑이 이빨은 길이가 7cm나 되고, 턱 힘이 아주 세서 먹잇감의 굵은 뼈도 부러뜨릴 수 있어요.

▶ 보통 사슴, 멧돼지, 영양, 물소 같은 꽤 커다란 동물을 사냥해요. 표범, 악어, 비단구렁이처럼 다른 동물을 잡아먹는 위험한 포식자도 잡아먹고요. 하지만 사람은 거의 잡아먹지 않아요. 가까이 있더라도 말이지요.

▶ 호랑이는 날마다 평균 5kg 정도를 먹지만, 가끔은 하룻밤에 27kg이나 먹을 때도 있어요. 호랑이가 사냥하는 동물은 그보다 훨씬 더 커다란데, 먹이가 남을 때는 어떻게 할까요? 남은 음식을 보관할 냉장고는 없으니까, 그다음으로 가장 좋은 방법을 써요. 바로 먹다 남긴 동물 사체를 나뭇잎으로 가려 놓는 거예요. 그렇게 잘 숨겨 두었다 나중에 찾아 먹지요.

▶ 때로는 먹이를 다른 호랑이와 나눠 먹기도 해요. 커다란 영양을 사냥한 **인도호랑이**가 그다음 날 잔치를 벌이듯이 친척 호랑이 여덟 마리를 불러와 함께 나눠 먹은 적도 있어요.

숲에 사는 동물 • 호랑이

늑대

외로운 늑대 한 마리가 고개를 젖히고 보름달을 향해 울부짖는 장면이 우리가 가장 흔히 접하는 익숙한 늑대의 모습이에요. 하지만 늑대는 그보다 훨씬 더 매력적이랍니다. 어려운 환경에서도 살아남는 굳센 동물이고, 마라톤이라도 하듯 오래 달리거나 바다 멀리까지 헤엄치기도 해요.

늑대는 어디서 볼 수 있을까?

늑대는 세계 곳곳에 가장 널리 퍼져 사는 동물 가운데 하나예요. **회색늑대(늑대)** 는 그린란드와 북아메리카 일부 지방에 사는 북극늑대부터 캐나다 해안에 사는 바다늑대까지 서반구 전체에 퍼져 살아요. **붉은 늑대** 는 미국 노스캐롤라이나주의 앨버말반도에 있는 서식지에서만 살아요.

여러 가지 회색 털

회색늑대(늑대) 는 털이 온통 다 회색인 건 아니에요. 검은색과 흰색 그리고 그 사이에 있는 여러 밝기의 회색 털로 이루어져 있지요.

늑대 a wolf

늑대 무리
a pack of wolves

숲에 사는 동물 • 늑대

우두머리 부모

늑대는 대부분 무리를 이루고 살아요. 보통은 무리를 지배하는 '우두머리 수컷'과 '우두머리 암컷' 한 쌍이 이끌지요. 한 무리 안에는 여섯 마리에서 열 마리 늑대가 함께 지내요. 그중에 여러 마리가 우두머리 암컷과 수컷의 새끼들인데, 어른이 되어서도 무리를 떠나지 않지요!

▶ 무리 가운데서 우두머리 한 쌍만이 새끼를 낳는 경우가 많지만, 다른 늑대들도 다 함께 새끼를 키워요. 새끼 늑대는 태어나고 몇 주 동안은 보지도 듣지도 못하므로, 무리 전체가 함께 새끼를 돌보면 큰 어려움 없이 잘 기를 수 있지요.

▶ 새끼 늑대는 처음에는 젖을 먹고 자라요. 그러다 조금 뒤에는 어른 늑대들이 씹었다가 뱉어 낸 먹이를 받아먹어요. 새끼 늑대가 다 자라서 딱딱한 먹이를 삼킬 수 있게 될 때까지 그렇게 하지요.

▶ 새끼 늑대들은 장난치기를 좋아하고 씨름을 하거나 깡충깡충 뛰어다녀요. 술래잡기나 줄다리기 비슷한 놀이도 하고요. 이런 놀이로 어른 늑대가 되어 사냥할 때 도움이 되는 기술을 익힐 수 있지요.

▶ 갓 태어난 새끼 늑대는 스스로 화장실에 갈 수 없어요. 어미가 혀로 핥아 주어서 배설물이 몸 밖으로 나오도록 도와주지요. 웩!

플래너리 박사님의 탐험 수첩

예전에 늑대 옆에서 잠을 잔 적이 있어요. 늑대에게 먹이를 주고, 늑대와 함께 나란히 산책도 했지요. 내 최고의 친구였고, 이름은 '버치'였어요. 그런데 버치는 지금 여러분이 짐작하는 늑대랑 좀 달라요. 버치는 내가 키우던 검은 래브라도였거든요. 개는 좀 특별하게 변한 늑대의 한 품종이라고 볼 수 있어요. 늑대는 갯과의 동물로, 학명인 '카니스'도 라틴어로 '개'라는 뜻이에요. 나는 일곱 살 때 버치를 처음 만나서 15년 동안 함께 살았어요. 내 인생에서 아주 중요한 부분이었고, 진심으로 사랑했지요. 우리는 온갖 모험을 함께했답니다.

사실일까, 신화일까?

다이어울프는 아주 오래전에 북아메리카에 살던 늑대로, 지금은 멸종한 아메리카 대륙의 거대 동물을 먹이로 삼았어요. 그러다 9,500년 전쯤에 그 거대한 먹이들이 사라지면서 함께 멸종했어요. 먹이가 없으니 살아남기 힘들었겠지요. 다이어울프는 몸집이 꽤 컸는데, 그래도 오늘날의 **회색늑대(늑대)** 가운데 가장 큰 것과 비슷한 정도예요. 다이어울프가 멸종한 뒤에 아메리카 대륙에는 아시아와 알래스카로부터 회색늑대가 건너와 그들이 사라지고 난 자리를 차지했지요.

추위도 더위도 괜찮아!

늑대는 사는 곳이 꽤 다양해요. 대체로는 다른 동물이 살기 힘든 외딴곳에 사는 편이에요.

▶ 늑대는 영하 40℃ 정도로 추운 곳에서도, 영상 50℃ 정도로 뜨거운 곳에서도 살아남을 수 있어요.

▶ **회색늑대(늑대)** 중 어떤 종은 바다 가까이에서 살고, 놀랍게도 수영을 곧잘 한답니다. 그래서 '바다늑대'라는 이름으로도 불리지요. 이들은 캐나다의 브리티시컬럼비아주 해안 근처에서 사는데, 가끔은 차갑고 파도가 일렁이는 바다를 12km나 헤엄쳐서 섬으로 건너가기도 해요. 바다와 친한 늑대답게 조개, 게, 물고기, 따개비, 물고기 알, 물범처럼 물에 사는 동물을 즐겨 먹어요. 가끔은 바닷가로 떠밀려 온 죽은 고래를 먹지요.

▶ 숲이 우거진 곳에 사는 늑대가 가장 많아요. 울창한 나무 사이로 몸을 숨길 수 있고, 먹이가 더 풍부하니까요. 숲에는 새끼를 낳아 기르기 좋은 은밀한 장소가 많이 있어요. 속이 빈 나무나 땅속에 파 놓은 작은 굴처럼 말이지요.

▶ **북극늑대**는 너무도 춥고 견디기 힘든 곳에서 굳세게 살아가요. 얼음과 얼어붙은 땅으로 되어 있어 굴을 팔 수 없으므로, 동굴이나 바위틈에 들어가 살아요. 털이 한 겹 더 있어서 영하의 온도에서도 몸을 따뜻하게 유지할 수 있지요. 어떤 늑대가 사는 곳은 1년 중에 다섯 달이나 어두컴컴해요. 마침내 봄이 찾아와 햇빛과 온기를 얻을 수 있게 되면, 이 늑대는 아래층 털을 벗겨 내어 몸이 너무 뜨거워지지 않게 해요. 마치 사람이 속에 입은 두꺼운 스웨터는 벗고 외투만 걸치는 것처럼 말이죠.

기후 변화의 영향

에티오피아늑대는 에티오피아의 산악 지역에서 사는데, 기후 변화로 개체 수가 급격히 줄어들고 있어요. 북극늑대도 멸종 위기에 놓여 있어요. 얼음으로 된 서식지가 녹아내리고, 먹이를 찾기가 점점 힘들어지기 때문이에요.

아우우우우!

▶ 우리가 평소에 가족과 이야기 나누듯이, 늑대는 울부짖는 소리로 같은 무리에 속한 늑대와 대화하지요.

▶ 자기 영역임을 알리려고 울부짖기도 해요. 늑대 무리가 동시에 울부짖는다면, 남의 영역에 함부로 들어왔으니 어서 물러나라는 뜻일 수 있어요.

▶ 울부짖는 건 곧 공격하겠다는 경고 신호지만, 늘 그런 것은 아니에요. 그저 다른 늑대가 울부짖는 소리를 듣고 따라서 울부짖을 때도 있어요. 가까이 있는 사람이 하품하면 우리도 따라서 하품이 나오는 것처럼 말이죠.

▶ 늑대가 울부짖는 소리는 무려 10km에 이를 만큼 멀리 퍼져 나가요. 그러니 늑대가 울부짖는 소리를 들었더라도 늑대가 가까이 있는 건 아닐 수 있지요.

커다란 발바닥

늑대 발은 생각보다 훨씬 커다래요. 보통 샌드위치 크기만큼은 되지요!

사냥하는 늑대

▶ 늑대는 육식 동물이고 뛰어난 사냥꾼이에요. 와피티사슴이나 말코손바닥사슴, 순록처럼 자기 몸집보다 훨씬 커다란 동물을 사냥해요. 북극늑대는 사향소를 잡아먹는데, 자기 몸무게보다 무려 10배는 더 나가요!

▶ 늑대는 한 번에 10kg이나 되는 먹이를 먹을 수 있어요. 커다란 동물을 사냥하기는 쉽지 않으므로, 성공하기만 하면 하나도 남김없이 싹싹 먹어 치워요. 배가 곧 터질 것 같더라도 말이죠. 때로는 일주일 넘도록 아무것도 먹지 못할 때가 있어요. 그러므로 먹을 게 있을 때 실컷 먹어 두려고 하지요.

▶ 늑대는 먹이가 무엇이든 마다하지 않아요. 물고기, 새, 도마뱀이나 뱀조차 기꺼이 즐겨 먹지요. 주로 고기를 먹지만, 가끔은 산딸기 같은 열매를 먹기도 해요.

▶ 늑대는 사냥감이 지쳐서 포기할 때까지 오랫동안 끈질기게 쫓아다녀요. 때로는 한 번에 20km 넘도록 쫓아다니기도 하지요.

▶ 늑대는 사냥할 때 무리가 함께 협동해서 먹이를 쓰러뜨리곤 해요. 사냥을 함께하면 먹이도 나누어야 하지만, 모두가 골고루 얻게 되는 건 아니에요. 우두머리 암수 한 쌍이 가장 먼저 먹이를 먹으며 가장 맛있는 부분을 차지하지요.

영장류

영장류는 원숭이, 안경원숭이, 고릴라, 침팬지, 오랑우탄 같은 동물을 아우르는 말이에요. 그리고 여러분도요! 그래요, 사람은 위에 말한 동물들과 가까운 친척이에요. 그래서 이 동물들의 특징을 보면 어딘가 사람하고 꽤 많이 닮았지요. 오랑우탄이나 침팬지 같은 유인원이 친구와 손을 맞잡거나, 아기를 품에 안거나, 이를 드러내고 환하게 웃는 모습을 본 적이 있나요? 사람하고 너무 닮아서 때로는 좀 오싹한 느낌이 들기도 하죠. 이렇게 사람과 여러 영장류는 서로 비슷하지만 다른 점도 꽤 많아요. 예를 들면 여러분이 친구 머리카락에서 막 뽑아낸 벌레를 먹지는 않겠죠?

영장류는 어디서 볼 수 있을까?

아프리카와 아시아, 남아메리카에는 다양한 원숭이가 살아요. 하지만 유럽에는 딱 한 종만 사는데, 바로 지브롤터에 사는 **바바리마카크**예요. 사람을 뺀 대형 유인원은 아시아와 아프리카 여러 지역에 살아요. 소형 유인원은 아시아에서만 살고요. **여우원숭이**는 마다가스카르와 그 주변의 작은 섬들에서만 살아요.

새로운 영장류를 찾아라

지금도 새로운 영장류 종들이 세계 곳곳에서 발견되고 있어요. 뒤늦게 영장류에 포함된 종은 대부분 **여우원숭이**나 **갈라고** 같은 몸집이 작은 동물이에요. 그런가 하면 수마트라섬에 사는 **오랑우탄** 가운데 **타파눌리 오랑우탄**은 2017년이 되어서야 새로운 종으로 분류되어 이름을 얻었지요.

누가 누가 있을까?

영장류에는 꽤 다양한 동물이 속해 있어서 분류하기가 쉽지 않아요. 가장 넓게는 코가 동그랗게 말린 곡비원류와 코 모양이 단순한 직비원류로 나눌 수 있어요. 곡비원류에는 **여우원숭이**나 **로리스**, **아이아이원숭이** 들이 있고, 직비원류에는 **원숭이, 유인원, 안경원숭이** 들이 있어요. 우리 인간은 직비원류에 속하지요.

▶ **고릴라**와 **침팬지**, **오랑우탄**도 종종 원숭이라고 불리지만, 정확히 말하면 '유인원'이에요. 그러면 유인원과 원숭이를 어떻게 구별할까요? 먼저 유인원은 꼬리가 없고 두 다리로 걸을 수 있으며, 원숭이보다 똑똑해요. 물론 원숭이도 꽤 영리하지만요! 대체로 몸집도 유인원이 더 커다래요. 유인원은 다시 대형 유인원과 소형 유인원으로 나뉘어요. 대형 유인원에는 **고릴라, 오랑우탄, 침팬지, 보노보** 들이 있고, 소형 유인원에는 **긴팔원숭이**와 **주머니긴팔원숭이** 들이 있어요.

▶ 원숭이 종류도 엄청나게 다양하지요. 먼저 크게 구세계원숭이와 신세계원숭이로 나뉘어요. 구세계원숭이는 아시아와 아프리카에 살고, 신세계원숭이는 아메리카 대륙에 살지요. 구세계원숭이는 땅에서도 나무에서도 살 수 있고, 엉덩이에 두툼한 살가죽이 있어 바닥에 편히 앉아서 생활할 수 있어요. 반면 신세계원숭이는 나무 위에서만 살아요. 무척 유연한 꼬리로 나뭇가지를 붙잡을 수 있지요. 마치 팔이 하나 더 있는 것처럼 말이에요! 구세계원숭이는 코가 길고 작은 콧구멍 두 개가 서로 가까이 붙어 있으며 아래쪽을 향하고 있어요. 사람 코와 비슷하게 말이죠. 하지만 신세계원숭이는 코가 짧고 두 콧구멍이 서로 떨어져 있으며 옆으로 넓게 벌어져 있어요.

▶ **안경원숭이**는 공룡이 멸종하던 시대에 유인원이나 원숭이와 다른 방향으로 진화하기 시작했어요. 그래서 여느 원숭이나 유인원과 생김새가 꽤 다르지요.

깔끔한 영장류

영장류는 서로 털을 골라 주고 쓰다듬고 벌레를 잡아 주면서 끈끈하게 지내요. 때로는 잡은 벌레를 먹기도 하고요. 그래도 위생 규칙이 꽤 엄격한 편이랍니다. 예를 들어 **맨드릴개코원숭이**는 기생충에 감염된 원숭이 털은 골라 주지 않아요. 누가 감염되었는지 어떻게 아냐고요? 똥 냄새를 맡으면 알 수 있지요! 기생충에 감염된 원숭이가 다 나을 때까지 털을 골라 주지 않음으로써 기생충이 널리 퍼지지 않도록 막을 수 있답니다.

원숭이가 활짝 웃는다면?

원숭이가 여러분을 바라보며 이를 드러내고 웃는다고 해도, 그게 친구가 되고 싶다는 뜻은 아니에요. 자신이 위험하다고 느낀다는 경고 신호지요.

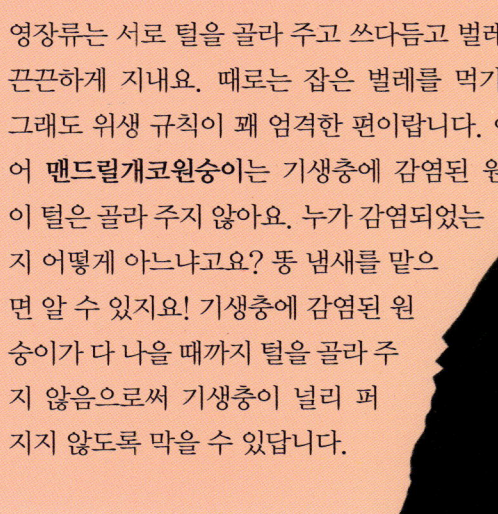

숲에 사는 동물 • 영장류

가장 특이한 외모는?

누가 누가 더 멋질까!

숲에 사는 동물 • 영장류

영장류 가운데 가장 특이하게 생긴 동물에게 상을 준다면, 바로 **아이아이원숭이**가 받을 거예요! 아이아이원숭이는 길고 하얀 털이 어두운색 털가죽 위로 듬성듬성 웃자라 있는데, 종종 털을 부풀려서 몸집이 커 보이도록 해요. 게다가 귀는 눈에 띄게 크고요. 날카로운 앞니는 우리 손톱처럼 계속 자라나요. 손톱 얘기를 한 김에 말하면, 아이아이원숭이는 가운뎃손가락이 다른 손가락보다 유난히 길고 괴상하게 생겼어요. 살집이 거의 없이 뼈가 그대로 드러난 채 얇은 피부가 착 달라붙어 있지요. 이 독특한 손가락은 아주 민감해서 주변을 탐색하는 데 유용하게 쓰여요.

개성 넘치는 외모를 뽐내고 싶어 하는 건 사람뿐만이 아니에요. 독특한 머리 모양이나 알록달록한 털 무늬를 뽐내는 영장류들을 한 번 살펴볼까요?

▶ **솜털모자타마린**은 머리부터 목덜미까지 새하얀 털이 풍성하고 멋들어진 모습으로 자라나 있어요.

▶ **보노보**는 머리털이 꽤 길게 자라요. 한가운데서 자연스럽게 양쪽으로 갈라져서 귀 주변으로 뻗치곤 해요. 꼭 손질하지 않아 덥수룩한 사람 머리 모양 같지요.

▶ **황금들창코원숭이**는 털이 없는 푸른색 맨얼굴에 몸에는 주황색 털이 더부룩하게 나 있어요. 코는 아주 작게 쪼그라들어 있는데, 사람 해골에 난 콧구멍 모양이랑 좀 닮았지요.

▶ **알락꼬리여우원숭이**는 온몸이 거의 회색이나 갈색이고 배 부분은 우윳빛인데, 길고 북슬북슬한 꼬리만큼은 호랑이처럼 검은색과 흰색 고리가 반복되는 얼룩무늬로 되어 있어요.

누가 가장 크거나 작을까?

영장류 가운데 가장 큰 것은 대형 유인원들이에요. 그중에서도 **마운틴고릴라**가 가장 크지요. 키는 2m에 이르고 무게는 220kg이나 돼요. **오랑우탄**은 그보다 조금 작아서 키가 1.5m에 무게는 200kg이 넘어요. 나무 위에서 사는 포유동물치고는 정말 크지요!

원숭이 가운데서는 **맨드릴개코원숭이**가 가장 커요. 4살 어린이의 평균 키인 1m 가까이 자라지요. 몸무게는 10살 어린이에 가깝게 35kg 넘게 나가요.

가장 작은 원숭이는 **피그미마모셋**이에요. 키는 13cm에 무게는 100g밖에 나가지 않아요. 트럼프 카드 한 벌 정도 무게지요. 정말 작다고요? 하지만 더 작은 **여우원숭이**도 있어요. 여우원숭이 중에는 좀 더 큰 종도 있지만, **쥐여우원숭이**는 6cm에 30g도 채 되지 않아요.

황제타마린   황금사자타마린   브라자원숭이

▶ **푸른눈검은여우원숭이**는 수컷만 검은색이에요. 암컷은 여러 가지 밝기의 황갈색으로 되어 있지요. 영장류 가운데서 사람을 제외하고 푸른 눈을 지닌 유일한 동물이기도 해요.

▶ **황제타마린**은 기다란 흰색 콧수염을 입 양옆으로 늘어뜨리고 있어요. 사람과 달리 수컷뿐 아니라 암컷도 마찬가지로 새하얀 콧수염을 뽐낸답니다.

▶ **황금사자타마린**은 자그마한 얼굴 둘레에 사자 갈기처럼 반짝이는 주황색 털이 덥수룩하게 나 있어요.

▶ **흰얼굴사키원숭이**는 몸집이 크고 늠름하게 생겼어요. 온몸이 검은 털로 뒤덮여 있지만, 얼굴만은 마치 가면을 쓴 것처럼 둥그렇게 흰 털이 북슬북슬 자라 있어요. 그 한가운데를 가로질러 새카만 눈과 코와 턱이 있고요.

▶ **브라자원숭이**는 염소수염처럼 생긴 흰색 털이 길게 나 있고, 이마에는 갈색 털이 도드라지게 나 있어요. 검은 머리털은 짧고 깔끔해서, 마치 갓 이발소에 다녀온 머리 모양 같지요.

신기한 식습관

영장류는 식습관이 좀 독특해요. 저마다 취향도 가지각색이고요.

▶ **코주부원숭이**는 익지 않은 열매만 먹어요. 잘 익은 열매에는 당분이 너무 많이 들어 있기 때문이에요. 잘 익은 열매를 먹으면 당분이 분해되는 동안 위가 지나치게 부풀어 올라서 죽음에 이를 수도 있거든요.

▶ **고릴라** 수컷은 날마다 먹이를 18kg이나 먹을 수 있어요. 주로 푸릇푸릇한 잎을 먹지요.

▶ **붉은목여우원숭이**나 **몽구스여우원숭이** 같은 여우원숭이들은 꽃에서 난 꿀을 즐겨 먹어요. 꽃에다 코를 푹 박고 꿀을 먹느라 코 주변이 온통 꽃가루 범벅이 되곤 하지요. 몽구스여우원숭이는 그냥 꽃 전체를 먹기도 해요.

▶ **붉은콜로부스**는 나무가 불에 타고 남은 숯을 먹곤 해요. 맛있어서 먹는 건 아니에요. 숯을 먹으면 어떤 나뭇잎을 먹을 때 생기는 독소를 없앨 수 있기 때문인 것으로 짐작하고 있어요.

▶ **대나무여우원숭이**는 먹이의 90% 정도가 대나무예요. 대나무여우원숭이들 사이에도 종마다 좋아하는 대나무 부위가 달라요. 그러니 같은 먹이를 두고 다툴 필요가 별로 없지요. 어떤 종은 어리고 부드러운 죽순을 즐겨 먹고, 어떤 종은 대나무 줄기를 가르면 나오는 한가운데의 부드러운 부분을 즐겨 먹어요.

▶ **일본원숭이**는 고구마를 물에 씻어서 먹어요. 특히 짠 바닷물에 씻어 먹을 때면 고구마를 한 입 깨문 다음에 다시 물에 담가요. 아마도 고구마에 소금기가 더해지면 환상적인 맛의 조화가 이뤄진다는 사실을 깨달았기 때문일 거예요!

영장류의 영어 이름

영장류 a primate
유인원 an ape
원숭이 a monkey
여우원숭이 a lemur
안경원숭이 a tarsier
고릴라 a gorilla
침팬지 a chimpanzee
오랑우탄 an orangutan

먹이를 찾아서

▶ **안경원숭이**는 뛰어난 사냥꾼이에요. 곤충이나 새, 심지어 뱀도 잡아먹을 수 있지요. 조용하고 날쌔게 움직여 먹이에 달려들어서 날카로운 이빨로 단숨에 목숨을 빼앗아요.

▶ **아이아이원숭이**는 기다란 가운뎃손가락으로 나뭇가지를 톡톡 두드려서 곤충이 나무껍질 안쪽에 파 놓은 굴을 찾아내요. 그러고는 같은 손가락으로 나무껍질을 파내어 속에 있는 곤충과 애벌레를 꺼내 먹지요.

▶ 영어 속담에 '먹는 곳에서 똥 누지 말라'는 말이 있는데, **쥐여우원숭이**에게는 이 말이 통하지 않아요! 쥐여우원숭이가 보금자리 가까운 곳에 똥을 누면, 그동안 먹었던 열매 속 씨앗이 똥에 섞여 나와서 싹을 틔워요. 똥에 있는 풍부한 거름 덕분에 잘 자라고요. 그렇게 해서 쥐여우원숭이가 즐겨 먹는 식물이 한가득 자라나요. 바로 집 주변에 말이죠!

편리한데!

긴 꼬리는 모두 손처럼 쓰일까?

여우원숭이는 꼬리가 길고 잘 휘어져요. 언뜻 보면 나뭇가지에 매달리거나 나무 사이를 타고 다닐 때 딱 알맞게 생겼지요. 하지만 사실은 그렇지 않아요! 신세계원숭이들의 꼬리와 달리 여우원숭이 꼬리는 무얼 움켜쥘 수 없고, 그저 균형을 잡는 데만 쓰이지요.

플래너리 박사님의 탐험 수첩

언젠가 한번은 고릴라와 으스스하게 맞닥뜨린 적이 있어요. 미국에 있는 동물원에 갔을 때인데, 관람하는 곳 뒤편에 있는 사육사들이 먹이 주는 곳에 들어갈 기회가 생겼어요. 고릴라 사육장 뒤로 난 복도를 걸어가는데 갑자기 우르릉거리는 엄청난 진동이 느껴졌어요. 지진이 난 줄로만 알았지요! 주위가 마구 흔들리고 귀청이 터질 듯 큰 소리가 났어요. 고개를 돌리다가 수컷 어른 고릴라와 눈이 마주쳤어요. 이름은 로마 장군에게서 따온 '시저'였지요. 시저는 사육장 철망 울타리에 몸을 딱 들이대고 내 얼굴을 똑바로 바라보았어요. 내 심장은 맞서 싸울 것인가, 도망칠 것인가 기로에 놓인 것처럼 세차게 뛰었지요. 무게가 200kg이 넘는 이 무시무시한 동물은 발을 구르고 소리 지르며 내 쪽으로 이를 드러내고 있었어요. 우리 둘 사이에는 그저 철망밖에 없었고요!

신통방통 도구 상자

영장류는 보통 손과 이빨을 써서 열매와 씨앗, 견과류를 부수어 먹어요. 하지만 손과 이빨만으로는 안 될 때가 있어요. 그럴 때 도구를 이용하기도 하지요!

▶ **꼬리감기원숭이**는 캐슈너트를 돌 위에 놓고 다른 돌멩이로 쾅쾅 두드려서 껍데기를 깨뜨린 다음, 속에 있는 맛있는 열매를 꺼내 먹어요. 이처럼 돌멩이를 도구로 써서 다른 열매도 깨뜨려 먹고, 심지어 게 같은 갑각류의 속을 파먹기도 하지요. 또 막대기를 이용해서 나무뿌리나 도마뱀알 같은 먹이를 파내기도 하고, 바위틈처럼 손이 닿지 않는 비좁은 틈을 헤집기도 해요.

▶ **침팬지**는 주로 식물 열매를 먹지만, 곤충이나 알도 먹고 때로는 원숭이나 멧돼지 같은 동물도 잡아먹어요. 돌멩이를 써서 열매나 동물 껍데기를 깨뜨릴 뿐만 아니라, 때로는 나무막대를 숟가락처럼 쓰기도 해요. 개미나 흰개미 둥지에 막대기를 찔러 넣어서 그 안에 있는 개미와 알을 퍼내어 곧바로 입에 넣는 거지요. 심지어 나뭇잎으로 물을 떠 마시기도 해요!

신기하게 생겼다!

같은 영장류에 속하는 동물도 모습은 제각각이에요. 몸집도 큰 차이가 나고요.

▶ **거미원숭이**는 길고 가느다란 팔과 놀랍도록 유연한 꼬리가 있어요. 꼬리 길이는 1m 가까이 되는데, 몸 길이보다 훨씬 더 길지요.

▶ **안경원숭이**는 눈이 안경을 쓴 것처럼 크고 툭 튀어나와 있어요. 눈 하나가 뇌 전체만큼 크지요. **필리핀 안경원숭이** 같은 몇몇 종은 눈 하나가 위보다 더 커요.

▶ **코주부원숭이** 수컷은 이름처럼 코가 크고 아래로 늘어져 있어요. 코가 클수록 짝에게 더 매력 있어 보이지요. 하지만 이 코는 그저 장식으로만 쓰이는 게 아니에요. 나팔 소리처럼 우렁찬 소리를 내도록 해서 힘을 과시하지요.

▶ **오랑우탄**은 똑바로 서 있어도 팔이 땅에 닿을 만큼 팔 길이가 터무니없이 길어요. 때로는 2m가 넘기도 해요!

▶ **여우원숭이** 중 어떤 종은 꼬리나 뒷다리에 남은 지방을 저장해 두어요. 이걸로 가만히 쉬는 기간에 먹지 않고 버틸 수 있어요. **살찐꼬리애기여우원숭이**는 몸무게의 40%가 꼬리에 몰려 있기도 하지요.

◆ 플래너리 박사님의 탐험 수첩 ◆

영장류와 만나 정말 마음 따뜻해지는 경험을 한 적도 있답니다. 한번은 아내와 갓난아기와 함께 동물원에 가서 침팬지 구역 바깥에 앉아 있었어요. 침팬지는 종종 사람들과 어울리기도 하지만, 사람들이 흥미로운 행동을 하지 않으면 금세 따분해하며 다른 데로 가 버려요. 조용한 오전 시간이라 주변에는 거의 아무도 없었어요. 침팬지도 멀리서 제 할 일을 하고 있었지요. 그런데 아내가 아기에게 젖을 먹이기 시작하자, 암컷 침팬지들이 하던 일을 멈추고 아내를 바라보기 시작했어요. 창가로 다가와서 젖 먹이는 모습을 보고 또 보았지요. 아마도 이렇게 생각하는 것 같았어요. '저들도 똑같이 하네?' 침팬지들이 넋을 빼고 바라보는 모습은 정말 놀라웠어요! 침팬지는 꽤 수다스러운데, 이때는 말하는 목소리도 좀 달랐어요. 마치 이런 이야기를 나누는 것 같았지요. "이리 와서 저 사람들 좀 봐. 정말 신기하지!"

숲에 사는 동물 • 영장류

원숭이들의 수다

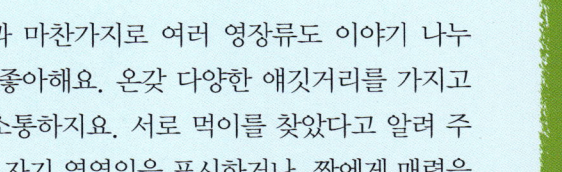

사람과 마찬가지로 여러 영장류도 이야기 나누기를 좋아해요. 온갖 다양한 얘깃거리를 가지고 의사소통하지요. 서로 먹이를 찾았다고 알려 주거나, 자기 영역임을 표시하거나, 짝에게 매력을 뽐내거나, 포식자가 다가온다는 걸 널리 알리기도 해요. 말소리뿐만 아니라 몸짓이나 손짓으로도 의사소통하지만, 말소리를 가장 널리 사용하지요.

▶ **보노보**는 유인원 가운데 가장 다양한 소리를 낼 수 있어요. 끙끙, 끽끽, 꽥꽥, 으르렁, 빽빽거리는 소리 등 다른 보노보를 부르는 소리가 40가지나 되지요. 그중 어떤 소리는 보노보가 무슨 행동을 하고 있는가에 따라 다른 뜻을 나타내기도 해요.

▶ **알락꼬리여우원숭이**도 다양한 목소리를 낼 수 있지만, 시각 신호를 이용해서 의사소통하기도 해요. 무리가 함께 이동할 때면 눈에 잘 띄는 얼룩무늬 꼬리를 위로 한껏 치켜들어요. 그러면 무리 전체가 흩어지지 않고 같은 방향으로 움직일 수 있지요.

▶ **침팬지**는 우우, 끽끽, 끙끙 소리처럼 아주 다양한 소리를 내요. 여럿이 함께 서로 간지럽히면서 놀다가 웃음소리를 낼 때도 있어요! 그뿐 아니라 풍부한 표정이나 손짓을 써서 의사소통하기도 하지요.

▶ **다이아나원숭이**는 원숭이 가운데 가장 복잡한 언어를 써요. 포식자가 다가올 때면 위험을 알리는 소리를 내는데, 어떤 포식자인가에 따라 다른 소리를 내지요! 또 여러 가지 소리를 합쳐서 더 길고 복잡한 내용을 전하기도 해요. 마치 우리가 단어 여러 개를 합쳐서 문장을 만들어 말하는 것처럼 말이에요. 이들은 스스로 풍부한 언어를 지녔을 뿐만 아니라, 가까이 있는 다른 종의 원숭이가 내는 소리도 이해할 수도 있어요. 외국어가 유창한 사람처럼 다양한 원숭이 언어에 밝은 거지요!

▶ **마운틴고릴라**는 으르렁거리는 소리를 내거나 다양한 몸짓 언어를 써서 자기가 우두머리라는 걸 나타내요. 가슴을 쿵쿵 두드리거나 뒷다리를 딛고 일어서서 커다랗고 위협적으로 보이려고 하지요.

▶ **짖는원숭이**는 원숭이 가운데 목소리가 가장 커요. 이따금 무리가 한꺼번에 소리를 내서 영역을 표시해요. 그 소리는 5km 밖에서도 들릴 만큼 시끄럽지요.

물에서 놀자

숲에 사는 동물 • 영장류

암컷이 지배하는 세상

영장류 중에는 수컷이 지배하는 종도 있지만 반대 경우도 많아요. 암컷이 이끄는 **보노보**는 영장류 가운데 가장 평화로운 집단을 이루고 살아요. 서로 기꺼이 잘 나누고, 더불어 행복하게 살지요. **알락꼬리여우원숭이**와 **쥐여우원숭이**를 비롯한 대부분 여우원숭이도 암컷이 지배하는 경우가 많아요. 수컷은 여러 집단을 옮겨 다니지만, 암컷은 평생 같은 집단에 머무르지요.

▶ **일본원숭이**는 겨울에 몸을 따뜻하게 하려고 온천 목욕을 해요. 이 원숭이가 사는 곳에는 눈이 많이 내려서, 온천에서 오랫동안 몸을 푹 담그고 지내면서 한겨울 추위를 이겨 내지요. 따뜻한 물을 좋아하지만 눈에서 노는 것도 좋아해요. 사람들처럼 눈덩이를 굴리면서 놀기도 하지요.

▶ **코주부원숭이**는 수영 실력이 뛰어나요. 나무 위에서 물로 곧바로 뛰어내릴 수 있어요. 네 발에 마치 물갈퀴가 달린 것처럼 특별한 띠가 나 있어서 헤엄칠 때 도움이 되지요.

▶ 그런가 하면 **침팬지**와 **오랑우탄**은 물에 젖는 걸 너무너무 싫어해요. 그래서 커다란 이파리를 우산처럼 머리 위에 덮어써서 비를 피하지요.

기후 변화의 영향

숲이 파괴되면서 영장류도 점점 살 곳을 잃어 가고 있어요. 마다가스카르섬에 사는 **여우원숭이**처럼 특정 서식지에서만 살아가는 동물들에게는 더욱 치명적이지요. 어떤 영장류는 산꼭대기 가까운 추운 곳에서만 사는데, 지구 온난화로 기온이 올라가면서 점점 더 높은 곳으로 떠밀리고 있어요. 더는 올라갈 곳이 없을 때까지 말이죠.

영장류는 식물이 자라고 널리 퍼지는 데 중요한 역할을 해요. 이들이 열매를 먹고 똥을 누면 그 안에 있던 씨앗이 싹을 틔우고 자라는 데 큰 도움이 되니까요. 하지만 안타깝게도 영장류가 아무리 먹고 똥을 누어도 인간이 나무를 베어 내는 속도를 따라잡을 수는 없어요.

갈라고는 오줌을 누어 자기 영역을 표시해요. 나뭇가지에 대고 바로 오줌을 누는 게 아니라, 손바닥에 오줌을 눈 다음에 나무에 문질러서 냄새를 남긴답니다.

해충아 물러가라!

꼬리감기원숭이나 **거미원숭이** 같은 여러 원숭이는 곤충이나 특정 나뭇잎을 으깨어 몸에 문지르곤 해요. 아마도 곤충에게 물리지 않으려고 하는 행동일 거예요. 주변에 곤충이 많을 때 그런 행동을 더 자주 보이거든요.

타마린은 식물을 이용해서 해충을 없애곤 해요. 커다란 씨앗을 삼켜서 몸속에 있는 기생충을 밀어내는 거예요.

육아는 쉽지 않아!

▶ 영장류의 새끼는 보통 부모를 빼닮았으면서도 작고 귀엽게 생겼는데, **프랑수아랑구르**는 조금 달라요. 어른이 된 프랑수아랑구르는 온몸이 윤기 나는 검은색 털로 뒤덮여 있고 양 볼에만 하얀 털이 눈에 띄게 자라나 있어요. 하지만 새끼는 온몸이 밝은 주황색 털로 뒤덮여 있지요! 그 밝은색 털은 자라면서 점점 검은 털로 뒤바뀐답니다.

▶ 유인원은 다른 동물보다 훨씬 오랫동안 새끼를 돌봐요. 적어도 7살까지, 때로는 10대가 될 때까지 돌봐요.

▶ 영장류는 때가 되면 새로운 짝을 찾는 경우가 많지만, **긴팔원숭이**는 한 마리 짝과 오래 붙어 지내요. 새끼들과 함께 살고요.

▶ **여우원숭이**는 태어난 지 얼마 되지 않아 몸집이 작을 때는 부모가 입 속에 넣고 다녀요. 조금 더 자라면 어디의 배에 달라붙거나 등에 업혀서 다니지요. 오토바이를 함께 타는 것처럼 말이에요. 새끼가 충분히 자라서 걸을 만하게 되면 부모는 점점 새끼가 달라붙어 다니는 걸 귀찮아해요. 그러면 새끼를 살짝 깨물어서 떨어져 나가게 하지요!

▶ **로리스**와 **여우원숭이** 중 몇몇 종은 먹이를 찾으러 갈 때 새끼를 데려가지 않아요. 가까운 데 있는 아늑한 장소를 찾아서 새끼를 내려놓고 먹이를 찾으러 갔다가, 다시 돌아와서 새끼를 데리고 집에 가지요. 꼭 사람들이 아기를 어린이집에 맡기고 일하러 가는 것과 비슷해요. 하지만 새끼를 맡아 주는 어른은 없어서 홀로 남겨지곤 해요! 새끼가 어려서 혼자 돌아다닐 수 없을 때는 아무 문제 없지만, 좀 더 자라서 돌아다니기 시작하면 함께 다닐 수밖에 없어요.

숲에 사는 동물 • 영장류

사막과 초원에 사는 동물

개미 182
사막여우 188
아르마딜로 190
전갈 194
코끼리 198
코뿔소 202
벌거숭이두더지쥐 206
하마 210
에뮤 212
기린 214
사자 218
로드러너 222
낙타 226
미어캣 228
쇠똥구리 232
방울뱀 236
왕도마뱀 240

개미

개미 an ant

개미 무리 an army of ants

개미는 어디서 볼 수 있을까?

개미는 모든 대륙에 뿌리를 내렸어요. 사람이 살 수 있는 곳이라면 개미도 살고 있지요! 개미가 살지 않는 곳은 사람도 살기 어려운 곳이에요. 남극 대륙처럼 말이죠.

개미를 한 번도 못 본 사람은 아마 없겠죠? 틀림없이 몇 마리가 함께 돌아다니는 모습을 봤을 거예요. 개미는 무리 지어 살고 함께 움직이기를 좋아해요. 그것도 엄청나게 커다란 무리로요. 개미둥지에서 개미가 쏟아져 나오는 모습을 보면 놀랍고 신기하면서도 좀 으스스하기도 해요. 별로 커 보이지도 않는 개미탑 속에 어떻게 그렇게 많은 개미가 살고 있을까요?

개미 무리는 호흡이 척척 맞는 뛰어난 건축가이자 농부예요. 어떤 농사를 짓는지 알면 깜짝 놀라겠지만요. 그래도 자기 몸을 터뜨리는 개미나 좀비로 변하는 개미에 비하면 평범한 편이에요. 심지어 흡혈귀 개미도 있다니까요!

농사짓는 개미 젖 짜는 개미

아무 때나 먹이를 구할 수 있는 개미도 있지만, 언제 또 먹이가 생길지 모르는 개미도 있어요. 그래서 직접 먹이를 기르기도 하지요!

▶ **가위개미**는 땅속에다 농장을 만들고 온갖 정성을 기울여 영양이 풍부한 특정 균류*를 길러요. 심지어 나뭇잎을 짓이겨 퇴비를 만들어 주기도 하고요! 사실 이 균류는 세상 어느 곳에서도 자라지 않는 종으로, 가위개미가 꾸준히 돌보지 않으면 살 수 없어요. 그런데 어른 개미는 그 균류를 거의 먹지 않고 오로지 새끼들에게 먹이려고 길러요. 어른 개미는 주로 식물 진액을 먹고요. 새끼들을 위해 헌신하는 거지요.

▶ **목축개미**는 진딧물을 열심히 길러요. 진딧물은 서양배 모양으로 생긴 아주 작은 곤충으로, 식물즙을 먹고 살아요. 목축개미는 진딧물이 즙을 충분히 먹도록 여기저기 옮겨 주고, 비가 오면 젖지 않게 피할 곳을 마련해 주기도 해요. 진딧물을 잡아먹는 무당벌레 같은 포식자를 물리치기도 하고요. 때로는 진딧물 날개를 물어뜯어 도망치지 못하게 한답니다. 왜 이렇게까지 열심히 돌보냐고요? 이 개미는 진딧물이 식물 즙을 먹고 만들어 내는 단물을 즐겨 먹거든요. 마치 소젖을 짜듯이 더듬이로 진딧물의 몸을 간지럽혀 단물이 나오게 하는데, 그곳은 바로 진딧물의 엉덩이랍니다. 그러니까 개미는 진딧물 엉덩이에서 나오는 우유를 먹는 거나 마찬가지죠.

너무해!

* 균류: 곰팡이나 버섯 등 스스로 양분을 만들지 못하고 다른 생물에 기대어 사는 생물

냄새를 따라 집으로!

개미는 돌아다닐 때 '페로몬'이라는 물질을 흔적으로 남겨요. 먹이를 찾으러 가거나 집에 돌아올 때 다른 개미가 따라올 수 있도록 하는 거지요. 이 흔적이 얼마나 중요한지 알아보려면, 개미들이 줄지어 이동하다 틈이 벌어질 때를 노렸다가 손가락으로 그 틈새를 닦아 봐요. 다가오던 개미가 닦은 자리에 도착하면 어쩔 줄 몰라 하면서 되돌아가거나 여기저기 헤매고 다니면서 길을 찾으려고 냄새를 맡을 거예요. 우리는 개미가 길을 표시하는 페로몬 냄새를 맡을 수 없지만, 개미들에게는 매우 강렬해요. 1mg(0.001g)이라는 아주 적은 양만 있어도 엄청나게 긴 개미 고속도로를 만들 수 있어요. 지구를 60바퀴 돌 만한 양이지요!

개미 저택

땅속에 있는 개미둥지는 어마어마하게 커요. 고래 뼈대만큼이나 커다란 둥지도 있지요. 남아메리카에 사는 어느 **가위개미** 둥지는 수천 미터도 넘게 펼쳐져 있어요. 이 둥지에는 방이 거의 2천 개나 되고, 농구공 6개는 거뜬히 넣을 수 있을 만큼 커다란 방도 몇 개 있지요. 이만한 둥지를 지으려면 3,500kg이 넘는 흙을 파내야 해요. 무려 코뿔소 20마리의 무게만큼이나요!

열심히 일하는 개미들

개미가 이루는 커다란 집단을 '군체'라고 해요. 개미 군체 전체를 한 번에 보기는 어렵지만, 커다란 문어 정도 크기가 될 거예요. 군체 안에 있는 개미 대부분은 암컷 일개미예요. 각 군체는 사람들이 마을이나 도시를 이루고 사는 것과 비슷해요. 각자 서로 다른 역할을 맡아서 사회가 잘 돌아가게 하는 거지요. 일개미가 맡은 역할을 몇 가지만 소개할게요.

보모 개미
알이나 애벌레를 돌봐요.

탐험가 개미
먹이를 찾으러 나가요.

뇌를 먹지 않는 좀비

좀비개미는 **목수개미**가 치명적인 곰팡이에 감염된 상태예요. 이 곰팡이의 목표는 더 많은 개미를 감염시키는 거예요. 처음에는 개미 한 마리의 몸에 퍼져서 개미의 근육을 조종하지만, 뇌만은 전혀 건드리지 않고 놔둬요. 이게 바로 이 곰팡이가 사악하고 영리하게 범죄를 계획하는 방법이지요. 곰팡이는 개미 뇌에 접근해서 다른 개미들이 어느 곳에 몰려 있는지 알아내고 좀비개미를 그쪽으로 가도록 조종해요. 그런 다음 좀비개미가 높은 곳으로 올라가도록 해서 아래쪽에 있는 개미들의 머리로 퍼져 나가요. 더 아래쪽에 있는 개미들에게도 점점 퍼져 나가고요. 이렇게 해서 마침내 모든 개미를 감염시키지요.

의사 개미
아프거나 상처 입은 개미를 돌봐요.

쓰레기 처리 개미
둥지 안에 있는 쓰레기를 치워요.

일하지 않는 개미들

개미 군체의 대부분이 암컷 일개미라면, 나머지는 누구일까요?

▶ **여왕개미**: 유일한 임무가 알을 낳는 거예요. 필요한 것은 뭐든지 일개미들이 다 처리해 주지요. 헌신적인 하인들 무리에게 둘러싸여 지극정성 돌봄을 받으면 참 편할 것 같지만, 최고의 자리에 있는 개미로서 힘든 점도 꽤 많아요. 어떤 여왕개미는 한번 알을 낳기 시작하면 다시는 꼼짝도 하지 않고 10년 동안 내내 1분에 20개씩 알을 낳아야 하지요. 바깥에 나가 신선한 공기도 마실 수 없고, 다리를 쭉 뻗을 수도 없어요. 어쩌면 일개미로 사는 게 더 나을지도 몰라요.

▶ **수개미**: 이 수컷들은 할 일이 딱 하나 있어요. 바로 여왕개미와 짝짓기하는 거지요. 할 일을 마치고 나면 얼마 지나지 않아 숨을 거두어요.

쓰레기와 함께 영원히

쓰레기 처리 개미에게서는 쓰레기 냄새가 나요. 다른 개미들은 그 냄새를 맡으면 공격적인 행동을 보여요. 쓰레기 처리 개미가 몰래 다른 일을 하고 싶어도, 쓰레기 냄새 때문에 그럴 수 없어요. 다른 개미가 쓰레기 냄새를 맡자마자 쓰레기 더미 쪽으로 떠밀어 버리거든요.

친절한 흡혈귀

드라큘라개미는 자기 애벌레들의 피를 빨아먹어요. 너무 끔찍한 일 같겠지만, 걱정하지 않아도 돼요. 애벌레를 해치려고 그러는 건 아니거든요. 드라큘라개미도 다른 개미들처럼 정성껏 새끼를 돌봐요. 그 대가로 피를 조금씩만 빨아먹는 거예요.

알려지지 않은 개미들

오늘날 세계 곳곳에는 1만 4천 종이 넘는 개미가 산다고 알려져 있어요. 하지만 개미는 아주 작고 눈에 띄지 않는 좁은 틈에서도 잘 살기 때문에, 아직 알려지지 않은 개미 1만 4천 종이 더 있을 수 있어요. 어쩌면 여러분이 발견할 수 있지요!

총 맞은 것처럼!

가장 커다란 개미는 남아메리카와 중앙아메리카의 열대 우림에 사는 **총알개미**예요. 이 개미는 몸길이가 3cm에 이르러요. 가장 작은 개미인 **렙타닐라개미**보다 30배는 더 크지요. 총알개미라는 이름은 물리면 총알에 맞은 것처럼 아프다고 해서 붙었어요. 고통이 너무 심해서 온몸을 비틀며 소리 지르게 되고, 토하거나 기절할 수도 있어요. 곤충에게 물려서 얻는 고통 가운데 가장 심하고 금세 낫지도 않아요. 24시간 내내 고통이 계속되지요. 으악!

천하장사 개미

개미는 몸집은 작아도 꽤 힘이 세요. 몸무게의 50배나 되는 물건을 들어 올린 채 험난한 길도 거뜬히 기어 다니지요. 여러분이 친구 50명을 머리 위로 들어 올린 채 장애물 코스를 통과한다고 생각해 보세요!

산 채로 묘지에!

일개미 가운데 장의사 개미는 냄새로 어떤 개미가 죽었는지 알아봐요. 움직이는지 아닌지는 확인하지 않고요. 개미는 죽으면 썩어 가는 몸에서 '올레산'이라는 물질이 생겨나므로, 이 냄새가 나는 개미를 공동묘지로 옮기는 거예요. 그런데 만약 살아 있는 개미 몸에 올레산이 묻으면, 이때도 장의사 개미가 곧바로 공동묘지로 끌고 가요. 아무리 발버둥을 쳐도 소용없어요! 공동묘지에서 나가려고 해도 장의사 개미가 다시 공동묘지에 되돌려놓을 거예요. 올레산 냄새가 완전히 가시지 않는다면 말이에요.

냄새나는 개미

코코넛개미의 영어 이름은 '냄새나는 집개미'라는 뜻이에요. 몸이 짓눌리면 메스꺼운 냄새가 나는데, 이 냄새가 썩은 코코넛이나 블루치즈 냄새 같다고 해서 그런 이름이 붙었지요.

흡!

개미의 조상

개미는 아주 오래전에는 말벌이었어요! 1억 4천만 년 전에 개미로 진화했지요.

깔끔한 멋쟁이

개미 더듬이에는 짧은 털이 나 있어요. 이 털은 개미가 의사소통하고 길을 찾는 데 쓰이므로 늘 깨끗하게 유지해야 해요. 다행히 더듬이를 깔끔하게 다듬기가 그렇게 어렵지는 않아요. 앞다리에 빗이 있거든요! 앞다리로 더듬이를 빗질하면, 짧은 털에 묻은 먼지나 흙이 떨어져 나가지요.

영리해!

폭발하는 개미

군체를 노리는 포식자들을 멀리 쫓아 버리기 위해 스스로 몸을 터뜨리는 개미도 있어요. 이 개미들은 침입자를 둘러싸고 다가와 달라붙어서는, 몸을 잔뜩 부풀려서 말 그대로 확 열리도록 해요. **콜로봅시스 엑스플로덴스**라는 폭발 개미는 몸이 터질 때 독성이 있는 노란 물질을 내놓아서 더욱 위험하지요. 그런데 신기하게도 이 물질에서는 카레처럼 꽤 맛있는 냄새가 나요!

작지만 무서운 사냥꾼

세상에서 가장 작은 개미는 **렙타닐라개미**예요. 1mm도 채 안 되는데, 그 말은 곧 이 작은 개미가 여러분이 쓰는 연필 끝에서 춤도 출 수 있다는 뜻이지요. 하지만 작은 몸집에 속으면 안 돼요. 몸집은 작아도 꽤 무시무시한 사냥꾼이거든요. 이 작은 개미들이 한꺼번에 달려들면 몸집이 훨씬 크고 독이 있는 지네도 거뜬히 상대할 수 있지요!

휘청휘청 아슬아슬

침개미는 마치 곡예사처럼 여러 마리가 자기들 몸으로 탑과 피라미드를 쌓아서 장애물을 넘어갈 수 있어요. 때로는 30마리 넘게 층층이 탑을 쌓기도 하지요. 수많은 개미가 다닥다닥 달라붙어 뗏목을 이루고는 물을 건너는 일도 있고요. 침개미 발바닥에는 다른 개미에게 잘 달라붙을 수 있도록 매우 끈적끈적한 특별 장치가 있답니다.

개미 곡예

사막여우

사막에 사는 이 작은 여우는 몸집은 집고양이보다 작지만 귀만큼은 터무니없이 커다래요. 큰 개의 귀라고 보는 게 더 자연스러울 만큼요. 사막여우는 첫눈에 마음을 쏙 빼앗길 만큼 정말 귀엽게 생겼어요. 그런데 한 걸음 떨어져서 보면 의문 나는 점이 한두 가지가 아니에요. 도대체 귀는 왜 저렇게 큰 걸까요? 어떻게 저 북슬북슬한 털을 지니고서 그토록 뜨거운 사막에서 살아남았을까요?

사막과 초원에 사는 동물 • 사막여우

사막여우
a fennec fox

사막여우 무리
a skulk(leash) of fennec foxes

사막여우는 기분이 좋으면 가르랑거리는 소리를 내요.

귀여워!

사막여우는 어디서 볼 수 있을까?
찌는 듯이 더운 사하라 사막을 포함한 북아프리카 지역에서 살아요.

높이높이 폴짝!
사막여우는 60cm 높이까지 뛰어오를 수 있어요. 자기 키보다 세 배는 되는 높이예요.

기후 변화의 영향

사막여우는 건조하고 더운 환경에서 살 수 있도록 몸이 완벽히 적응되어 있어요. 하지만 지구 온난화로 사하라 사막이 더 뜨거워지면서, 이 굳센 여우조차 더위에 맞서 싸우기가 점점 더 힘겨워지고 있어요.

여우의 조상

가장 오래된 여우 화석은 7백만 년 전의 것으로, 아프리카에서 발견되었어요. 사막여우는 아주 오래된 여우 종으로, 아마도 비슷한 종이 수백만 년 동안 아프리카 사막에서 살았을 거예요.

너무 덥지 않을까?

사막여우처럼 사막에서 살아가는 동물들은 뜻밖에도 대부분 온몸이 무성하고 빽빽한 털로 뒤덮여 있어요. 심지어 발에도 털이 덥수룩하게 나 있지요! 더운 사막에서 털외투를 입다니 어리석어 보이겠지만, 살아남기 위해서는 털이 꼭 필요해요. 낮 동안에는 햇볕이 불덩이처럼 이글거려도, 한밤중에는 믿을 수 없을 만큼 추워지거든요. 그래서 해가 진 뒤에 따뜻하게 지내려면 털이 필요해요. 그뿐 아니라 이 털은 낮에도 쓰임새가 많아요. 피부에 두꺼운 털이 덮여 있지 않으면 금세 바삭바삭 타 버리고 말 거예요! 발에 난 털도 사막에서 여기저기 돌아다니려면 꼭 필요하고요. 뜨거운 날에 맨발로 모래 위를 걸어 본 적이 있다면 왜 그런지 잘 알 거예요. 모래는 햇볕을 받으면 견딜 수 없을 만큼 뜨거워지거든요!

밤이 좋아요

사막여우는 뜨거운 사막에서 몸을 시원하게 잘 유지하지만, 그래도 한낮에 돌아다니기 힘든 건 어쩔 수 없어요. 그래서 낮에는 거의 움직이지 않아요! 부숭부숭한 발로 땅을 파서, 그 안에 들어가 온종일 몸을 웅크리고 낮잠을 자요. 그러다 밤이 되어 시원해지면 굴 밖으로 나와서 돌아다니지요.

왜 그렇게 귀가 클까?

사막여우는 작은 몸에 커다란 귀가 불쑥 튀어나와 있어요. 귀 한 쪽이 무려 15cm까지 자라는데, 전체 키하고 별로 차이 나지 않지요. 왜 그렇게 귀가 클까요? 그래야 먹잇감이 다가오는 소리를 더 잘 들을 수 있으니까요! 사막여우는 청력이 매우 뛰어나서 작은 곤충이 모래 저 밑에서 움직이는 소리도 알아차릴 수 있어요. 가만히 구를 기울여 정확한 위치를 알아낸 다음, 딱 그곳을 파헤쳐서 맛있는 먹이를 찾아내곤 해요. 그뿐 아니라 박쥐와 비슷한 귀 덕분에 뜨거운 사막에서 잘 살아남을 수 있어요. 귀를 통해 열을 내뿜어 체온을 조절하는 거예요.

아르마딜로

아르마딜로는 부숭부숭한 털과 갑옷처럼 생긴 등판이 몸을 탄탄히 감싸고 있는 특이하게 생긴 동물이에요. '아르마딜로'라는 이름은 스페인어로 '갑옷을 입은 작은 동물'이라는 뜻이에요. 남아메리카 원주민 아즈텍족은 '거북 토끼'라는 뜻의 이름으로 불렀지요. 아르마딜로는 온갖 다양한 색깔을 띠어요. 검정, 빨강, 갈색, 회색, 노랑, 분홍……. 분홍색 아르마딜로가 왜 분홍색인지 알면 깜짝 놀랄걸요! 어떤 아르마딜로는 공처럼 둥글게 몸을 말 수 있어요. 그렇게 하면 그냥 돌멩이처럼 보이거든요. 목청이 아주 좋은 아르마딜로도 있고요.

아르마딜로
an armadillo

아르마딜로 무리
a roll of armadillos

아르마딜로는 어디서 볼 수 있을까?

아르마딜로는 거의 다 남아메리카에 살아요. 유일하게 **아홉띠아르마딜로**만 북아메리카에 살고요.

사막과 초원에 사는 동물 • 아르마딜로

등딱지 갑옷

아르마딜로는 대부분 온몸이 갑옷처럼 생긴 단단한 등딱지로 둘러싸여 있어요. 이 등딱지는 판 여러 개가 겹친 형태로 되어 있는데, 옛날 기사들이 입었던 갑옷과 비슷하지요.

▶ 아르마딜로는 종에 따라 등딱지 생김새가 달라요. 판 개수가 적기도 하고 많기도 하지요. 보통 두 개의 커다란 판이 있어서, 하나는 엉덩이 쪽을 덮고 하나는 어깨 쪽을 덮어요. 그리고 두 판 사이에 좀 더 잘 휘어지는 띠 여러 개가 이어져 있어요. 어떤 아르마딜로는 그 띠가 몇 개인가에 따라 이름이 붙기도 해요. **아홉띠아르마딜로**나 **세띠아르마딜로**처럼 말이죠.

▶ 아르마딜로는 대부분 꼬리와 머리, 발 부분도 딱딱한 껍데기로 뒤덮여 있지만, 배 부분만큼은 그냥 부드러운 피부로 되어 있어요. **세띠아르마딜로**는 온몸을 공처럼 둥글게 말아서 배를 보호해요. 그렇게 할 수 없는 다른 아르마딜로는 포식자에게 쫓길 때 부드러운 배를 어떻게 보호할까요? 굴로 숨어들거나, 땅을 조금 파고 들어가 웅크리고 앉아서 등딱지만 겉으로 드러나도록 한답니다.

▶ **애기아르마딜로**는 다른 아르마딜로와 달리 등딱지가 몸에서 거의 분리돼요. 척추뼈를 따라 아주 조금씩만 피부에 달라붙어 있거든요. 별로 딱딱하지 않아서, 몸을 보호하는 갑옷으로는 그다지 쓸모가 없어요. 그보다는 체온을 조절하는 데 더 유용하게 쓰인답니다. 등딱지 표면 바로 아래에 혈관이 있어서, 땅이나 공기 중에서 온기와 냉기를 끌어들일 수 있어요. 등딱지로 피를 퍼 올리거나 온몸으로 흘려보내면서 몸 전체의 온도를 조절하는 거예요. 등딱지 표면에 피가 얼마나 고여 있느냐에 따라 진분홍이 되었다 연분홍이 되었다 하지요.

소리 지르는 아르마딜로

우는긴털아르마딜로라는 이름을 지닌 아르마딜로도 있어요. 왜 그런 이름이 붙었는지 짐작이 되죠? 배에 털이 길게 자라나 있고, 위험한 상황이 닥치면 앙칼지게 비명을 지르거든요. 그런데 겁에 질려 소리치면서도 그냥 달아나 버리지는 않는 편이에요. 다른 아르마딜로처럼 꽤 용감하거든요. 뱀이 다가올 때면 그 위로 휙 올라가 날카로운 등딱지 가장자리로 뱀의 몸을 베어 버리기도 해요!

쓸모 있는 털

아르마딜로의 배는 털로 뒤덮여 있는데, 종마다 털 모양이 서로 달라요. **애기아르마딜로**는 털이 풍성하고 보송보송하지만, **우는긴털아르마딜로**의 털은 길고 뻣뻣해요. 아르마딜로의 털은 매우 민감해서, 돌아다닐 때 주변에서 무슨 일이 일어나는지 감지할 수 있어요. 고양이가 수염을 이용하는 것과 비슷하지요.

거인과 요정

사막과 초원에 사는 동물 • 아르마딜로

큰아르마딜로는 이름에 걸맞게 아르마딜로 가운데 가장 커다래요. 볼링 핀 4개를 연달아 늘어놓았을 때 길이인 1.5m까지 자라지요. 무게는 55kg이나 되는데, 볼링공 8개와 같은 무게예요! 가장 작은 아르마딜로는 정말정말 작고 이름도 깜찍해요. 바로 **핑크요정아르마딜로**라고도 불리는 **애기아르마딜로**지요. 9cm밖에 되지 않아서 손바닥 위에 올려놓을 수 있어요. 무게는 85g 정도로, 골프공 2개보다 살짝 가벼워요.

새끼 아르마딜로

아홉띠아르마딜로는 한 번에 새끼 한 마리만 낳는 일이 거의 없어요. 포유류 가운데 꼬박꼬박 일란성 네쌍둥이를 낳는 유일한 동물이랍니다. 아르마딜로는 갓 태어났을 때 등딱지가 없어요. 시간이 갈수록 가죽처럼 질긴 피부가 점점 딱딱해지면서 몸을 보호해 주는 등딱지가 생겨나지요.

높이뛰기 선수

아르마딜로는 깜짝 놀라면 펄쩍 뛰어오른다고 해요. 그냥 가볍게 뛰는 정도가 아니라 공중으로 1m씩 날아오르지요. 그러면 포식자들은 당황해서 잠시 멈칫하게 돼요. 그러는 동안 아르마딜로는 잽싸게 달아나 숨을 곳을 찾아가지요.

따뜻해야 살 수 있어!

아르마딜로는 몸에 지방이 거의 없어서 금세 체온이 내려가곤 해요. 물질대사율이 매우 낮아서 몸 안에서 열을 만들어 내기도 어렵지요. 그렇게 몸이 너무 차가워지면 죽을 수 있으므로, 따뜻한 곳에서 지내길 좋아해요. 따뜻한 곳에서는 먹이를 찾기가 더 쉽지요. 게다가 아르마딜로는 깨어 있는 동안 규칙적으로 먹어야 해요. 곤충을 먹으면 금방 배가 꺼지니까요!

   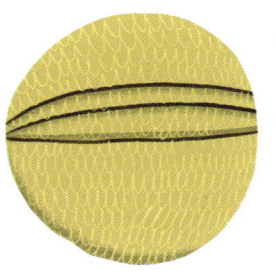

뛰어난 수영 선수

아르마딜로는 생김새로 보아서는 물에 들어가면 영 맥을 못 출 것 같지만, 놀랍게도 수영을 꽤 잘한답니다! 물속에서 6분까지 숨을 참을 수 있어서, 강이나 개울 바닥을 기어서 저쪽으로 건너가기도 해요. 물에 떠서 헤엄쳐 가기도 하고요. 공기를 충분히 들이마셔 몸을 띄운 다음, 발을 열심히 휘저어 건너가지요.

자고 또 자고

아르마딜로는 대부분 규칙적으로 매일 16시간이나 잠을 자요. 아침이나 저녁, 한밤에 뭘 먹을 때만 잠시 일어나 부스럭거리지요. **큰아르마딜로**는 잠도 가장 많이 자요. 한 번에 18시간씩 자기도 해요!

냄새로 먹이를 찾아라

아르마딜로는 후각이 매우 뛰어나요. 시각은 형편없으니 정말 다행이지요. 먹이를 찾을 때 코를 이용해요. 보통 곤충을 즐겨 먹고, 특히 개미와 흰개미를 좋아해요. 길고 잘 휘어지는 혀를 개미 떼가 있는 곳으로 쭉 내미는데, 침이 매우 끈적거려서 개미가 한번 혀에 닿으면 달아나기 힘들어요. 때로는 꽤 오랜 시간 동안 코를 땅에 묻고서 먹이 냄새를 맡아요. 코에 흙이 들어차면 숨 쉬기 힘들므로 땅을 팔 때는 숨을 참곤 하지요.

엄청난 이빨

큰아르마딜로는 이빨이 무려 100개 가까이 빼곡하게 나 있어요.

땅을 파는 엉덩이

아르마딜로는 발힘이 세고 발톱도 날카로워서, 먹이를 찾거나 잠잘 곳을 마련할 때 굴을 파기 좋아요. **애기아르마딜로**는 두더지처럼 땅속에서 살아요. 사실 땅 위에서는 좀처럼 보기 어려운데, 우리가 잠들었을 시간에 깨어나 땅 위에서 돌아다니거든요. 애기아르마딜로는 땅을 팔 때 쓰는 특별한 부분이 하나 더 있어요. 바로 엉덩이 판이지요! 몸 뒤쪽에 있는 이 딱딱한 판은 발로 파서 쌓아 올린 흙을 두드리는 데 써요. 엉덩이 판으로 푸슬푸슬한 흙을 뒤로 밀어서 다져 놓으면, 앞으로 나아갈 때 방해되는 게 없어서 좋지요.

전갈

전갈은 엄청나게 더운 곳에서 살고, 가까이 다가가면 독을 쏘는 것으로 알려져 있어요. 하지만 모든 전갈이 다 그런 건 아니에요. 전갈이 사막뿐만 아니라 얼어붙을 듯 추운 곳에서도 살 수 있다는 걸 아시나요? 몸 안에 독을 한가득 지니고 있지만, 먹잇감을 잡을 때는 독보다 집게발을 더 자주 쓴다는 사실은요? 하긴 그렇다고 해서 무섭지 않은 건 아니지만요. 전갈에게는 뜻밖의 재미난 특징이 많아요. 부부가 함께 빙글빙글 춤추기 좋아하고, 새끼들을 잔뜩 업고 다니기도 해요. 먹이를 먹을 땐 일단 토하고 보는 것도 특이하지요.

전갈은 얼마나 클까?

세상에서 가장 작은 전갈은 **미크로티튜스 미니무스**예요. 1cm밖에 되지 않아서 언뜻보면 알아보기 힘들지요. 가장 큰 전갈은 **인도대왕검은숲전갈**이에요. 무려 23cm나 되는데, 정식 경기용 축구공 지름하고 비슷해요. 그래도 발로 차고 놀기는 어렵겠죠?

전갈 a scorpion

전갈 무리 a bed of scorpions

전갈은 무얼 먹을까?

▶ 전갈은 물질대사를 늦추어서 주변에 먹을 것이 별로 없어도 오래 살아남아요. 필요하면 일 년 내내 곤충 한 마리만 먹고 살아남을 수 있지요!

▶ 전갈은 먹이를 잡을 때 집게발을 주로 쓰고, 꼬리 끝에 있는 무서운 독침은 여간해서는 잘 쓰지 않아요. 사냥할 때 가장 강력한 무기를 쓰지 않는 게 좀 이상해 보이겠지만, 그 이유는 독이 곧바로 생겨나지 않기 때문이에요. 한번 쓰고 나면 다시 만들어 내는 데 일주일은 걸리거든요. 따라서 어려운 일이 생길 경우를 대비해서 아껴 써야 하지요.

▶ 전갈은 딱딱한 먹이를 삼킬 수 없어요. 먹잇감에서 살덩이를 큼지막하게 떼어 낸 다음 그 위에 위액을 토해 놓아요. 그러면 단단했던 먹이가 고기로 만든 스무디처럼 물컹물컹해지지요.

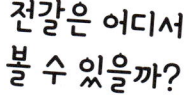
똑똑한데!

바다에 살던 거대 전갈

약 4억 년 전에는 전갈의 옛 조상이 바다에 살았어요. '에우립테루스'라는 이 바다전갈은 길이가 무려 2.5m나 되었다고 해요. 서핑 보드만큼이나 길었지요! 다행히 오늘날에 사는 전갈은 크기가 훨씬 작아요.

전갈에 쏘이면 목숨을 잃을까?

전갈은 종류가 약 2,000종이나 되는데, 그중에 강력한 독으로 사람을 죽일 수 있는 종은 40종 미만이에요. 그렇다고 나머지 1,960종은 맘껏 안아 줘도 된다는 말은 아니에요! 치명적인 독은 아니어도 꽤 아픈 침을 쏠 수 있으니까요.

전갈은 어디서 볼 수 있을까?

남극 대륙 말고는 모든 대륙에 살고 있어요.

함께 춤추실까요?

전갈 한 쌍은 함께 30분 정도 춤을 춘 다음에 짝짓기를 해요. 춤을 정말 좋아하는 전갈 한 쌍은 무려 2시간 동안이나 무도회장을 휘어잡을 수 있고요.

플래너리 박사님의 탐험 수첩

언젠가 오토바이를 타고 오스트레일리아 일주 여행을 한 적이 있어요. 우리는 아웃백*에서 텐트를 치고 밤을 보내기로 했어요. 그런데 날이 너무 더워 맨바닥에서 자다가 그만 전갈에 쏘이고 말았지요. 팔이 마비되어서 아무것도 손에 쥘 수 없었어요. 그 말은 곧 오토바이를 탈 수 없었다는 뜻이에요! 결국 남의 오토바이 뒤에 타고 가까운 곳에 있는 의사를 찾아 반나절이나 가야 했어요. 내 팔은 온종일 아무런 감각도 느낄 수 없었지만, 다행히 많이 아프지는 않았어요. 마침내 감각이 돌아오고 나서야 두고 온 오토바이를 되찾으러 갔지요.

* 아웃백: 오스트레일리아 내륙의 넓은 사막 지역

전갈은 속일 수 없어

전갈에게 몰래 살금살금 다가가는 건 거의 불가능해요. 전갈의 감각은 엄청나게 예민하거든요.

▶ 전갈은 눈이 여섯 쌍이나 있어서 사방이 다 눈에 들어와요. 이 눈으로 빛의 변화를 감지해서 아주 작은 움직임도 알아차릴 수 있어요.

▶ 전갈의 발톱은 짧은 털로 뒤덮여 있는데, 이 털로 가까이서 움직이는 물체를 감지해요. 다리마다 윗부분에 길쭉하게 홈이 파인 것처럼 생긴 기관이 있는데, 이 부분은 진동에 아주 민감해서 1m 떨어진 곳에서 딱정벌레가 기어가는 소리조차 정확히 알아차릴 수 있어요.

▶ 전갈은 몸속에 몹시 민감한 기관이 있어요. 머리빗처럼 생긴 '펙틴'이라는 기관이에요. 이 기관에는 신경 말단이 가득 들어차 있어서 전갈이 돌아다닐 때 땅에서 냄새를 맡고 맛을 볼 수 있지요.

똥은 어디로?

전갈은 똥을 거의 누지 않아요. 질소 성분이 많은 찌꺼기를 아주 조금만 내놓을 뿐이죠.

새 껍데기로 갈아입자

갓 태어난 새끼 전갈은 피부가 부드럽지만, 시간이 갈수록 점점 딱딱해져요. 하지만 어른이 된 뒤에도 거친 피부가 몸을 충분히 보호해 주지는 못해요. 겉껍데기가 1년에 7번씩 떨어져 나가거든요. 오래된 피부가 벗겨지면 그 아래 피부는 비단처럼 부드러우므로, 다시 갑옷처럼 딱딱한 껍데기로 굳어질 때까지 가만히 누워 있어야 해요.

기후 변화의 영향

전갈은 대부분 생물보다 기후 변화에도 잘 살아남을 거예요. 워낙 굳세고 강하며, 이미 4억 3천만 년 동안 살아남았지요. 전갈은 가장 오래된 육지 생물 가운데 하나랍니다.

나도 태워 줘!

전갈 하면 떠오르는 무시무시한 이미지에 비하면 새끼 전갈은 무척 귀엽게 생겼답니다. 어미 전갈은 새끼 여러 마리를 등에 업고 돌아다녀요. 마치 학교 버스에 아이들이 오글오글 타고 있는 것처럼 보이지요!

플래너리 박사님의 탐험 수첩

예전에 오스트레일리아 사막에 있는 에어호 가까이에서 야영한 적이 있어요. 오랫동안 비가 내리지 않았는데, 그날 밤에는 잠깐 소나기가 내렸지요. 텐트 밖으로 나가서 손전등을 켰더니 전갈 수백 마리가 보였어요. 엄지손가락 길이만 하고 몸이 투명한 전갈들이 모래 위를 기어 다녔지요. 전갈이 너무 많아서 그 사이로 발을 내딛기도 힘들었어요. 가까이 다가가 보니 투명한 피부 속에 있는 내장 기관 일부가 훤히 들여다보였답니다!

독이 한가득!

데스스토커라고도 하는 **노란이스라엘전갈**의 몸에는 무려 100가지나 되는 독이 있어요! 그래도 건강한 사람 어른의 목숨을 빼앗을 만큼 독성이 강하지는 않답니다.

코끼리

코끼리는 사막이나 초원, 숲에 살면서 코로 물을 뿜어내고, 쿵쿵거리며 돌아다니고, 다양한 식물을 먹어요. 이것 말고 또 무슨 재미난 특징이 있을까요? 몸집이 조랑말만 한 코끼리가 있다는 건 알고 있나요? 공 던지고 받는 놀이를 좋아한다는 건요? 기분이 나쁘면 우르르 떼로 몰려가서 가까이 있는 사냥꾼들을 심하게 괴롭힐 수도 있답니다.

코끼리는 어디서 볼 수 있을까?

아시아코끼리는 동남아시아에 살고, **아프리카코끼리**는 사하라 남쪽 아프리카에 살아요. **둥근귀코끼리**는 아프리카 대륙 중부와 서아프리카의 열대 우림에 살아요.

고대의 코끼리

오랜 옛날에는 오스트레일리아와 남극 대륙을 뺀 모든 대륙에 코끼리가 살았어요. 종류도 꽤 다양했지요. 지중해의 크레타섬에는 크기가 조랑말만 한 **꼬마코끼리**가 살았고, 아메리카 대륙에는 거대한 **양털매머드**와 **마스토돈**이 살았어요.

사막과 초원에 사는 동물 • 코끼리

엄청난 코

코끼리 코는 아무리 길어도 코가 맞지만, 사람 코보다 훨씬 더 쓰임새가 많아요. 근육이 무려 10만 개나 있어서 다음과 같이 수많은 일을 할 수 있지요.

▶ 코끼리는 코로 물을 마실 수 있지만, 빨대로 마시는 거랑은 좀 달라요. 긴 코로 물을 빨아들인 다음, 입에다 쭉 뿜어 넣어 마시지요.

▶ 코끼리는 코를 써서 서로 의사소통해요. 사람이 수어로 소통하거나 야구 선수가 손짓으로 사인을 주고받는 것처럼 말이죠.

▶ 코끼리 코를 호스와 스프링클러처럼 쓰기도 해요. 더위를 식히거나 몸을 씻을 때 코로 물을 빨아들여서 온몸에 뿌리는 거예요.

▶ 코끼리는 코로 나뭇가지를 부러뜨려요. 뭐 하러 그러냐고요? 바로 파리채로 쓰려는 거예요!

▶ 코끼리 코는 아주 힘이 세서, 나무를 뿌리째 뽑은 다음 포식자에게 던질 수 있어요. 자기 몸을 보호할 때만 물건을 던지는 건 아니에요. 그냥 재미 삼아 코로 무얼 집어서 던지기도 하지요. 우리가 공을 던지면서 노는 것처럼 말이에요.

코끼리는 정말 커!

코끼리
an elephant

코끼리 무리
a herd of elephants

코끼리는 전 세계 육지 동물 가운데 가장 크지요. **아프리카코끼리**는 키가 4m에 몸무게는 11,000kg까지 자랄 수 있어요. 갓 태어난 새끼가 무려 100kg이나 되고요. 사람이 신생아 때 3.5kg쯤 되는 걸 생각하면 정말 어마어마하지요!

이름에 무슨 일이?

코끼리는 크게 **아프리카코끼리, 둥근귀코끼리, 아시아코끼리** 이렇게 세 종류가 있어요. 아시아코끼리는 학명이 '엘레파스 막시무스'예요. 라틴어로 '가장 커다란 코끼리'라는 뜻이지요. 그런데 재밌는 사실은, 아시아코끼리는 나머지 두 코끼리보다 몸집이 작답니다!

상아는 어디에 쓸까?

코끼리 엄마인 상아는 코끼리에게 주머니칼 같은 거예요. 힘이 세고 끝이 뾰족하며 여러 가지 일에 널리 쓰여요. **아프리카코끼리**의 상아가 가장 크지요.

▶ 나무뿌리를 캐 먹거나, 지하수가 흐르는 곳까지 땅을 파서 물을 마실 때도 상아를 이용해요.

▶ 상아로 나무껍질을 벗겨 먹기도 해요.

▶ 코끼리 상아는 포식자나 다른 코끼리와 싸워야 할 때, 또는 상대방에게 겁을 줘서 멀리 쫓아내려 할 때도 유용하게 쓰여요. 기다랗고 뾰족한 엄니 한 쌍이 눈앞에 있다고 생각해 보세요. 얼마나 무섭겠어요!

멸종 위기 단계

아시아코끼리는 멸종 위기에 놓여 있고, **아프리카코끼리도** 위험 단계예요.

금메달을 노리는 수영 선수!

코끼리는 뛰어난 수영 선수예요. 사실 육지에 사는 포유동물 가운데 수영 실력이 가장 뛰어나지요. 사람 중에 프로 수영 선수만 빼고 말이에요! 코끼리는 물에 잘 뜰 수 있고, 긴 코를 스노클처럼 쓰면서 온몸이 물에 완전히 잠긴 채로 헤엄칠 수 있어요.

기후 변화의 영향

예전에는 서로 다른 종의 코끼리가 짝짓기하면서 유전자를 나누어 가져서, 점점 더 튼튼해지고 다양한 환경에 좀 더 잘 적응할 수 있게 되었어요. 하지만 지금 남은 세 종의 코끼리는 서로 짝짓기하지 않게 되어 과학자들이 크게 걱정하고 있어요. 적응력이 점점 더 떨어지고 기후 변화도 더욱 견디기 힘들어지기 때문이에요.

진흙 목욕

코끼리는 물속에서 헤엄치기를 즐길 뿐만 아니라 진흙 구덩이에서 뒹구는 것을 몹시 좋아해요. 진흙 목욕을 하면 뜨거워진 몸을 식히고 벌레도 없앨 수 있지요. 그것 말고도 또 다른 장점이 있어요. 코끼리 피부에 진흙이 뒤덮이면 따가운 햇볕이 닿지 않도록 막아 주지요. 코끼리도 피부가 탈 수 있거든요!

플래너리 박사님의 탐험 수첩

남아프리카의 보츠와나에 있는 어느 숲속 야영장에 있을 때였어요. 그곳에는 작은 수영장이 하나 있었어요. 어린 코끼리 한 마리가 곧장 야영장 안으로 들어오더니, 수영장 물을 채울 때 쓰는 호스를 가지고 놀기 시작했어요. 야영장을 운영하는 사람들은 살짝 긴장했어요. 코끼리가 야영장 안으로 들어온 것은 처음이었기 때문이에요. 하지만 아무런 피해도 없이 유쾌한 일만 일어났지요. 그 코끼리는 아주 신나게 놀다 갔어요! 수영장에 있는 호스 끝을 꺼내어 잡고 자기 몸에 물을 뿌리더니, 이내 호스를 마구 흔들어서 사방으로 물을 뿌려 댔어요. 나는 코끼리에게서 몇 미터 떨어진 곳에 서 있다가 온몸이 흠뻑 젖어 버렸지요.

감정이 풍부한 동물

코끼리는 믿을 수 없을 만큼 똑똑하고 예민한 동물이에요. 기억력이 뛰어나서 다른 코끼리를 1천 마리나 구별할 수 있어요. 친구가 날카로운 창에 찔려 다치면 창을 뽑아 주기도 하고, 사랑하는 이가 죽으면 울기도 해요. 사람하고 똑같지요. 심지어 죽은 친구를 묻어 주기도 해요. 언젠가는 불법으로 도살당한 코끼리 사체가 쌓여 있는 창고를 코끼리 떼가 습격한 일도 있어요. 장식용 우산꽂이를 만드는 데 쓰이는 귀와 발 부분만 빼고 남은 사체였는데, 코끼리들이 이걸 가져다 땅에 묻어 주었답니다.

떼쟁이 코끼리

새끼 코끼리들은 태어난 지 2년 동안 어미 젖을 먹고 살아요. 젖을 뗄 때는 두 살배기 사람 아기에게 지지 않을 만큼 심하게 떼를 쓰지요. 소리 지르고 울부짖으며 작은 상아로 어미를 찌르기도 해요.

으아아앙!

코뿔소

코뿔소는 몸집이 크고 힘도 세요. 종종 누구 하나가 죽을 때까지 무시무시하게 싸워 대기도 하지요. 그래도 나름대로 귀여운 특징이 있어요. 똥을 잔뜩 묻히고 사방팔방 돌아다닌다거나, 소금 덩어리를 흥분한 강아지처럼 마구 핥아 대거나 하는 것처럼 말이에요.

괴물 같은 코뿔소

지금까지 땅 위에 살았던 포유류 가운데 가장 큰 동물은 오늘날의 코뿔소와 꽤 가까운 동족이었어요. 지금은 멸종한 **인드리코테리움**은 키가 8m에 이르고 무게는 30,000kg이나 되었을 것으로 짐작해요. 커다란 흰코뿔소 여덟 마리의 무게와 비슷하지요!

안 닮은 친척

말과 맥(테이퍼)은 코뿔소와 거의 닮지 않았지만, 사실은 가장 가까운 동족이랍니다!

사막과 초원에 사는 동물 • 코뿔소

똥으로 말해요

코뿔소는 서로 이야기 나눌 때 으르렁, 쿵쿵, 매애, 끙끙, 힝힝 하면서 별별 소리를 다 냅니다. 게다가 똥으로 의사소통하고 영역을 표시해요. 코뿔소는 거대한 똥 무더기를 쌓아 올려요. 화장실에 가고 싶을 때마다 같은 장소에 똥을 누어서 만들어진 거예요. **인도코뿔소**가 특히 똥 무더기를 열심히 쌓는데, 이들이 만든 무더기는 높이 1m에 너비는 5m에 이르러요. 소형 자동차보다 더 길지요. 볼일을 마치고 나면 똥에 발을 푹 찍은 다음에 자기 영역에서 냄새를 퍼뜨리며 돌아다녀요. 다른 코뿔소에게 멀리 떨어지라고 경고하는 행동이지요. 설마 이런 행동을 따라 하고 싶진 않겠죠?

코뿔소는 얼마나 클까?

인도코뿔소는 코뿔소 가운데 키가 가장 커요. 어깨부터 발끝까지 재면 2m쯤 돼요. 웬만한 농구 선수보다 더 크지요. 몸무게로 따지면 1등은 **흰코뿔소**에게 돌아가요. 중형 승용차보다 두 배나 무거운 4,000kg이나 나가거든요. 만약에 코뿔소에게 짓밟힌다면 벌레처럼 납작 찌부러지고 말 거예요!

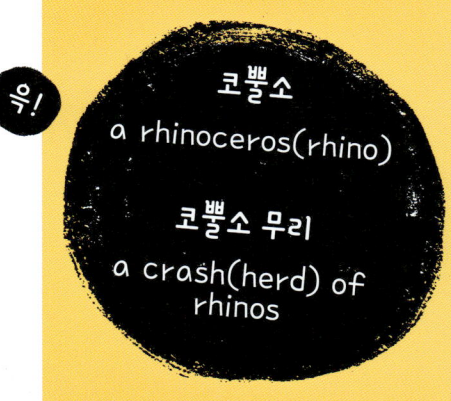

코뿔소
a rhinoceros(rhino)

코뿔소 무리
a crash(herd) of rhinos

코뿔소는 어디서 볼 수 있을까?

오랜 옛날에는 세계 곳곳에 코뿔소가 살았지만, 지금은 극히 일부 지역에서만 볼 수 있어요. 숲이 줄어들고 불법 사냥에 희생당하면서, 모든 코뿔소 종이 멸종 위기에 놓여 있어요.

▶ **수마트라코뿔소**는 인도네시아와 말레이시아에 살아요.

▶ **자바코뿔소**는 인도네시아에 살아요.

▶ **흰코뿔소**는 남아프리카공화국, 보츠와나, 케냐, 나미비아, 스와질란드, 잠비아, 짐바브웨, 우간다에 살아요.

▶ **검은코뿔소**는 케냐, 나미비아, 남아프리카공화국, 스와질란드, 탄자니아, 짐바브웨, 잠비아, 보츠와나, 말라위에 살아요.

▶ **인도코뿔소**는 인도와 네팔에 살아요.

사막과 초원에 사는 동물 • 코뿔소

다정하고도 매정한 엄마

코뿔소는 임신 기간이 15~16개월로 사람보다 길어요. 어미 코뿔소는 새끼들을 정성껏 돌보고 열심히 보호하지만, 어미 노릇을 하는 기간은 보통 2년에서 5년 사이예요. 그 시기가 지나서 다시 새끼를 밸 준비가 되면, 어느 정도 자란 새끼 코뿔소는 스스로 자기 몸을 돌보아야 해요.

플래너리 박사님의 탐험 수첩

예전에 지구상에서 가장 희귀한 코뿔소인 **수마트라코뿔소**를 만난 적이 있어요. 이 코뿔소는 야생에서는 거의 멸종되고 몇 마리만 남아 사람들의 보살핌을 받고 있어요. 내가 만난 수마트라코뿔소는 미국 신시내티 동물원에 살고 있었지요. 정말 커다란 코뿔소였는데, 특히 온몸이 두껍고 검은 털로 뒤덮여 있다는 걸 알고 깜짝 놀랐어요. 이 코뿔소는 어루만져 주는 걸 좋아하는 듯했어요. 옆구리를 쓰다듬자 내 손 쪽으로 살짝 몸을 갖다 댔지요. 이토록 아름다운 동물이 거의 멸종될 위기에 놓였다니, 목이 메어 왔어요. 수마트라코뿔소는 **털코뿔소**와 가장 가까운 동족이에요. 수마트라코뿔소와 만나는 내내 이미 멸종해 버린 털코뿔소 생각이 머리를 떠나지 않았어요. 이제 곧 수마트라코뿔소까지 멸종되고 나면, 지구상에서 더는 털이 북슬북슬한 코뿔소를 만날 수 없다는 생각이 들어 너무 슬펐어요.

소금 좀 주세요

코뿔소는 커다랗고 힘센 채식주의자예요. 새로 난 연한 잎과 통통하게 물을 머금은 새싹, 또는 나무줄기나 나뭇가지, 풀, 열매 들을 즐겨 먹어요. 코뿔소는 날마다 먹이를 50kg쯤 먹어요. 코뿔소가 좋아하는 잎채소 케일로 치면 무려 110단이나 되는 양이에요. 그런데 식물만 즐겨 먹는 게 아니라 소금도 정말 좋아해요! 몇 달에 한 번씩 자연 상태에서 소금이 쌓이는 곳을 찾아가 소금기를 보충하는 거예요. 우리가 짭짤한 감자 칩 한 봉지를 금세 먹어 치우듯이 열심히 소금을 핥아 먹지요.

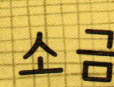
소금

친구인가, 적인가?

코뿔소는 거칠고 힘센 동물로 알려져 있지만, 대부분 새끼를 보호하거나 자기 몸을 방어하기 위해서만 싸워요. 먹이와 물과 소금이 가까이에 풍부하게 있다면 서로 얼마든지 사이좋게 지낼 수 있지요. 이런 것들이 부족할 때면 자기 영역을 지키려고 좀 더 공격적으로 굴어요. 단, 언제나 까칠하게 구는 **검은코뿔소**는 빼고요! 아프리카 코뿔소는 앞니가 없어서 방어할 때 뿔을 사용하고, 아시아 코뿔소는 위협을 느끼면 날카로운 아랫니를 써요. 코뿔소 두 마리가 서로 싸우면 큰 부상을 당하고 심지어 죽음에 이를 수도 있어요. 검은코뿔소가 싸울 때면 둘 중 한 마리가 죽을 가능성이 특히 크고요. 수컷 검은코뿔소 가운데 절반쯤이, 암컷은 셋 중 한 마리가 서로 싸우다 목숨을 잃어요. 포유류 가운데 동족끼리 싸우다 죽는 비율이 가장 높은 동물이지요.

여러 가지 코뿔소 - 얼마나 함께 있을 수 있을까?

코뿔소는 이름처럼 코에 뿔이 하나 또는 두 개 나 있어요. 코에 뿔이 두 개 난 모습은 특히 눈에 확 띄지요! 안타깝게도 밀렵꾼들이 이 뿔을 귀하게 여겨서, 코뿔소를 죽이고 뿔만 빼 가는 일이 자주 있어요. 이 때문에 여러 코뿔소가 멸종 위기에 놓이게 되었지요.

▶ **검은코뿔소**와 **흰코뿔소**는 사실 그렇게 검거나 하얗지 않아요. 둘 다 회색 피부에 가깝죠! 그럼 두 종을 어떻게 구별할 수 있을까요? 가장 두드러진 차이점은 입술이에요. 검은코뿔소는 입술이 뾰족해서 나무에서 열매와 잎을 딸 수 있어요. 흰코뿔소는 입술이 네모난 모양이라 땅에서 풀을 뜯어 먹기에 알맞지요.

▶ **수마트라코뿔소**는 지구상에서 가장 오래된 포유류 가운데 하나예요. 그래서 생김새가 꼭 선사 시대 동물처럼 보이지요. 이 동물은 심각한 멸종 위기 상태예요.

▶ **인도코뿔소**는 아랫니가 정말 길어요. 무려 8cm까지 자라지요. 이 코뿔소는 헤엄치기를 좋아해서 가끔 물속 깊이 들어가 먹이를 찾아요. 아예 물속에서 먹이를 먹기도 하고요!

▶ **자바코뿔소**는 전 세계에 겨우 60여 마리밖에 남아 있지 않다고 해요. 반드시 보호해야 할 종이에요.

▶ **흰코뿔소**에는 **북부흰코뿔소**와 **남부흰코뿔소** 두 종이 있어요. 북부흰코뿔소는 지구상에서 가장 적은 수만 남은 포유동물이에요. 2m에 이르는 기다란 뿔 때문에 엄청난 수가 목숨을 잃었어요. 2021년 현재 남아 있는 북부흰코뿔소는 단 두 마리뿐이에요. 둘 다 암컷이고, 새끼를 낳을 능력이 충분하지 못해요. 이 종이 살아남는 마지막 희망은 새로운 기술에 달려 있어요. 실험실에 냉동 보관된 코뿔소의 피부 세포에서 정자 세포를 만들어 내는 기술이지요. 남부흰코뿔소는 그 정도로 심하게 희생되지는 않았지만, 역시 멸종 위기에 놓여 있어요.

벌거숭이두더지쥐

벌거숭이두더지쥐는 평가가 꽤 갈리는 동물이에요. 어떤 사람들은 이 동물이 끔찍하게 못생겼다고 여기고, 어떤 사람들은 정말 매력적인 설치류라고 생각하지요. 사실 좀 이상하게 생기긴 했어요. 허옇고 쭈글쭈글한 소시지처럼 생긴 몸에 이빨 두 개가 툭 튀어나오고 털이 듬성듬성 나 있지요. 겉모습만 특이한 게 아니에요. 전 세계 포유류 가운데 몇 안 되는 냉온 동물이면서, 곤충인 개미 군체와 꼭 닮은 군체를 이루고 살지요. 똥을 이용하는 방법도 정말 특이하고요.

벌거숭이두더지쥐는 얼마나 클까?

보통 길이가 10cm 조금 안 되고, 무게는 30~35g으로 테니스공 절반 정도예요. 하지만 여왕 벌거숭이두더지쥐는 상당히 크고 무거워요. 몸무게는 군체에 속한 다른 개체의 두 배 이상이고, 최대 1.5kg까지 나가기도 해요. 아주 작은 개 치와와와 비슷한 무게지요.

벌거숭이두더지쥐는 어디서 볼 수 있을까?

소말리아, 에티오피아, 케냐 동부 등 동아프리카의 사막에 살아요.

사막과 초원에 사는 동물 · 벌거숭이두더지쥐

엄격한 계층 사회

벌거숭이두더지쥐는 큰 무리를 이루고 살아요. 보통 한 군체에 75마리 정도가 모여 사는데, 때로는 300마리나 함께 살기도 해요! 군체 안에서 저마다 역할을 나눠 맡고, 누가 무엇을 맡을지는 아주 엄격하게 지켜지고 있어요. 벌거숭이두더지쥐가 할 수 있는 가장 위험한 일은 군체 안에서 위계질서에 도전하는 거예요. 규칙을 깨뜨리는 건 용서할 수 없는 행동이고 대부분 죽임을 당해요. 그냥 쫓겨나기도 하지만, 혼자서는 살아남기 어려운 동물이라 쫓겨나는 게 죽는 것과 마찬가지죠. 그러면 벌거숭이두더지쥐는 군체 안에서 어떤 역할을 나눠 맡고 있을까요?

▶ **여왕**: 벌거숭이두더지쥐 무리는 모든 면에서 강력한 지도자가 이끄는데, 이는 언제나 암컷이에요. 여왕은 군체 안의 다른 동물보다 몸집이 꽤 큰데, 처음부터 그렇게 태어나는 건 아니에요. 다른 벌거숭이두더지쥐와 똑같이 태어나서 최고의 자리에 오를 때까지 싸워 나가야 하지요. 여왕은 가장 좋은 먹이를 먹고, 새끼를 많이 낳는 것이 의무예요.

▶ **남편**: 수컷이 모두 다 아빠가 될 수는 없어요. 군체 안에서 몇몇 수컷만 여왕과 짝짓기하는 역할을 맡지요.

▶ **경비병**: 바깥에서 오는 위험을 물리치고 전체 군체를 안전하게 지키는 역할을 맡아요.

▶ **일꾼**: 벌거숭이두더지쥐 군체가 제대로 돌아가도록 하는 대부분의 일을 맡고 있어요. 모두 함께 지낼 수 있는 굴을 파고, 먹이를 모으고, 여왕이 낳은 새끼를 돌봐요.

행복한 우리 집

벌거숭이두더지쥐들은 '나만의 공간'이라는 말을 이해하지 못할 거예요. 이들은 거대한 땅굴 속에서 서로 꼭꼭 붙어서 지내요. 구불구불한 땅굴이 어마어마하게 이어져 있는데, 먹고 잠자고 볼일을 보는 방이 따로따로 나뉘어 있어요. 추울 때면 땅 표면 가까이에 굴을 파서 햇볕을 받아 따뜻해질 수 있도록 하고, 날이 더워지면 더 깊이 굴을 파서 시원하게 지내요. 벌거숭이두더지쥐는 다리가 아주 작고 별로 튼튼하지 않아서, 땅을 팔 때 튼튼한 이빨을 주로 써요. 파 놓은 흙을 치울 때만 발을 쓰고요. 굴이 하도 좁아서 뒤로 돌아설 공간도 거의 없어요. 다행히 벌거숭이두더지쥐는 뒤로도 꽤 잘 달린답니다!

소중한 똥

벌거숭이두더지쥐에게 똥은 그냥 버려지는 것이 아니라 귀중한 먹이가 된답니다. 이들이 먹는 뿌리는 딱딱해서 잘 소화가 되지 않아요. 그래서 똥을 먹으면 처음에 먹었을 때 제대로 소화하지 못한 영양분을 다시 한번 흡수할 수 있어요. 똥의 쓰임새는 그뿐만이 아니에요. 군체가 모두 공동 화장실에서 뒹굴어서 다들 똑같은 냄새가 나요. 따라서 외부 침략자를 금세 구별할 수 있지요.

똥으로 세뇌당한 아기 돌보기 일꾼

벌거숭이두더지쥐는 수백 마리가 모여 살기도 하지만, 여왕 하나만 새끼를 밸 수 있어요. 나머지 암컷은 특별한 호르몬이 나와서 임신할 수 없게 되지요. 이 호르몬은 여왕의 지배를 받으며 살 때만 분비돼요. 어느 암컷이 군체를 떠나면 곧바로 새끼를 밸 수 있는 몸 상태로 돌아가지요. 여왕은 해마다 새끼를 낳아야 권력을 지킬 수 있어요. 그래도 새끼를 혼자서 돌보지는 않고, 한 달쯤 지나면 일꾼들이 돕기 시작해요. 일꾼들이 여왕이 낳은 새끼를 잘 돌보게 되는 데는 신기한 과정이 따라요. 바로 여왕의 똥을 먹는 거예요. 여왕의 똥에는 특별한 호르몬이 가득 차 있어서, 그 똥을 먹고 나면 어미처럼 새끼를 정성껏 돌보게 되는 거예요.

영원한 젊음

보통 설치류는 수명이 그렇게 길지 않아요. 쥐들은 고작 1, 2년쯤 살 뿐이지요. 하지만 벌거숭이두더지쥐는 좀 달라요. 30년 넘게 살 수 있지요. 이만한 크기의 설치류치고는 놀라우리만치 오래 사는 거예요. 나이가 들어서도 대부분 건강하게 지내요. 암 같은 질병에도 잘 걸리지 않고요.

숨 안 쉬고 버티기

벌거숭이두더지쥐 굴속에는 산소량이 매우 적어요. 땅속에 있기 때문이기도 하고, 또 여러 마리가 함께 산소를 나눠 써야 하기 때문이기도 해요. 여러분이 만약에 벌거숭이두더지쥐 군체에 들어가 살려고 한다면 금세 목숨을 잃을 거예요. 사람이 살아남을 만큼 산소가 충분하지 않으니까요. 하지만 벌거숭이두더지쥐는 그런 환경에서도 살아갈 수 있는 특별한 기술이 있어요. 산소가 부족할 때면 최대 18분까지도 숨을 멈출 수 있지요! 숨을 멈추면 몸 안에서 '과당'이라는 물질을 이용해서 생존에 필요한 에너지를 만들어 내요. 식물에 들어 있는 당류의 한 종류인데, 산소를 쓰지 않고 에너지를 만들 수 있지요. 이런 능력이 있는 포유동물은 벌거숭이두더지쥐뿐이에요. 사람의 몸은 '포도당'이라는 다른 형태의 당류를 써서 에너지를 만들거든요. 포도당은 과당보다 훨씬 더 많은 에너지를 생산하지만, 그만큼 산소도 많이 필요해요.

둔한 거야, 센 거야?

벌거숭이두더지쥐는 뜨겁고 건조한 사막에서 살면서도 이 혹독한 기후를 그다지 힘들어하지 않아요. 생김새는 연약해 보이지만 매우 강한 동물이랍니다. 이들은 다른 동물과 고통을 느끼는 방식이 좀 달라요. 사실은 거의 고통을 느끼지 못하지요. 뜨겁거나 시큼하거나 매운 것에 닿아도 우리처럼 불편함을 느끼지 않아요. 그래서 먹이를 찾는 일 같은 더 중요한 일에 집중할 수 있지요.

먹이를 찾아서

벌거숭이두더지쥐는 위험한 굴 바깥 세계로 모험을 떠나는 일이 거의 없고, 먹이도 몇 가지 되지 않아요. 땅속으로 파고드는 몇몇 식물의 덩이줄기나 뿌리, 알뿌리 같은 것을 먹지요. 적당한 먹이를 찾으려면 한참이나 땅을 파야 해요. 벌거숭이두더지쥐 입은 땅속에서 먹이를 찾기 알맞은 형태로 되어 있어요. 이빨이 입술 밖으로 튀어나와 있어서, 입으로 땅을 팔 때 흙이 안으로 들어가지 않도록 꼭 다물 수 있지요. 여러 일꾼이 뭉쳐서 먹이를 찾기도 해요. 나란히 늘어서서 함께 땅을 파는 거예요. 적당한 덩이줄기를 찾으면 그것 하나를 몇 달씩, 심지어 1년 동안이나 먹기도 해요. 이 덩이줄기는 매우 커다래서, 벌거숭이두더지쥐가 갉아 먹어도 여간해서는 죽지 않아요. 갉아먹힌 부분이 계속해서 다시 자라기도 하지요.

하마

하마는 영어와 한자어 이름에 '강에 사는 말'이라는 뜻이 담겨 있어요. 하마가 강을 좋아하는 건 확실해요. 날마다 16시간씩 물에서 지내곤 하니까요! 하지만 말과는 전혀 상관없어요. 조금도 가깝지 않지요. 오히려 고래나 쇠돌고래, 돌고래 들이 속한 수중 동물인 '고래목'과 좀 더 가깝지요.

도시에 살던 하마?

선사 시대의 하마 뼈는 아시아, 아프리카, 유럽, 지중해 주변 등 세계 곳곳에서 발견되었어요. 심지어 영국 런던 한복판에 있는 트래펄가 광장 지하에 묻혀 있는 걸 찾아낸 적도 있지요!

하마는 어디서 볼 수 있을까?

지금 세상에 남은 하마는 두 종이 있는데, 보통 **하마**와 **피그미하마**예요. 보통 하마는 사하라 이남 동아프리카에 살아요. 피그미하마는 서아프리카의 일부 지역에서만 살고요.

사막과 초원에 사는 동물 • 하마

하마
a hippopotamus (hippo)

하마 무리
a bloat of hippos

자동차보다 무거워

하마는 세상에서 두 번째로 큰 육지 동물이에요. 코끼리가 살짝 더 크지요. 커다란 하마는 발 끝에서 어깨까지 1.5m가 넘고, 코에서 엉덩이까지는 4m를 가뿐히 넘어요. 작은 자동차 길이와 비슷하지요. 무게는 4,000kg이 넘기도 하는데, 자동차 두 대 무게와 비슷해요!

우리 집에 오지 마!

하마는 20마리 정도가 함께 무리를 이루고 지내며, 우두머리 수컷 한 마리가 무리를 이끌어요. 구성원은 대부분 암컷과 새끼로 이루어져 있고, 지배력이 약한 수컷 두어 마리가 무리를 에워싸고 있어요. 다른 무리에 속한 우두머리 수컷이 영역을 침입하면, 우두머리와 보조 수컷들이 커다란 이빨을 드러내고 그르렁 쿵쿵거리며 물을 마구 튀겨요. 거칠게 굴어서 겁을 주려는 거지요. 다른 하마들한테만 그렇게 화를 내는 게 아니에요. 사람이나 다른 침입자에게도 같은 방법으로 경고하고, 돌아 나가지 않으면 공격할 수도 있어요. 따라서 야생에서 하마를 만나면 무조건 피해야 한답니다!

똥 던지기

하마는 똥으로 영역을 표시해요. 똥이 나오면 꼬리로 찰싹 쳐서 멀리 날아가도록 해요. 똥을 찰싹 치는 소리가 강물을 따라 울려 퍼지도록 해서, 다른 하마들에게 자기가 그곳을 차지하고 있다는 걸 알리려는 거예요.

하마는 무엇을 먹을까?

하마는 자기 영역을 지키려 할 때는 꽤 공격적으로 굴지만, 먹는 습관은 전혀 거칠지 않아요. 풀이나 어린 식물의 새싹, 부드러운 잎을 즐겨 먹고, 가끔은 열매도 먹지요. 낮 동안 내내 물에서 보내지만 물풀은 잘 먹지 않아요. 해가 지면 뭍으로 나가 먼 길을 산책하면서 길가에서 찾아낸 먹이를 우적우적 씹어요. 그러다 배가 부르면 다시 무리 지어 물웅덩이로 돌아오지요. 배부르게 실컷 먹으려면 뭍으로 10km나 이동해야 해요. 하마는 식욕이 매우 왕성하거든요. 하룻밤에 35kg이나 되는 풀을 먹을 수도 있지요. 먹이를 찾기 힘든 시기가 오면 위에다 음식을 저장해 두기도 해요. 필요하면 무려 3주씩이나 위에 저장된 음식으로 살아가지요.

에뮤

에뮤 an emu

에뮤 무리 a mob of emus

에뮤는 조류에 속하지만 평범한 새와 사뭇 달라요. 몸집이 매우 크고 특이하게 생겼어요. 그에 비해 날개는 너무 작아서 공중으로 날아오를 수 없지요. 에뮤의 위에는 먹이 말고도 다른 것이 가득 차 있어요. 에뮤가 내는 소리는 짹짹거리는 소리하고는 거리가 멀고요. 또 새끼를 돌볼 때는 상상을 뛰어넘을 만큼 헌신적이랍니다.

헌신적인 아빠

암컷 에뮤는 알을 낳자마자 곧 떠나 버리고, 수컷이 8주 동안 둥지에 앉아서 알을 지켜요. 둥지를 떠나 먹거나 마시거나 똥을 싸는 일은 전혀 하지 않아요. 그래서 알이 부화할 때가 되면 수컷은 몸이 약해지고 비쩍 말라 있지요. 껍데기를 깨고 나오는 새끼 에뮤는 몸에 보송보송한 솜털에 갈색과 크림색 줄무늬가 있고, 손에 쥘 수 있을 만큼 아주 작아요.

귀여워!

에뮤는 어디서 볼 수 있을까?
에뮤는 오스트레일리아에서만 살아요.

달려라, 에뮤!

무슨 소리일까?

에뮤는 끙끙거리는 소리를 곧잘 내고, 위험하다고 느낄 때는 쉿쉿거리는 소리도 낸다고 해요. 그래도 에뮤가 내는 가장 신기한 소리는 드럼 치는 소리처럼 깊게 쿵 울리는 소리예요. 에뮤는 목구멍에 부풀어 오르는 주머니가 있는데, 이 부분을 부풀리거나 오므리면서 독특한 소리를 내요. 이 소리는 아주 커서 2km 밖에서도 들을 수 있어요. 주로 암컷이 이 천둥 같은 소리를 내곤 하는데, 특히 짝짓기 철에 제 영역을 지키거나 짝을 얻으려고 경쟁할 때 내는 소리랍니다.

● 플래너리 박사님의 탐험 수첩 ●

만약에 멀리 에뮤가 보인다면, 바닥에 드러누워 발을 올리고 자전거 타는 시늉을 해 보세요. 그러면 에뮤가 그 이상한 동작을 보고 뭐 하는지 궁금해서 곧장 다가올 거예요. 나는 숲에서 에뮤를 만날 때마다 그런 행동을 합니다. 효과가 아주 좋아요! 만약에 에뮤가 가까이 다가오지 말고 멀리 가 버리기를 바란다면, 이때도 괜찮은 속임수가 있어요. 반듯이 서서 손을 머리 위로 올리고는, 손을 둥글게 말아서 에뮤의 머리 모양처럼 앞부분을 가리켜 보세요. 그러면 에뮤가 겁을 먹고 달아날 거예요. 그 모습이 마치 키가 더 큰 에뮤처럼 보이기 때문이에요.

일단 삼키고 보자!

에뮤는 위산이 강력해서 먹이를 삼키면 흐물흐물 녹일 수 있어요. 보통 풀을 먹는데, 씨앗이나 어리고 부드러운 부분을 즐겨 먹어요. 강력한 위산 말고도 먹이를 소화하는 기막힌 방법이 하나 더 있어요. 바로 돌무더기를 통째로 삼키는 거예요. 몸에 들어가면 '모래주머니'라는 위의 일부가 되어 먹이를 갈아 부수지요. 그러니까 에뮤가 먹이를 크게 한입 삼키면, 돌멩이가 몸속에서 먹이를 '씹어 주는' 거예요. 편리해!

에뮤는 보통 포식자와 엉겨 붙어 싸우지 않아요. 날 수 없지만, 다행히 재빨리 달아날 수는 있지요. 에뮤가 힘껏 달리면 무려 시속 50km로 자동차와 나란히 달릴 수도 있어요. 게다가 똑바로 달려서 예상할 수 있는 길로 가지 않고, 이쪽저쪽 왔다 갔다 하면서 달린답니다.

사막과 초원에 사는 동물 ● 에뮤

기린

기린은 매우 느긋한 동물이에요. 다른 동물들과 어울려 다니면서 나뭇잎을 따서 우적우적 먹거나 이따금 낮잠을 즐겨요. 하지만 때로는 좀 이상한 행동을 하는 모습도 볼 수 있어요. 코를 후비거나 오줌을 맛보거나 하는 것들 말이죠. 그리고 물을 마시거나 코를 푸는 것처럼 여러분에게는 별것 아닌 일이 기린에게는 상당히 쉽지 않은 일이랍니다.

기린
a giraffe

기린 무리
a tower of giraffes

강심장

기린의 심장은 무게가 11kg이 넘어요. 기다란 네 다리와 목 위쪽까지 피를 보내려면 매우 커다란 심장이 필요하지요!

기린은 어디서 볼 수 있을까?
아프리카 대륙 곳곳에 살고 있어요.

사막과 초원에 사는 동물 • 기린

새 가족 꾸리기

▶ 수컷 기린은 암컷이 가족을 꾸릴 준비가 되었는지 어떻게 알아차릴까요? 바로 암컷 오줌을 마시는 거예요! 짝이 될 만한 암컷의 오줌 냄새를 맡고 맛을 보면서 새끼를 낳을 준비가 되었는지, 또는 이미 임신했는지 알아본답니다.

▶ 새끼 기린은 사람 아기보다 훨씬 더 성숙한 상태로 태어나요. 어미 배에서 툭 튀어나와 1.5m나 아래로 떨어져도 아무렇지도 않아요. 다치기는커녕 30분도 채 지나지 않아 걸어 다닐 수 있지요. 10시간도 되지 않아 뛰어다니며 어미와 발맞춰 돌아다니고, 금세 시속 56km까지 달릴 수 있어요.

▶ 어미들은 함께 뭉쳐 기린 유치원을 이루며 새끼를 돌봐요. 부모들은 대부분 먹이를 구하러 멀리 나가고, 몇몇만 남아서 새끼들을 지켜보지요.

무슨 냄새지?

기린은 몸 냄새가 아주 심한 동물인데, 깨끗하지 않아서 생기는 악취가 아니에요. 아마도 벌레나 기생충을 쫓으려고 일부러 내는 냄새일 거예요.

길쭉한 기린 혀

기린을 보면 가장 먼저 기다란 목이 눈에 들어올 테고, 그다음에 가느다란 다리가 보이겠죠? 그런데 기린 몸에서 지나치게 긴 부분이 또 하나 있어요. 기린 혀는 보랏빛이 감도는 짙은 검은색인데, 길이가 무려 50cm도 넘어요! 우리 혀보다 5배 이상 길지요. 높은 가지에 달린 잎을 따 먹으려면 그렇게 긴 혀가 필요한데, 그것 말고 콧속에 있는 콧물을 핥는 데도 편리하게 쓴답니다.

웩!

사막과 초원에 사는 동물 • 기린

플래너리 박사님의 탐험 수첩

기린과 가장 가까운 동족은 오카피예요. 아프리카의 울창한 밀림에 사는 동물이라서, 과학자들은 1901년까지도 이런 동물이 있다는 걸 알지 못했어요. 나는 예전에 미국 동물원에 가서 오카피를 만져 본 적이 있어요. 기린보다는 목이 훨씬 짧지만, 그래도 꽤 커다랗고 눈에 확 띄는 동물이에요. 온몸이 보라색과 흰색으로 되어 있고, 짤막한 털은 마치 벨벳처럼 엄청나게 부드러워요. 이 특별한 동물을 어루만지는 느낌은 정말 환상적이었답니다.

기후 변화의 영향

기후 변화로 기린이 사는 서식지가 점점 사라져 가고 있어요. 갑자기 홍수가 나거나 가뭄으로 먹이가 사라지면, 기린도 나뭇잎 먹이를 찾아서 다른 곳으로 떠나야 해요. 그러다 때로는 무리가 흩어지기도 하는데, 그 결과로 큰 무리가 함께 있을 때보다 덜 안전하고 짝짓기도 힘들어져요. 물웅덩이가 말라붙는 것도 생존에 영향을 미치지요.

무슨 노래일까?

기린이 무슨 소리를 내는지 물으면 바로 대답하지 못하고 한참을 생각해야 할 거예요. 특별히 귀에 남는 소리를 내는 편은 아니니까요. 하지만 그렇다고 아무 소리도 내지 않는 건 아니에요! 괴로우면 음매 소리를 내고, 깜짝 놀라면 끙끙, 킁킁대는 소리를 내며, 저녁 내내 콧노래를 부르기도 해요. 과학자들은 이 콧노래가 서로 의사소통하는 방법이라고 짐작하는데, 정확한 목적은 아직 수수께끼로 남아 있어요.

기린은 무얼 먹을까?

▶ 기린은 거의 모든 시간을 나뭇잎을 먹으면서 지내요. 하루에 60kg까지도 먹을 수 있지요. 사람처럼 씹고 삼키기만 하는 것이 아니라, 씹고 삼킨 다음 다시 뱉어 내어 또 씹어요. 나뭇잎이 걸쭉하고 끈적끈적한 덩어리가 될 때까지 이런 '되새김질'을 반복하지요.

▶ 이따금 기린이 동물 사체를 핥는 모습을 볼 수 있어요. 이 행동은 사람이 종합 비타민을 먹는 거랑 비슷해요. 죽은 동물 뼈를 살살 갉고 핥아서 칼슘과 인을 비롯한 여러 미네랄을 섭취하는 거예요.

▶ 기린의 몸은 나무 꼭대기에 있는 나뭇잎을 먹기에 딱 알맞은 형태로 되어 있지만, 물을 마시는 데는 그다지 도움이 되지 않아요. 기린은 물웅덩이에 도착하면 먼저 주변에 포식자가 없는지부터 확인해야 해요. 물 마시는 자세를 취하면 다시 달리는 자세로 돌아가기가 힘들거든요! 그 긴 다리를 최대한 쫙 벌린 다음, 목을 구부려서 물에 입을 대고 핥아 마셔야 하니까요. 다행히 기린은 일주일에 한 번 정도만 물을 마셔도 살 수 있어요. 물기가 많은 나뭇잎에서 수분을 충분히 얻기 때문이지요.

기린은 몇 시에 자러 갈까?

기린은 밤에 푹 자는 걸 별로 중요하게 여기지 않아요. 보통 하룻밤에 10분 정도만 누워서 깊이 잠들고, 낮 동안 5분씩 낮잠을 몇 번 자는 정도예요. 낮잠 잘 때는 귀찮게 눕지도 않아요. 그 기다란 동물에게는 누웠다 다시 일어서는 데 큰 수고가 들어가니까요. 그래서 선 채로 꾸벅꾸벅 졸거나 심지어 눈을 뜨고 자기도 하지요!

사막과 초원에 사는 동물 • 기린

기이이이다란 다리

기린의 길쭉한 다리는 2m나 되기도 해요. 여러분의 부모님이 기린 옆에 서 있으면 배에도 닿지 못할 거예요! 수컷은 키가 6m 정도고, 암컷은 보통 5m 조금 안 되어요. 무게는 1,900kg까지 나가요. 자동차보다 더 무겁지요!

사자

사자가 왜 '밀림의 왕'이라고 불리는지는 금세 이해할 수 있어요. 비록 사자는 밀림보다 초원에서 사는 일이 훨씬 더 많지만요! 수사자가 자랑스럽게 뽐내는 멋진 갈기는 왕관처럼 보이기도 해요. 하지만 암사자에게 갈기가 없다고 과소평가해서는 곤란해요! 암사자가 밀림의 왕은 아닐지 몰라도, 사냥의 왕인 건 확실해요! **아시아사자**와 **아프리카사자**는 각자 사는 곳이 아주 멀리 떨어져 있지만, 완전히 다른 종은 아니에요. 두 사자는 가까운 동족이지요.

크고 빠른 동물

사자는 진짜 빨라요. 시속 80km 넘는 속도로 달릴 수 있어요. 자동차만큼이나 빠르지요. 엄청나게 날렵하기도 해요. 그 커다랗고 근육 덩어리인 몸으로 무려 11m까지 뛰어오를 수 있지요.

사자 a lion

사자 무리 a pride of lions

용맹한 사냥꾼 암사자

▶ 수사자는 사자 무리를 보호하고, 암사자가 먹이 사냥을 도맡아요.

▶ 암사자는 도전을 망설이지 않아요. 자기보다 몸집이 크거나 더 빠른 동물을 거침없이 사냥하러 나서지요. **아프리카사자**는 얼룩말, 영양, 누 같은 동물을 사냥해요. **아시아사자**는 삼바사슴이나 물소처럼 몸집이 큰 동물을 거침없이 뒤쫓고요.

▶ 암사자가 확실하게 사냥감을 잡으려 할 때는 주로 무리 지어 사냥해요. 혼자서 사냥할 때도 있는데, 먹음직스러운 동물이 바로 코앞을 스쳐 지나갈 때만 그렇게 해요. 곧장 달려들고 싶은 마음을 참을 수가 없는 거죠!

▶ 암사자는 엄청난 인내심을 가지고 날쌘 사냥감을 뒤쫓아요. 쫓기던 동물이 지칠 때까지 쫓아서 구석으로 몬 다음 잡아 먹지요.

▶ **아프리카사자** 암컷은 달이 아직 떠오르지 않은 저녁 어스름에 사냥하길 좋아해요. 이때는 앞이 잘 보이지 않는다는 걸 이용해서, 사냥감 쪽으로 살금살금 다가가 달아날 겨를 없이 덮쳐 버리지요.

▶ 암사자는 보통 한 살 정도가 되면 첫 사냥에 나서요. 나이 많은 암사자를 따라다니면서 사냥에 성공하는 비결을 배우지요.

▶ 먹이가 생기면 한 무리의 사자가 동시에 먹는 게 아니에요. 가장 힘센 사자가 먼저 맛있는 부위를 먹고, 새끼들은 맨 마지막에 남은 먹이를 낱낱이 발라 먹어요.

끈끈한 무리 생활

고양이는 보통 혼자 지내길 좋아하지만, 같은 고양잇과인 사자는 조금 달라요. 무리 지어 살면서 서로 끈끈한 관계를 맺고 함께 행동하지요.

▶ **아프리카사자** 무리 속에는 보통 암컷이 수컷보다 네 배쯤 많아요. 암컷 12마리에 수컷 3마리 정도지요. 암사자는 태어난 뒤로 평생 같은 무리 속에서 살곤 해요. 하지만 수사자는 무리에 머물러 있는 게 안전하지 못해요. 어른 수사자는 어린 수사자가 때가 되어도 떠나지 않으면 자기 자리를 위협한다고 여겨 공격하거든요. 그래서 적당한 나이가 되면 무리를 떠나서 새로운 무리를 차지하려고 노력해야 해요.

▶ **아시아사자**는 수컷과 암컷이 거의 평생 서로 다른 무리 속에서 살아요. 짝짓기할 때만 잠깐 함께 지내지요.

플래너리 박사님의 탐험 수첩

예전에 가르쳤던 학생 중에 보츠와나에 어떻게 곰쥐가 살게 되었는지 최초로 연구하는 학생이 있었어요. 그 학생은 어느 날 밤, 연구에 쓸 곰쥐 몇 마리를 잡아 오려고 쓰레기장에 갔어요. 가진 거라곤 작은 손전등과 주머니칼뿐이었지요. 고개를 숙이고 곰쥐를 찾다가 허리를 폈는데, 눈앞에서 암사자 한 마리가 학생을 똑바로 바라보고 있었어요. 겨우 10m쯤 떨어져 있었고, 학생은 도망가면 곧 끝장이라는 걸 잘 알았어요. 다행히 50m만 가면 작은 오두막이 하나 있는 게 기억났어요. 거기까지만 가면 안전할 거라고 판단했지요. 학생은 손전등과 주머니칼을 암사자 쪽으로 내민 채 천천히 뒷걸음질했어요. 오두막에 가까이 다가가자 뒤돌아서 뛰었어요. 하지만 거기 도착해서야 문이 없다는 걸 깨달았지요. 한쪽이 완전히 뚫려 있었던 거예요! 꽥꽥 고함을 질렀지만 아무도 듣지 못했어요. 친구들 몇 명이 함께 일하고 있었지만, 다들 100m쯤 떨어진 캠프에 들어가 있었거든요. 게다가 발전기 돌아가는 소리 때문에 고함 지르는 소리를 듣지 못한 거예요. 두어 시간이 지나고서야 친구들은 서로 "크리스가 어디 갔지? 아직도 안 돌아왔어!" 하고 이야기 나누었어요. 친구들은 밖으로 나가 한참을 둘러보다가, 마침내 오두막 안에서 겁에 질린 채 몸을 웅크리고 있는 크리스를 찾아냈어요. 오두막 바깥에는 온통 암사자 발자국이 찍혀 있었지요. 그 오랜 시간 동안 주위를 빙빙 돌다가, 친구들이 탄 자동차가 다가오고서야 그 자리를 떠난 거예요.

크기가 어마어마해!

아프리카사자는 몸길이가 거의 2m에 이르고, 꼬리까지 포함하면 거기에 1m를 더해야 해요. 그러니까 전체 몸길이가 우리가 쓰는 침대보다 1.5배는 길다는 말이지요. 무게는 190kg까지 나가는데, 여러분 몸무게에 어른 두 명 몸무게를 더한 것보다 더 나갈 거예요. **아시아사자**는 그보다 더 커요! 무게는 220kg에 이르고, 머리에서 엉덩이까지 길이가 2.8m나 되지요.

다정한 몸단장

사자는 서로 머리를 핥아 주고 목을 쓰다듬으면서 몸단장해 주기를 좋아해요. 이 행동은 현실적인 이유 때문이기도 해요. 자기 목을 혀로 핥기란 불가능하니까요. 그래도 서로 애정을 나누며 결속력을 더욱 굳히려는 의미가 좀 더 커 보여요.

누가 누구 자식일까?

▶ 사자는 1년 중 어느 때라도 새끼를 밸 수 있는데, 같은 무리어 속한 암사자들은 정기적으로 동시에 새끼를 낳아서 함께 길러요. 암사자들은 종종 유치원 선생님처럼 새끼 사자 여러 마리를 함께 돌봐요. 새끼 사자는 제 어미뿐만 아니라 다른 암사자의 젖을 먹곤 하지요.

▶ 수사자가 나타나 무리를 차지할 때는 보통 원래 있던 새끼 사자들을 다 죽여요. 너무 잔인하죠! 어미 사자들은 그렇게 되지 않도록 힘껏 맞서 싸워요. 온 무리가 힘을 합치고 용감하게 싸워서 새끼들을 지킨답니다.

▶ 새끼 사자들은 심한 장난꾸러기예요. 암사자는 함께 놀아 주곤 하지만, 수사자는 짜증 내면서 멀리 쫓아 버리곤 해요.

사자는 어디서 볼 수 있을까?

아프리카사자는 보츠와나, 남아프리카공화국, 케냐, 탄자니아에 살아요. 탄자니아의 세렝게티 국립 공원에 가장 많이 살지요. 이곳에서는 사냥꾼들이 함부로 사자를 해치지 못하게 보호하고 있어요. **아시아사자**는 **인도사자**라고도 하는데, 전 세계에서 딱 한 군데서만 살고 있어요. 바로 인도의 기르 국립 공원이지요. 사자들이 평화롭게 살아갈 수 있도록 보호하는 야생 보호 구역이에요.

사자의 역사

사자는 재규어처럼 생긴 조상에게서 200만~300만 년 전에 진화했어요.

▶ 세상에서 가장 오래된 예술 작품 속에 사자의 모습이 남아 있어요. 3만 2천 년 전에 프랑스의 한 동굴에 새겨진 벽화에서, 지금은 멸종된 매머드나 털코뿔소 같은 동물과 함께 있는 사자를 볼 수 있지요.

▶ 사자는 오래전에는 오스트레일리아와 남아메리카, 남극 대륙을 제외한 모든 대륙에서 살았어요. 영국과 프랑스, 심지어 미국 로스앤젤레스에서도 용맹을 떨쳤지만, 이제는 훨씬 좁은 지역에서만 살고 있지요.

▶ **동굴사자**는 1만 4천 년 전까지 살았어요. 오늘날의 사자보다 몸집이 크고 갈기는 없었어요. 일부는 희미한 줄무늬가 있었을 것으로 짐작해요.

▶ **아메리카사자**는 1만 1천 년 전에 멸종했어요. 지금까지 살았던 가장 큰 사자였고, 수컷은 무게가 500kg이 넘었지요.

로드러너

로드러너는 땅에 살도록 적응한 뻐꾸기의 일종으로, 거의 날아오르지 않고 땅에서 시간을 보내요. 로드러너라는 이름도 '길을 달린다'는 뜻의 영어 이름에서 왔어요. 땅에 발이 묶여 있지만, 그래도 아주 잘 돌아다닌답니다!
'루니 툰'이라는 애니메이션에서는 로드러너가 사막을 내달리면 먼지구름이 새하얗게 피어오르는 모습이 종종 나와요. 이 장면은 실제로 로드러너가 돌아다니는 모습이랑 꽤 닮았어요. 사막에 사는 것도 사실이고, 그만큼 빠른 속도로 달리거든요!
로드러너에는 **큰로드러너**와 **작은로드러너**가 있어요. 큰로드러너가 몸집도 크고 부리도 더 길어요. 그것 말고는 서로 꽤 닮았지요.

로드러너는 보통 여러 마리가 무리 짓기보다는 둘씩 짝을 지어 다녀요. 그래도 로드러너가 무리 지어 있다면, 이 무리를 이르는 영어 표현은 'a marathon(마라톤) of roadrunners' 또는 'a race(경주) of roadrunners'예요.

로드러너는 어디서 볼 수 있을까?

큰로드러너는 멕시코와 미국 남서부에 살고, **작은로드러너**는 멕시코와 중앙아메리카에 살아요.

환영합니다!

진정한 ♥ 사랑

로드러너는 같은 짝과 평생을 함께 지내요. 어떤 커플은 일 년 내내 붙어 있지만, 서로 떨어져서 각자 볼일을 보다가 짝짓기 철에만 다시 만나서 새로 낳은 새끼를 돌보는 커플도 있어요. 로드러너 커플이 다시 만날 때면 매우 들떠서 특별한 소리를 내고 춤을 선보여요. 수컷은 고개를 높이 치켜들고 짝 앞으로 걸어 나간 다음, 몸을 구부리고 날개와 꼬리를 쫙 펼치면서 멋진 짝짓기 공연을 선보여요. 짝짓기할 때가 되면 수컷은 죽은 쥐 같은 오싹한 선물을 암컷에게 선물하기도 해요. 그래도 암컷은 징그럽다고 여기지 않고 오히려 기뻐하지요!

타고난 빠른 몸

로드러너가 재빨리 움직이려면 몸이 아주 가벼워야겠죠? 무거운 축에 드는 로드러너도 축구공 정도 무게밖에 나가지 않아요. **작은로드러너**는 보통 몸길이가 45cm 정도고, **큰로드러너**는 그보다 살짝 커서 55cm 정도예요.

햇볕을 받아라!

로드러너는 겨울이 되어도 다른 곳으로 이동하지 않고, 몇 가지 영리한 방법을 써서 추위를 견뎌 내요. 겨울밤이면 체온을 낮추고 거의 움직이지 않으면서 에너지를 아껴요. 그러다 해가 떠오르자마자 깃털을 쫙 펼치고 등 위의 속살을 군데군데 드러내어 최대한 햇볕을 많이 받지요.

사막과 초원에 사는 동물 • 로드러너

환상의 육아 짝꿍

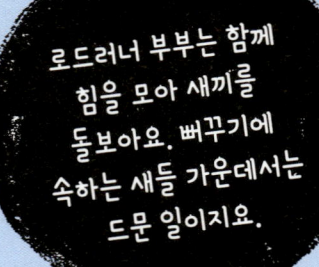

로드러너 부부는 함께 힘을 모아 새끼를 돌보아요. 뻐꾸기에 속하는 새들 가운데서는 드문 일이지요.

▶ 로드러너가 사는 곳은 건조하고 듬성듬성 덤불이 자라나 있는 사막이에요. 이곳에 있는 선인장이나 덤불에 둥지를 틀지요. 수컷 로드러너가 돌아다니면서 재료를 구해 오면, 암컷이 이걸 한데 모아서 둥지를 지어요. 어미 로드러너는 나뭇가지, 나뭇잎, 뱀 허물, 마른 똥 같은 재료를 기막히게 엮어서 꽤 커다랗고 평평한 둥지를 지어요. 이 둥지는 너비가 40cm가 넘고 두께는 20cm쯤 되지요.

▶ 로드러너는 둥지를 한 번만 쓰고 버리며 다음 해에는 아예 새 둥지를 지어요. 가끔은 작년에 쓴 둥지를 고쳐 쓰기도 하고요. 낡은 곳을 수리하고 새 장식을 덧대어서, 이듬해에 태어난 새끼들이 새것처럼 편하게 지내도록 하지요.

▶ 짝짓기가 끝난 다음 20일만 지나면, 암컷이 보드랍고 하얀 알을 2~6개 낳아요. 암컷은 낮 동안 알을 따뜻하게 품어 주고, 밤이 되면 수컷이 교대해서 짝이 다리를 쭉 뻗고 쉴 수 있게 해요. 그렇게 번갈아 알을 품어서 부화하고 나면, 그 뒤로도 3주 정도 더 밤낮으로 교대하며 새끼를 돌봐요.

▶ 갓 태어난 로드러너는 여러분이 아기였을 때랑 전혀 달라요. 3주만 지나면 달리고 사냥하고 나는 법을 배우지요. 아, 물론 하늘을 나는 건 끝끝내 별로 익숙해지지 않지만요!

뜻밖의 이웃

로드러너는 보통 외딴 사막에 살아요. 그런데 이 용감한 새들이 사람이 많은 교외 지역에 들어와 사는 일이 점점 늘어나고 있어요. 로드러너가 갑자기 뒷마당에 나타나는 일도 종종 있답니다!

달려라, 로드러너!

로드러너는 시속 40km까지 달릴 수 있어요. 사람이 달릴 수 있는 최고 속도와 별로 차이 나지 않아요. 사람의 최고 기록은 2009년에 우사인 볼트가 세운 시속 44.72km니까요. 로드러너는 기다란 꼬리로 속도를 조절하고 균형을 잡을 수 있어요. 꼬리나 작은 날개를 기울여서 재빨리 방향을 바꿀 수도 있고요. 코요테 같은 포식자를 피해 달아날 때 이런 기술을 유용하게 쓰지요.

사냥하는 로드러너

▶ 먹을 것을 가리는 로드러너는 만나기 힘들어요. 기본적으로 잡을 수 있는 먹이라면 뭐든지 먹는 편이니까요. 개구리, 뱀, 도마뱀, 지네, 전갈, 애벌레, 딱정벌레, 귀뚜라미 들을 먹고, 다른 새의 알이나 새끼를 잡아먹기도 해요. 방울뱀을 잡아먹을 수 있을 만큼 재빨리 움직이는 몇 안 되는 동물이지요.

▶ 로드러너는 커다란 동물을 부리로 집어 들고 바위 같은 딱딱한 표면에 마구 두들겨서 부드럽게 만들어요. 이렇게 해서 이 무시무시한 새는 먹잇감의 뼈를 부러뜨려 먹기 좋게 만들지요!

▶ 로드러너는 옻이나 백년초 같은 식물의 씨앗이나 열매를 먹어요. 특히 즐겨 먹던 먹이를 찾기 힘든 추운 겨울에 그렇게 하지요.

X자 발자국

로드러너의 발은 '대지족' 모양으로 되어 있어요. 발가락 네 개 중에서 두 개는 앞쪽을, 두 개는 뒤쪽을 향하고 있어 서로 대칭을 이룬다는 뜻이에요. 그래서 로드러너가 지나간 자리에는 멋진 X자 모양 발자국이 남지요.

로드러너는 목이 마르면 무얼 마실까?

로드러너는 물을 많이 마시지 않아요. 필요한 수분은 먹이의 피를 빨아들여 보충하지요. 피는 물로 가득 차 있지만, 물처럼 맑지 않고 너무 짭짤해요! 다행히 로드러너는 눈구멍에 있는 특별한 분비샘으로 남은 소금을 배출할 수 있답니다.

◆ 플래너리 박사님의 탐험 수첩 ◆

미국 애리조나주의 한 연구소에 방문했을 때, 그 지역에 사는 로드러너가 몹시 궁금했어요. 그때 밖에서 산책하다가 로드러너가 입에 뱀을 물고 있는 모습을 보았어요. 나는 흥분해서 그쪽으로 천천히 다가갔어요. 그러자 로드러너는 긴장한 나머지 입에 문 뱀을 떨어뜨리고 달아나 버렸지요. 나는 실망하면서도 로드러너가 버리고 간 먹이가 무엇인지 보고 싶어서 다가갔어요. 나중에 알고 보니 그 뱀은 아주 희귀한 종이라서, 연구소에 있는 사람들조차 한 번도 본 적이 없는 뱀이었지요! 연구소 사람들은 내가 우연히 발견한 희귀한 뱀을 보고 무척 기뻐했답니다.

낙타

낙타는 등에 혹이 하나만 있든 두 개 있든 정말 근사하게 생긴 동물이에요. 낙타 여러 마리가 느긋하고 우아하게 걸어가는 동안 사막의 지평선을 배경으로 혹이 오르락내리락 움직이는 모습은 매우 아름다운 풍경을 연출하지요. 하지만 낙타에 관한 모든 것이 다 우아하지는 않아요. 사실 낙타 입에서 나오는 것은 우아함이랑은 거리가 아주 멀어요!

낙타는 어디서 볼 수 있을까?

단봉낙타는 북아프리카와 중동에 살고, **쌍봉낙타**는 동아시아의 바위가 많은 사막에서 볼 수 있어요. **야생쌍봉낙타**는 중국 북부와 몽골 남부에 살아요. 오스트레일리아의 사막에도 야생 낙타가 많이 있어요.

낙타 a camel

낙타 무리 a caravan of camels

어떤 날씨도 괜찮아!

낙타는 사람이 견디기 힘든 온갖 기후 조건에서도 잘 살아남을 수 있어요. 영하 30℃의 추위부터 영상 50℃ 뜨거운 날씨까지 다 이겨 내지요.

야생 낙타

낙타 하면 떠오르는 **단봉낙타**(혹이 하나)와 **쌍봉낙타**(혹이 두 개)는 사실 야생 동물이 아니에요. 둘 다 수천 년 전에 사람이 길들인 가축이지요. 이 두 종 가운데 야생하는 개체도 꽤 많지만, 모두 길든 낙타의 후손이에요. 지구상에 남은 진짜 야생 낙타는 중국 북부와 몽골 남부에 사는 **야생쌍봉낙타**뿐이에요. 이 낙타는 전체 수가 1천 마리 정도로 심각한 멸종 위기에 놓여 있어요.

저리 가!

낙타는 자신을 위협하는 게 있으면 그쪽으로 침을 뱉어요. 사람도 종종 낙타 침 세례를 받지요! 낙타 침에는 위에서 나온 토사물 같은 것이 섞여 있어서 매우 고약한 냄새가 나요.

엄청난 기능을 갖춘 도시락 가방

낙타는 커다란 도시락 가방을 등에 지고 돌아다녀요. **쌍봉낙타**는 도시락 가방이 두 개지요!

▶ 낙타 등에 있는 혹은 그저 장식으로 달린 것이 아니에요. 혹 안에는 지방이 가득 차 있지요. 낙타가 먹이를 먹을 때는 나중을 대비해서 혹에 지방 일부를 남겨 두어요. 혹에 든 지방을 태워 에너지를 만들고, 지방 1g에서 1g 넘는 물도 얻을 수 있거든요.

▶ 낙타는 먹이가 부족할 때면 혹에 저장해 둔 지방으로 7개월까지 버틸 수 있어요!

▶ 낙타는 땀을 거의 흘리지 않아요. 50°C에 이르는 뜨거운 사막을 지나갈 때도 그렇지요. 따라서 말처럼 땀을 많이 흘리는 커다란 동물에 비하면 사막에서 물 없이도 훨씬 더 오랫동안 버틸 수 있답니다.

▶ **단봉낙타**는 적혈구 모양이 독특해요. 사람 적혈구는 둥글게 생겼지만, 단봉낙타 적혈구는 타원 모양으로 생겼어요. 따라서 극심한 탈수 증상*이 생길 때도 피가 몸속에서 계속 흐를 수 있지요.

▶ 낙타는 주변에 선인장 같은 다육 식물이 많이 있으면 물을 마시지 않아도 돼요. 다육 식물이 머금은 물기를 섭취하는 것만으로도 살아남는 데 필요한 수분을 충분히 얻을 수 있지요.

▶ 낙타는 물가에 가면 믿을 수 없을 만큼 엄청난 양의 물을 몸에 가득 채워요. 13분 동안 113ℓ까지 마실 수 있지요. 포유동물 가운데 가장 빠르게 물을 흡수해요!

▶ 낙타가 아무것도 먹지 않고 7개월까지 버티면 혹이 점점 줄어져요. 혹이 텅 비면 옆으로 축 처져 버리지요. 그러다 지방이 다시 쌓이면 원래대로 불룩 솟아오른답니다.

*탈수 증상: 몸에 수분이 모자라서 일어나는 목마름이나 경련 같은 증상

미어캣

미어캣 a meerkat

미어캣 무리
a mob(gang) of meerkats

미어캣은 정말 귀엽게 생겼어요. 몸집이 작고 보송보송 털이 나 있으며 눈은 커다래요. 앙증맞은 작은 앞발을 배에 올린 채 뒷발로 우뚝 서 있는 모습이 인상적이지요. 하지만 이 작고 상냥해 보이는 동물이 때로는 거칠고 험악하게 굴 때도 있어요. 사람이라면 아무 문제 없지만, 미어캣을 조심해야 하는 동물은 꽤 많아요. 뱀이나 전갈 같은 위험한 포식자들도 무시무시한 미어캣에게 목숨을 잃을 수 있거든요.

미어캣은 어디서 볼 수 있을까?

아프리카의 사막이나 초원에서 살아요.

사막과 초원에 사는 동물 • 미어캣

미어캣은 얼마나 클까?

미어캣은 무게가 기껏해야 1kg쯤 나가요. 가장 무거운 미어캣도 치와와보다 가볍지요. 키는 커 봐야 30cm 정도지만, 뒷발로 우뚝 서면 좀 더 늘어나요. 이렇게 두 발로 서는 이유는 자기 영역을 둘러보기 위해, 또는 피부를 배 부분까지 드러내어 햇볕을 듬뿍 받기 위해서예요.

섬세한 경고 신호

미어캣은 무리 지어 사냥하고, 몇 마리는 위험에 대비해서 망보는 일을 맡아요. 한 번에 한 시간씩 보초를 선 다음에 다른 미어캣과 교대하지요. 아무 문제 없을 때는 삑삑 소리를 내요. 휘파람 소리나 짖는 소리를 내면 위험하다는 뜻이고요. 이 소리를 들으면 사냥하던 무리는 하던 일을 잠시 멈추고 가까운 땅굴로 들어가거나, 어떻게든 포식자의 눈길을 피할 방법을 찾아야 해요. 이 경고음은 포식자가 땅 위에서 슬금슬금 다가오느냐, 또는 하늘에서 덮치느냐에 따라 달라져요. 게다가 사냥하는 동료에게 다가오는 위험이 크거나 작은지, 또는 그 중간 어디쯤인지에 따라 아주 다양한 소리로 알려 주지요. 그 소리를 듣고서 사냥하던 미어캣 무리는 달아나거나 숨고, 그냥 고개만 숙이거나 가만히 있어요. 또는 서로 바싹 뭉쳐 서서 집단의 힘으로 겁을 주기도 하고요.

선글라스 장착!

미어캣은 눈이 커다랗고 둘레에 검은 자국이 있어서 귀여워 보여요. 하지만 이 검은 부분은 그저 멋져 보이려는 게 아니에요. 눈부신 햇빛의 방해를 받지 않고 주변을 똑바로 바라보기 위해서지요. 시력도 꽤 좋아서 300m 밖에서 움직이는 물체를 볼 수 있어요.

기후 변화의 영향

기후 변화로 미어캣이 살아가는 칼라하리 사막이 더욱 뜨겁고 건조해지고 있어요. 그에 따라 미어캣이 새끼를 낳아 기르고 먹이기가 점점 더 힘들어지고 있지요.

뭉치면 산다!

미어캣은 혼자서는 누군가를 해치기 힘들지만, 여럿이 뭉쳐 함께 쉭쉭거리면 꽤 위협적이에요. 뱀처럼 위험한 동물에게 겁을 주어 내쫓거나 죽일 수 있지요!

엄격한 계급 사회

미어캣은 무리 지어 살기를 좋아해요. 많게는 한 무리에 50마리씩이나 함께 지내지요.

▶ 미어캣 무리가 다 비슷하지는 않아요. 여러분 가족과 이웃집 가족이 사는 모습이 조금씩 다른 것처럼 말이죠. 어떤 무리는 서로 잘 도와주고 덜 싸우지만, 어떤 무리는 서로 경쟁하고 공격적으로 굴기도 해요.

▶ 그래도 모든 미어캣 무리의 공통점은 엄격한 계급 구조로 이루어져 있다는 거예요. 운이 좋은 몇 마리만 모든 특혜를 다 누리고, 나머지는 열심히 일하면서 제대로 얻어먹지 못하는 부하가 되어야 해요. 불공평하지만 규칙을 바꾸기는 어려워요. 계급 구조를 바꾸려고 덤비는 미어캣은 지배자와 목숨을 걸고 싸워야만 해요.

▶ 미어캣 지배자는 무리에서 계급이 낮은 미어캣이 새끼를 낳으면 죽이기도 해요. 그걸로도 모자라 새끼를 잃은 부모를 무리 밖으로 내쫓거나, 심지어 지배자의 새끼를 돌보고 먹이도록 강요하지요.

▶ 미어캣 무리에서 살아가기란 힘든 일이지만, 나쁜 점만 있는 건 아니에요. 이렇게 강력한 협동 구조와 위계질서가 있기 때문에, 작고 여린 미어캣을 만만하게 보고 노리는 포식자들에 맞서 싸우며 살아남을 수 있지요.

함께 쓰는 방

미어캣은 작은 방 여러 개로 이루어진 땅굴에서 살아요. 방과 방 사이는 통로로 연결되어 있지요. 잠잘 때는 여러 마리가 엉겨 붙어 푹신하게 몸을 쌓아요. 사막의 밤은 몹시 추우니까요! 미어캣은 자기들끼리만 방을 나눠 쓰는 게 아니라, 케이프땅다람쥐나 가까운 동족인 노랑몽구스에게 방을 내주지요.

무시무시한 식사

미어캣은 곤충, 도마뱀, 새알, 때로는 작은 새를 즐겨 먹어요. 심지어는 거미나 뱀, 전갈처럼 독이 있는 동물을 잡아먹기도 해요. 미어캣은 독에 쏘이지 않고 전갈을 먹기 위해 영리한 방법을 쓴답니다.

▶ 먼저 전갈 꼬리를 물어뜯고 뱉어 내어 독침을 제거해요. 그런 다음 모래에다 전갈을 문질러서 '외골격'이라는 딱딱한 겉껍데기에 있는 독을 빼내요. 그렇게 해서 목숨을 빼앗을 수도 있는 동물을 맛있는 영양 간식으로 바꿔 놓지요.

▶ 미어캣은 새끼들에게 전갈 먹는 방법을 네 단계에 걸쳐 가르쳐요. 맨 먼저 죽은 전갈을 주고 독을 없애는 방법을 보여 줘요. 두 번째로는 살아 있는 전갈을 주되, 위험한 독침을 제거한 채로 줘요. 세 번째 단계에서는 상처 난 전갈을 주면서 죽이고 독을 깨끗이 빼낼 수 있는지 시험해요. 마지막으로는 아주 건강한 전갈을 풀어 주어 그동안 배운 기술을 써 보도록 하지요.

집단 속에서 가족 꾸리기

▶ 어떤 미어캣 무리에서는 지배자만이 새끼를 낳을 수 있어요.

▶ 보통 무리 전체가 함께 새끼를 길러요. 어미와 아비와 다른 형제자매도 함께하지요.

▶ 꼭 어미만 새끼에게 젖을 주지는 않아요. 보통 무리에서 낮은 계급에 속한 미어캣이 새끼 돌보는 일을 맡지요.

▶ 새끼 미어캣은 귀가 돌돌 말리고 눈이 감긴 채로 태어나서, 2주쯤 지나야 소리를 듣고 눈을 떠요. 그리고 며칠이 지나면 굴 밖으로 나와서 처음으로 세상을 구경하지요.

▶ 이따금 서열이 낮은 미어캣이 높은 계급으로 올라가기 위해서 지배자나 서열이 좀 더 높은 동료의 새끼를 죽이기도 해요.

쇠똥구리

쇠똥구리는 수천 종이 있고, 크기와 모양이 가지각색이에요. 그래도 이들 사이에 공통점이 하나 있다면 바로 '똥'이에요. 쇠똥구리는 똥을 좋아하지요! 똥 속에서 태어나고, 똥을 굴리고, 똥 안에서 잠자고, 똥과 함께 춤추고, 똥으로 파고들고, 심지어 똥을 먹기도 해요. 처음에는 좀 더럽게 느껴지겠지만, 똥으로 무얼 어떻게 하는지 자세히 알아보면 대단하다고 생각하게 될 거예요!

기후 변화

쇠똥구리는 탄소가 풍부한 똥을 파헤쳐 땅으로 돌려보냄으로써 온실가스 배출을 줄이는 훌륭한 곤충이에요.

쇠똥구리는 어디서 볼 수 있을까?

남극을 제외한 전 세계 모든 대륙에 살고 있어요.

쇠똥구리는 얼마나 클까?

세상에서 가장 큰 쇠똥구리는 코끼리 똥을 먹고 사는데, 거의 우리 손바닥만 한 크기예요. 가장 작은 쇠똥구리는 겨우 몇 밀리미터밖에 되지 않아요.

누구 똥을 먹을까?

▶ 쇠똥구리는 보통 초식 동물의 똥을 즐겨 먹지만, 몇몇 종은 육식 동물 똥을 좋아해요. 아메리카 쇠똥구리 11종은 사람 똥을 가장 좋아하지요!

▶ 오스트레일리아 쇠똥구리 중 **온토파구스 파부스**는 웜뱃 똥을 즐겨 먹어요. 이 쇠똥구리는 웜뱃의 똥구멍 가까운 털에 달라붙어 있다가, 똥이 나오면 땅으로 떨어져서 갓 나온 신선한 똥 덩어리로 뛰어들지요. 그리고 맛있게 냠냠! 나무늘보나 원숭이 엉덩이에 달라붙어 있는 다른 쇠똥구리도 비슷하게 갓 나온 따끈따끈한 똥을 즐겨 먹어요.

쇠똥구리가 쓸모 있다고?

쇠똥구리는 똥을 굴림으로써 지구 환경에 매우 중요한 역할을 해요. 땅을 파헤쳐서 모아 온 똥을 두면 두 가지 효과가 생겨요. 먼저 땅속으로 공기가 스며들어 땅이 더 건강해지도록 해요. 게다가 영양이 풍부한 똥이 땅 위에서 그냥 굳어지지 않고 땅속으로 골고루 퍼지도록 해요. 똥이 땅속으로 섞여 들어가면 땅이 비옥해져서 식물이 잘 자랄 수 있지요. 식물을 기를 때 이따금 거름을 주는 건 그런 이유예요. 하지만 똥이 땅 위에 남아 있으면 별로 좋지 않아요. 파리나 기생충이 꼬이고, 식물 위에 있으면 햇볕과 신선한 공기를 가리니까요.

이런저런 쇠똥구리

쇠똥구리에는 크게 네 종이 있어요. 똥을 가지고 무얼 하느냐에 따라 네 가지 쇠똥구리를 구별할 수 있답니다.

❶ **파라코프리드**라는 '굴 파는 쇠똥구리'는 똥 더미 속으로 들어간 다음, 그 아래 흙으로 파고들어 굴을 파요. 똥 더미를 지나가면서 모은 똥을 땅굴에서 먹고, 그 똥에다 알을 낳기도 해요.

❷ **엔도코프리드**라는 '똥 속에 사는 쇠똥구리'는 똥 더미 속에서 돌아다니고, 똥을 먹으며 알을 낳아요.

❸ **텔레코프리드**라는 '똥 굴리는 쇠똥구리'는 똥 더미에 오래 머무르지 않아요. 한 덩어리를 떼어 내고 굴려서 큰 공으로 만든 다음, 조용하고 안전한 장소로 가져가요. 똥을 굴릴 때는 얼굴을 뒤로하고 뒷다리로 똥을 밀면서 나아가요.

❹ **클렙토코프리드**라는 '똥 도둑 쇠똥구리'는 몸집이 아주 작은데, '똥 굴리는 쇠똥구리'가 만들어 놓은 똥 공을 몰래 훔쳐 가지요.

빛을 향해 직진!

쇠똥구리는 똥 덩어리를 굴릴 때 방향을 틀지 않고 똑바로 나아가요. 방해물을 만나도 옆으로 돌아가지 않고, 가던 길 그대로 올라갔다 내려가는 거예요. 어떤 쇠똥구리는 햇빛이나 달빛, 별빛을 이용해서 방향을 잡아요. 이따금 똥 덩어리 위에 올라가서 춤을 추는 듯한 행동을 하는데, 사실은 하늘을 제대로 바라보면서 어느 방향으로 나아갈지 알아보려는 거예요.

공룡 똥도 먹었다!

7천만~8천만 년 전 공룡 똥 화석을 보면 그 안에 쇠똥구리가 굴을 파 놓은 흔적이 있어요.

왜 똥을 먹지?

하고많은 먹을거리 가운데 굳이 똥을 가장 즐겨 먹는다는 건 좀 이상해 보이긴 해요. 똥이란 기본적으로 누군가의 몸에 먹이의 좋은 영양분이 다 흡수되고 남은 것이니까요. 그런 걸 먹어서 쇠똥구리에게 무슨 도움이 될까요? 음, 동물들은 사실 먹이의 모든 영양분을 다 흡수하는 건 아니에요. 특히 단단해서 잘 분해되지 않는 먹이는 더욱 그렇지요. 따라서 똥에도 좋은 영양분이 많이 남아 있답니다.

플래너리 박사님의 탐험 수첩

몇 년 전에 오스트레일리아에서는 육식 동물의 똥을 깨끗이 치울 줄 아는 자그마한 쇠똥구리를 들여온 일이 있었어요. 시드니 거리 곳곳에 널린 개똥을 치우려는 계획이었지요. 쇠똥구리가 일하기 시작하자, 놀라운 광경이 펼쳐졌어요. 길을 걷다가 갑자기 개똥이 굴러가는 모습을 보게 되었으니까요. 맨 처음 그 모습을 보고 생각했어요. '내 눈이 어떻게 됐나? 똥이 저절로 움직일 리는 없잖아!' 하지만 진짜였지요! 똥 뒤에는 작은 쇠똥구리가 있었는데, 열심히 똥을 굴려서 흙이 있는 곳으로 가져가 묻으려고 애쓰고 있었어요. 이 계획은 결국 실패로 끝났답니다. 아마도 시드니의 기후가 그 쇠똥구리에게 잘 맞지 않아서였을 거예요. 하지만 잠깐이나마 시드니의 거리에서는 굴러다니는 똥을 구경할 수 있었지요.

똥과 함께하는 삶

쇠똥구리의 삶에서 일어나는 모든 일에는 똥이 함께해요. 짝을 찾고 새끼를 기르는 일도 마찬가지고요.

▶ '똥 굴리는 쇠똥구리' **텔레코프리드** 수컷은 좋아하는 암컷에게 커다란 똥 덩어리를 선물해요. 암컷은 관심이 있으면 똥 덩어리 위로 기어 올라가요. 그러면 수컷이 암컷을 태운 채 덩어리를 굴려서 아늑한 장소로 이동하고, 그곳에서 새 가족을 꾸린답니다.

▶ '굴 파는 쇠똥구리' **텔레코프리드**는 짝짓기하기 전에 굴을 만들어요. 보통 암컷이 굴을 파고, 그동안 짝이 될 수컷은 입구를 지키고 서서 굴 안으로 들어오려 하는 다른 수컷을 내쫓아요.

▶ 어떤 쇠똥구리는 똥 덩어리 안에 알을 낳은 다음, 자기 침과 똥을 꼭꼭 발라 두어요. 알에서 작은 애벌레가 깨어나면 똥을 먹으면서 길을 내어 똥 덩어리 밖으로 나오지요. 가장 좋아하는 음식이 가득 담긴 커다란 그릇 한가운데서 태어난 거나 마찬가지예요!

사냥하는 쇠똥구리

쇠똥구리 가운데 **델토칠룸 발굼** 같은 몇몇 종은 살아 있는 먹이를 사냥하기도 해요. 노래기를 쫓아가서 잡은 다음 머리부터 물어뜯으며 신나게 먹지요.

천하장사 쇠똥구리

쇠똥구리는 세상에 있는 모든 딱정벌레 가운데 가장 힘이 세요. 사실 몸무게에 비례해서 따지면 지구상에 있는 어떤 동물보다 힘이 세요. 사람도 포함해서 말이죠. 자그마한 딱정벌레가 코끼리나 코뿔소나 말보다 힘이 세다니, 말도 안 된다고요? 하지만 정말 그렇답니다. 뿔 달린 쇠똥구리 중 하나인 **온토파구스 타우루스**는 무게가 자기 몸의 1,100배도 넘는 똥을 굴릴 수 있어요. 그 정도로 자기 몸무게보다 훨씬 무거운 것을 움직일 수 있는 생물은 쇠똥구리 말고는 없답니다.

방울뱀

흔히들 뱀을 무서워하지만, 방울뱀에 관해서라면 두려워할 만한 점보다 신기하고 재미난 특징이 훨씬 더 많아요. 물론 방울뱀은 딸랑거리는 무서운 소리를 내고, 반사 신경이 엄청나게 빠르고, 날카로운 독니에 어마어마한 독을 품고 있어요. 그래도 방울뱀은 일부러 여러분을 해치지는 않는답니다! 사람을 먹을 수 없으므로, 사람이 자기를 위협한다고 여길 때가 아니면 물려고 들지 않아요. 방울뱀은 보기에도 매우 아름다워요. 화려한 색으로 된 비늘과 기하학적 무늬가 눈에 띄지요.

방울뱀
a rattlesnake

방울뱀 무리
a bed(knot) of rattlesnnakes

방울뱀은 어디서 볼 수 있을까?

방울뱀은 아메리카 대륙에 살아요. 미국의 애리조나주에 가장 다양한 방울뱀들이 살고 있지요.

뱀 목도리

가장 큰 방울뱀은 **동부다이아몬드방울뱀**이에요. 무게는 4.5kg이 넘고 길이는 거의 2.5m나 되지요. 이 뱀을 어깨에 두르면 머리와 꼬리 양 끝이 땅에 닿을 거예요!

방울뱀은 알을 낳을까?

새끼 방울뱀은 알에서 자라지만, 닭처럼 어미가 몸 밖으로 낳은 알에서 깨어나는 게 아니에요. 부화해서 세상에 나올 준비가 될 때까지 어미 몸 안에 머물러 있지요. 새끼 방울뱀은 얇은 보호막으로 둘러싸인 채 태어나요. 신선한 공기를 느끼려면 그 막을 뚫고 나와야 하지요.

경고 신호

방울뱀은 강한 독이 있지만, 먹잇감을 죽일 때 쓰려면 아껴 써야 해요. 따라서 위험한 침입자가 다가와도 그저 경고해서 쫓아 버리려 하고, 깨무는 것은 최후의 수단으로만 쓰지요.

▶ 뱀은 쉭쉭거리는 소리를 내어 다른 동물들에게 물러나라고 경고해요. 하지만 여러분도 맞서서 쉭쉭거려 봐야 소용없어요! 뱀은 공기를 통해 전달되는 소리를 듣지 못하고 땅이 울리는 진동을 감지해 상황을 파악하거든요. 여러분이 방울뱀의 영역을 지나가면서 경고하고 싶다면 발을 쿵쿵 울리면서 걸어가는 게 좋아요. 여러분이 너무 바짝 다가가서 방울뱀이 깜짝 놀라기 전에, 방울뱀에게 미리 누군가 오고 있는 걸 알고 스르륵 달아날 기회를 주는 거지요.

▶ 방울뱀 꼬리 끝부분은 움직일 때마다 서로 부딪쳐 달그락달그락 소리가 나는 느슨한 고리 여러 개로 이루어져 있어요. 이 부분은 케라틴으로 이루어져 있는데, 바로 우리의 머리카락이나 손톱을 이루는 단백질과 같은 성분이에요. 하지만 그보다는 사람 척추뼈가 층층이 쌓여 있는 모양과 더 비슷해 보이죠. 이 조각들은 귀에 거슬리는 또렷한 달그락 소리를 내요. 벌떼가 거세게 윙윙거리는 소리 같기도 하고요. 어떤 방울뱀 종은 꼬리를 1초에 50번 넘게 흔들 수 있답니다.

산 채로 꿀꺽!

방울뱀은 쥐, 새, 다람쥐, 도마뱀을 먹고, 심지어 다른 뱀도 잡아먹어요. 먹이를 사로잡는 여러 가지 영리한 사냥 기술을 갖고 있지요.

▶ 방울뱀은 예민한 혀로 주변 공기를 느껴서 근처에 먹이가 있는지 흔적을 찾아내곤 해요.

▶ 방울뱀은 어두운 곳에서도 쉽게 사냥할 수 있어요. 눈 아래쪽 움푹 파인 부분으로 열을 매우 민감하게 감지할 수 있어요. 따뜻한 체온을 지닌 먹이가 지나가면 금세 알아차리지요.

▶ 방울뱀은 먹이를 쫓아가기도 하지만 매복 기술로 사냥하기도 해요. 꼼짝하지 않고 가만히 기다리다가, 먹잇감이 아무 의심도 하지 않고 가까이 다가오면 갑자기 덮치는 거지요. 몸은 가만히 있고 천천히 꼬리 끝을 미끼처럼 씰룩거려서 먹잇감을 유인하기도 해요.

▶ 방울뱀 중에는 먹이를 산 채로 삼키는 경우가 많아요. 먼저 독으로 마비시켜서 먹이를 삼킬 때 꿈틀거리지 않도록 하지요.

▶ 먹이를 통째로 삼키는 것은 좀 힘겨운 일이에요. 그러고 나면 소화하는 데 며칠씩 걸리지요. 다 자란 방울뱀은 두어 주에 한 번만 먹고도 살 수 있어요.

죽음의 깨물기

▶ 방울뱀은 날카롭고 속이 빈 송곳니로 먹이를 깨물어서 독을 퍼뜨려요. 이 송곳니는 문에 달린 경첩처럼 접히는 구조로 되어 있어서, 문을 여닫듯이 입 안으로 접어 넣었다가 필요할 때 밖으로 꺼낼 수 있어요.

▶ 방울뱀은 먹이를 덮칠 준비가 되면 머리를 빳빳이 세우고 용수철처럼 몸을 돌돌 말아요. 온몸의 힘을 집중하는 동시에 더 크고 무섭게 보이려는 거예요.

▶ 방울뱀은 심지어 죽은 뒤에도 위험할 수 있어요. 물려는 본능이 곧바로 사라지지 않고 남아 있거든요. 죽은 지 몇 시간이 지나고도 너무 가까이 다가가면 깨물어서 독을 넣을 수 있어요. 머리만 잘려 나간 상태일 때도요!

▶ 방울뱀 독은 근육이나 피부 같은 몸 일부를 썩게 해요. 또 몸속에서 출혈을 일으키고 피가 멎기 어렵게 해요. 방울뱀에게 물리면 많이 아프고 의사에게 치료받아야 하지만, 다행히 목숨까지 잃을 만큼은 아니에요.

플래너리 박사님의 탐험 수첩

파푸아뉴기니에서 연구 여행을 할 때 엄청나게 커다란 뱀을 가까이서 본 적이 있어요. 섬에서 다른 지역으로 이동하려고 작은 비행기를 타려던 중이었는데, 그때 현지인 몇 명이 어마어마하게 큰 상자를 가지고 왔어요. 철망으로 된 상자 덮개 안쪽을 슬쩍 들여다보니, 지금까지 본 것 중에 가장 커다란 뱀이 있었어요! 이름은 **볼린 비단구렁이**로, 산에 사는 희귀한 뱀이었지요. 이 뱀은 몹시 짜증이 난 상태였어요. 어느 순간에는 상자 덮개에 부딪치며 독니로 철망을 깨물기도 했어요. 뱀을 비행기에 태우고 데려가면서 제대로 관찰하고 싶었지만, 상자가 너무 커서 작은 비행기에는 실을 수 없었지요. 길이가 3m나 되는 이 사나운 뱀을 데려가려면 자루 같은 데다 욱여넣어야 했어요. 그렇게 하기도 쉽지 않았고요! 내가 뱀을 들어 올리자 온몸을 심하게 비틀어 댔어요. 똬리를 튼 두툼한 몸으로 나를 감싸면서 팔다리를 꼼짝달싹 못 하게 만들었지요. 난 이제 끝장이구나 생각했는데, 다행히 친구 켄이 도와줘서 무사히 자루에다 뱀을 집어넣을 수 있었어요. 비행기 조종사는 자루 속에서 꿈틀거리는 게 무엇인지 알고는 무척 맘에 안 들어 했어요. 결국 켄이 이동하는 내내 뱀 자루를 무릎 위에 올려 두는 조건으로 비행기에 태울 수 있도록 허락해 주었답니다!

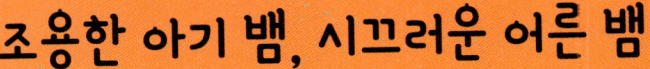

조용한 아기 뱀, 시끄러운 어른 뱀

방울뱀은 자라면서 피부가 매우 딱딱해져요. 여러분이 성장기를 거칠 때 여러 번 새 옷을 사야 하는 것처럼, 방울뱀도 여러 번 오래된 피부인 허물을 벗고 새 피부로 갈아입어요. 방울뱀은 허물을 벗을 때마다 꼬리 끝에 고리가 하나씩 늘어나요! 그래서 갓 태어난 방울뱀은 어른 뱀처럼 소리를 낼 수 없어요. 아직 허물을 벗은 적이 없으므로, 소리 내는 고리가 생겨나지 않은 거예요. 처음에는 꼬리 끝에 단추라고 하는 작은 혹 하나만 달려 있답니다.

씨름의 달인

수컷 방울뱀은 딱 맞는 짝을 찾기 위해 엄청난 노력을 기울여요. 아주 먼 거리를 이동할 뿐만 아니라, 다른 수컷과 경쟁하고 때로는 씨름도 해요. 팔과 다리가 없는 동물이 어떻게 씨름을 할지 궁금하겠지만, 방울뱀은 씨름의 달인이랍니다! 구불구불한 몸을 서로 휘감아서 꾹꾹 쥐어짜고 비틀어요. 싸움에서 진 약한 쪽이 멀리 달아날 때까지 그렇게 싸우지요.

왕도마뱀

도마뱀 하면 손바닥보다 작은 파충류를 떠올리기 마련이지만, 왕도마뱀은 이름처럼 크기가 어마어마해요. 그중 **코모도왕도마뱀**은 몸길이가 무려 3m에 이르는 무시무시한 녀석이지요. 영어 이름은 '모니터 도마뱀'인데, 위험이 다가오는지 지켜본다는 뜻이 담겨 있어요. 이 똑똑한 냉혈 도마뱀은 여러모로 놀라운 특징이 많답니다! 달리고, 땅을 파고, 헤엄치고, 나무를 기어오를 수 있어요. 이 모든 걸 깜짝 놀랄 만큼 잘해 내고요. 그 밖에도 엄청난 식성이나 적당하게 독이 든 침을 비롯해서 이름처럼 관심을 갖고 '지켜볼' 만한 특징이 아주 많은 동물이랍니다!

왕도마뱀은 어디서 볼 수 있을까?

왕도마뱀은 아프리카와 아시아, 오스트레일리아 일부 지역의 토박이 동물이며, 나중에 몇몇 종이 아메리카 대륙에 들어가 살게 되었어요.

사막과 초원에 사는 동물 • 왕도마뱀

왕도마뱀
a monitor (lizard)

왕도마뱀 무리
a bank of monitors

사람을 먹는 도마뱀?

왕도마뱀에는 여러 종류가 있어요. 저마다 즐겨 먹는 음식도 각각 다르지요.

▶ 왕도마뱀의 먹이는 작은 거미와 곤충부터 물소 같은 커다란 먹이까지 매우 다양해요.

▶ 어떤 왕도마뱀은 식물도 곁들여 먹지만, 보통은 고기를 주로 먹어요. 다만 **시에라마드레숲왕도마뱀**은 좀 달라요. 몇 가지 특이한 곤충 말고는 거의 열매만 먹고 살지요.

▶ 왕도마뱀은 달팽이와 알을 맛있게 먹어요. 튼튼한 이빨로 문제없이 껍데기를 깨뜨릴 수 있지요. 귀찮게 껍데기를 뱉어 내지도 않아요. 끈적끈적하게 뒤엉킨 것을 그냥 삼켜 버리지요!

▶ 먹이를 통째로 삼키는 왕도마뱀도 많아요. 턱이 경첩 구조로 되어 있어서, 커다란 동물을 삼킬 때 입을 쩍 벌릴 수 있지요. 지나치게 큰 먹이가 있으면 덩어리로 뜯어내어 삼키기도 해요.

▶ 왕도마뱀끼리 서로 잡아먹는 일이 종종 벌어지곤 해요. 보통 자기보다 작은 왕도마뱀을 노리지만, 더 커다란 도마뱀을 쫓는 무모한 녀석도 가끔 있어요.

▶ **코모도왕도마뱀**은 거대한 위와 그에 걸맞은 엄청난 식욕이 있어요. 한 끼에 자기 몸무게의 80%에 이르는 먹이를 먹을 수 있지요. 따라서 이들은 돼지나 물소, 염소, 사슴처럼 커다란 먹이를 쫓아다녀요. 심지어 사람도 잘못 걸리면 잡아먹힐 수 있어요!

둥지 좀 빌려도 될까?

사바나왕도마뱀, **퍼렌티도마뱀**, **나일왕도마뱀** 같은 여러 왕도마뱀이 흰개미 둥지 한가운데에 알을 낳아요! 어미 왕도마뱀은 흰개미 둥지를 파서 그 속에 알을 낳고는, 윗부분을 다시 덮지드 않아요. 뒷일은 흰개미가 맡지요. 흰개미는 왕도마뱀알을 해치지 않아요. 알을 둘러싸고 온갖 활동이 이루어지면서 따뜻하게 유지되지요.
코모도왕도마뱀은 주변에 수컷이 없으면 암컷 혼자서 알을 수정시킬 수 있어요. 여기서 건강한 새끼 도마뱀이 깨어나고요. 신기하게도 아버지 없이 태어나는 새끼들은 모두 수컷이 된답니다.

뛰어난 수영 선수

왕도마뱀은 모두 헤엄을 잘 쳐요. 육지에 사는 왕도마뱀도 마찬가지예요. 헤엄치는 동안 물이 들어가지 않도록 콧구멍을 막을 수 있는 왕도마뱀도 많아요. 물속에 들어가 강바닥을 걸을 수도 있고요.

여기 있을래!

가시꼬리왕도마뱀은 포식자가 괴롭힐 때면 꼬리를 바위 속에 넣어 자기 몸을 고정해요. 그러면 어디로도 데려갈 수 없지요!

플래너리 박사님의 탐험 수첩

내 친구 존은 어렸을 적에 가톨릭 남학교에 다녔어요. '형제님'이라고 불리는 선생님들은 모두 검은 사제복을 입고 다녔다고 해요. 선생님 중 한 분이 학생들을 숲에 데려가길 좋아했는데, 그러다 종종 길을 잃곤 했어요. 어느 날, 존과 학교 친구들이 이 나이 많은 선생님과 함께 또다시 숲에서 길을 잃었어요. 선생님은 가만히 서서 혼잣말하면서 주차장이 어느 쪽인지 알아내려고 애쓰고 있었어요. 그때 큼지막한 왕도마뱀이 선생님에게 달려들어서 검은 사제복을 기어오르더니 머리 위에 올라앉았어요! 이 왕도마뱀이 선생님을 불타고 남은 나무 그루터기로 착각했나 봐요. 아이들은 무서워해야 할지 웃어야 할지 몰라 우물쭈물했어요. 선생님은 다치진 않았지만, 진짜 우스꽝스러워 보였을 거예요!

왕도마뱀은 얼마나 클까?

왕도마뱀은 가장 큰 종과 작은 종의 크기 차이가 매우 커요. 육지 동물 가운데 크기가 가장 다양하지요. 가장 큰 왕도마뱀 가운데 하나인 **코모도왕도마뱀**은 몸길이가 3m에 이르러요. 무게도 지구상에 있는 도마뱀 가운데 가장 무거워서 150kg이나 나가요. **악어왕도마뱀**은 코모도왕도마뱀보다 더 길어요. 몸길이가 무려 5m나 되지만, 무게는 훨씬 가볍지요. **피그미왕도마뱀**이 가장 작은데, 그중에 어떤 종은 20cm까지밖에 자라지 않아요. 볼링 핀 높이의 겨우 절반 정도지요. 무게도 20g 아래로, 생쥐보다도 가볍답니다.

우당탕탕 싸우자

왕도마뱀은 주위를 잘 살피려고 뒷다리를 딛고 서 있곤 해요. 상대에게 겁을 주거나 싸우려고 할 때도 이렇게 사람처럼 서 있지요. 왕도마뱀 두 마리가 몸싸움을 벌일 때면 뒷다리로 우뚝 일어서서 앞다리로 감싸 안는 모습이 마치 서로 포옹해 주는 것처럼 보여요. 하지만 속지 마세요! 서로 힘겨루기를 하는 거랍니다. 그렇게 껴안고 있다가 씨름하듯이 넘어뜨리거나 턱을 쳐서 서로 심각한 부상을 입히곤 해요.

새 옷으로 갈아입자

왕도마뱀은 다른 파충류보다 훨씬 더 크지만, 탈피를 거치는 건 마찬가지예요. 새 피부층이 만들어지면 오래된 허물을 벗는 거지요. 길을 가다 우연히 엄청나게 크고 텅 빈 왕도마뱀 허물을 마주친다고 생각해 보세요. 여러분이 안에 들어갈 수 있을 만큼 충분히 크겠죠!

사막과 초원에 사는 동물 • 왕도마뱀

뛰어난 사냥꾼

왕도마뱀은 뛰어난 사냥꾼이에요. 힘과 속도, 추적 능력이 모두 탁월하지요. 아, 게다가 독이 든 침도 있네요.

▶ 조금 작은 왕도마뱀도 팔다리가 매우 튼튼한데, **코모도왕도마뱀** 같은 커다란 종은 말할 것도 없지요. 온몸이 묵직한 근육질로 되어 있고, 아무도 꼼짝 못 하게 할 만큼 커다란 꼬리가 있어요.

▶ 왕도마뱀 혀는 뱀 혀처럼 갈라져 있어요. 이 혀를 날름거리면서 공중에서, 땅에서, 물속에서 먹잇감의 흔적을 찾을 수 있지요.

▶ 삐죽 튀어나온 송곳니를 뽐내는 뱀과 달리, 왕도마뱀은 날카로운 톱니 모양 이빨이 줄지어 나 있어요. 이 이빨로 먹이의 살을 뜯어내며 큰 상처를 입힐 수 있지요.

▶ 왕도마뱀은 모두 침에 독을 지니고 있지만, 대부분 사람이 즉사할 만큼 세지는 않아요. 감염과 통증을 일으킬 뿐이지요. 왕도마뱀 독은 먹잇감의 혈압을 낮추고 피가 굳어지지 않게 해서 빠른 속도로 출혈을 일으켜요. 그렇게 해서 왕도마뱀이 물어서 벌어진 상처를 통해 피가 빠르게 쏟아져 나오지요. 만약에 누군가 왕도마뱀에게 물려서 죽는다면, 이것은 독 때문에 죽었다기보다 지나친 출혈이 직접적인 사망 원인이 된답니다.

▶ **나일왕도마뱀** 같은 몇몇 왕도마뱀은 때때로 여럿이 함께 힘을 모아 악어를 비롯한 다른 동물의 둥지에서 알을 훔치기도 해요. 한 마리는 바람잡이 노릇을 하면서 어미를 둥지에서 멀리 떨어뜨려 놓아요. 그러는 동안 다른 왕도마뱀이 둥지를 공격하지요. 바람잡이 왕도마뱀도 몰래 돌아와서 동업자와 함께 알을 훔쳐 가요.

▶ 먼 거리를 돌아다니며 적극적으로 사냥하는 왕도마뱀도 있지만, 커다란 왕도마뱀은 주로 조용히 숨어 있다가 덮치기를 좋아해요. 비늘로 뒤덮인 피부의 색과 무늬가 풀숲에 숨어 있기에 알맞아서, 가만히 기다렸다가 먹이가 다가오면 튀어나와 공격하지요.

낱말 사전

갑각류
게, 새우, 가재처럼 몸 바깥쪽이 갑옷처럼 단단한 껍질로 싸여 있는 동물을 아우르는 무리 이름이에요.

개충
군체를 이루는 낱낱의 개체를 말해요.

겨울잠
'동면'이라고도 하며, 동물이 활동을 중단하고 잠자는 것과 비슷한 상태로 춥고 먹이가 부족한 겨울을 나는 일을 말해요. 곤충, 개구리, 뱀 같은 동물이나 박쥐, 고슴도치, 다람쥐 같은 일부 포유류가 겨울잠을 자요.

경랍
고래의 머릿속에 있는 고래기름에서 얻은 고체로, '고래 왁스'라고도 해요. 양초나 연고, 화장품 등을 만드는 데 쓰였어요.

군체
같은 종류의 동물이나 식물 여럿이 모여 서로 의지하면서 마치 한 개체처럼 살아가는 무리를 말해요.

균류
살아가는 데 필요한 양분을 스스로 만드는 식물이나 다른 생물을 잡아먹고 사는 동물과 달리, 다른 생물에 기대어 사는 생물이에요. 버섯이나 곰팡이, 세균 들이 균류에 속해요.

기생충
어떤 동물에 붙어살면서 그 양분을 빨아 먹는 벌레를 말해요. 기생충은 숙주로 삼는 동물의 영양분을 빼앗아 감으로써 그 동물의 성장이나 건강에 나쁜 영향을 끼쳐요.

꽃가루받이
'수분'이라고도 하며, 종자식물의 수술에 있는 꽃가루(화분)가 암술머리에 옮겨 붙어 씨앗과 열매를 맺게 하는 일을 말해요. 한 그루의 식물 안에서 꽃가루가 암술머리에 전해지는 자가 수분이 있고, 꽃가루가 바람이나 곤충, 새 또는 사람 손에 의해 다른 식물로 멀리 옮겨지는 타가 수분이 있어요.

동종 포식
같은 종의 동물끼리 서로 잡아먹는 일을 말해요. 1,500종 넘는 동물이 동종 포식을 한다고 알려져 있어요. 피라냐처럼 먹이가 부족할 때만 동종 포식을 하는 동물이 있고, 코모도왕도마뱀처럼 아무 때나 동종 포식을 하는 동물이 있어요.

맹금류
매나 수리, 올빼미 등 감각이 예민하고 행동이 빠른 육식성 새 무리를 일컬어요.

무미목
양서류 가운데 개구리나 두꺼비, 맹꽁이 등을 아우르는 무리 이름으로, 올챙이 시절을 보내고 나면 꼬리가 사라져서 무미목이라는 이름이 붙었어요.

물질대사
생물이 살아 있도록 몸 안에서 이루어지는 여러 가지 화학 반응을 말해요. 주로 에너지를 만들고 사용하는 일과 관계가 있지요. 이를테면 동물 몸속에서는 물질대사를 통해 먹은 음식을 소화하여 에너지를 만들어 내고, 이 에너지를 이용해서 성장하거나 아픈 몸을 회복하기도 해요.

밀렵꾼
동물을 몰래 불법으로 사냥하거나 함부로 죽이는 사람들을 말해요.

반향 정위
동물이 스스로 소리를 내어 그것이 물체에 부딪쳐 되돌아온 소리, 즉 반향으로 물체의 위치를 알아내는 방법을 말해요. 돌고래, 고래, 박쥐 그리고 몇몇 새 들이 이 방법을 이용해서 사냥하거나 길을 찾아요.

발광 동물
몸에서 빛을 내는 동물을 일컬어요. 몸 안에서 일어나는 화학 반응으로 빛이 생겨나는데, 이 빛은 포식자를 겁주고 먹이나 짝을 찾는 데 도움을 주지요.

번식
생물의 개체 수가 늘어나고 널리 퍼져나가는 것을 말해요. 동물은 보통 짝짓기로 새끼를 낳아서 번식하고, 식물은 꽃가루받이와 열매 맺기, 씨 퍼뜨리기로 번식해요.

부압
대기의 압력보다 낮은 압력, 또는 외부와 압력 차이로 끌어당기는 힘이 생기는 상태를 말해요.

부화
동물의 알 속에서 새끼가 껍데기를 깨고 밖으로 나오는 일을 말해요.

산성화
물이나 땅에 산성도가 높아지는 것을 말해요. 대기 오염으로 생긴 이산화탄소가 바다에 녹아들어 산성화가 일어나면서 바닷속 생태계가 점점 파괴되고 있어요.

산소(O_2)
공기를 구성하는 기체로, 사람과 동물은 숨 쉬며 살아가는 데 산소가 꼭 필요해요. 산소를 들이마셔 영양분을 에너지로 바꾸는 데 이용한 다음, 그 과정에서 나온 이산화탄소를 배출하지요. 반대로 식물은 공기 중에 있는 이산화탄소를 빨아들여 광합성에 이용한 다음 산소를 배출해요. 이렇게 식물과 동물은 완벽한 공생 관계를 이루지요.

새끼집
짐승의 아기집. 어미 몸속에서 새끼가 자라는 기관을 말해요.

색소
동물의 피부 조직에 들어 있어 고유의 색을 띠게 하는 화학 물질이에요. 어떤 동물은 스스로 색소를 만들어 내고, 어떤 동물은 먹이에서 색소를 얻기도 해요.

생태계
식물과 동물을 비롯한 모든 생물, 그리고 물이나 땅, 공기 등 무생물 환경이 서로 영향을 주고받으며 균형을 이룬 체계를 말해요. 생태계를 이루는 생물의 종류와 수가 갑자기 변하지 않고 안정된 상태를 '생태계 평형'이라고 해요.

설치류
쥐나 다람쥐, 햄스터 같은 동물이 포함된 무리 이름이에요. 계속해서 자라는 날카로운 앞니가 특징이에요.

세균
눈에 보이지 않는 아주 작은 단세포 생물로, 사람과 동식물의 몸속이나 땅과 물, 공기 중 어디에나 살고 있어요. 병을 일으키는 세균도 있고, 우리에게 이로운 세균도 있어요.

수생 생물
주로 물속에서 살아가는 동물을 일컬어요.

야생 보호 구역
야생 보호 구역은 멸종 위기에 놓인 야생 동물이 밀렵 같은 사람들의 위협을 받지 않고 안전하게 살아갈 수 있도록 보호하는 장소예요. 제대로 된 보호 구역은 동물의 자연 서식지와 최대한 비슷하게 되어 있어요. 기후도 알맞고, 다양한 식물과 동물 종이 살고 있어야 하지요.

양서류
개구리나 두꺼비, 도롱뇽처럼 축축한 곳에서 살아가는 작은 척추동물이에요. 어릴 때는 아가미로 숨을 쉬면서 물에서 살고, 자라면 폐와 피부로 숨을 쉬면서 땅 위에서 살아서, 두 곳에서 산다는 뜻으로 양서류라고 해요.

애벌레
알에서 깨어난 뒤로 아직 다 자라지 않은 벌레로, 어른인 곤충과 전혀 다른 모습이에요. '유충'이라고도 해요.

영역
어떤 동물이 차지하고 살아가면서 다른 동물이 들어오지

못하게 막는 땅이나 물을 말해요.

영장류
여러 원숭이나 고릴라 같은 유인원, 그리고 사람까지 포함하는 무리 이름이에요. 손으로 물건을 잡을 수 있고, 뇌가 특히 발달했어요.

외골격
몇몇 동물의 몸을 감싸고 보호하는 단단한 껍데기로, 뼈대가 몸 밖에 있는 것을 말해요. 모든 곤충과 갑각류는 외골격이 있고, 거북 같은 동물은 외골격과 내골격 둘 다 있어요.

우두머리 암컷/수컷
동물 무리에서 가장 힘이 세고 무리를 이끄는 개체를 일컬어요. 동물에 따라 암컷이나 수컷 한 마리, 또는 암수 한 쌍이 함께 무리를 지배하기도 해요. 보통 이전에 무리를 지배하던 우두머리를 싸워 물리친 다음에 무리를 차지해요.

유대류
포유류에 속하는 한 무리로, 캥거루처럼 어미의 주머니에서 새끼를 키우는 동물을 말해요. 대부분 오스트레일리아와 남아메리카에 살고 있어요.

유인원
사람, 그리고 사람과 비슷한 특징이 많은 오랑우탄, 침팬지, 고릴라, 긴팔원숭이 등을 포함하는 무리 이름이에요.

유전자
세상에 있는 모든 생물이 각각의 특징을 지니도록 하는 물질이에요. 생물의 세포 안에 들어 있으며, 부모에게서 자식에게로 전해져요. 사람은 엄마 아빠의 유전자가 만나 겉모습과 여러 특징이 정해지지요.

육식 동물
고기를 주로 먹고 사는 동물을 말해요. 먹이를 잡기 위해 큰 입, 날카로운 이와 발톱을 지녔고, 후각이 예민한 편이에요.

이산화탄소(CO_2)
탄소 원자 하나(C)와 산소 원자 두 개(O_2)로 이루어진 화합물이에요. 이산화탄소는 온실가스로, 태양열을 지구 안에 가두어 지구 온도가 올라가도록 하는 주범이에요. 온실가스 때문에 생긴 지구 온난화와 기후 변화로 여러 동식물이 심각한 위기를 맞고 있어요.

자포동물
해파리, 말미잘, 산호 등이 포함된 무리 이름이에요. 부드러운 몸과 촉수가 있고, 촉수에는 톡 쏘는 '자포'라는 기관이 있어서 먹이를 잡거나 몸을 보호해요.

잔해
썩거나 타다가 남은 뼈를 이르는 말이에요.

잡식 동물
동물이든 식물이든 가리지 않고 다 먹는 동물을 말해요. 사람과 쥐, 개, 개미, 곰 등이 있어요.

저인망 어선
바다 밑바닥까지 드리운 쓰레그물로 깊은 바닷속 물고기를 잡는 고깃배를 말해요. 트롤선이라고도 해요.

적혈구
피는 고체인 혈구와 액체인 혈장으로 이루어져 있고, 혈구는 적혈구와 백혈구 및 혈소판으로 이루어져 있어요. 그중에 적혈구는 폐에서 산소를 흡수해서 온몸으로 나르는 일을 하지요.

점액
생물의 몸에서 나오는, 콧물처럼 끈적이는 액체를 말해요.

조류(藻類)
주로 물속에서 자라는 단순한 형태의 식물이에요. 식물성 플랑크톤처럼 아주 작은 것부터 미역이나 김 같은 해조류까지 매우 다양해요. 새 종류를 일컫는 조류(鳥類)와 구별해야 해요.

조숙성 조류
태어나자마자 금세 걷고 스스로 먹이를 찾을 수 있는 새를 말해요. 반대로 작고 털이 없으며 잘 움직이지 못하는 상태로 태어나는 새는 '만숙성 조류'라고 해요.

척추동물/무척추동물
지구상에 있는 수많은 동물을 분류할 때, 가장 큰 기준으로 척추, 즉 등뼈가 있는지 없는지에 따라 척추동물과 무척추동물로 나누어요. 척추동물은 몸 안에 등뼈가 있어서 몸집이 큰 편이고, 무척추동물은 끈적거리고 말랑한 몸을 지녔거나 외골격이 있어요.

천적
먹고 먹히는 관계에서 잡아먹는 동물, 즉 포식자를 이르는 말이에요. 뱀은 쥐의 천적이고, 무당벌레는 진딧물의 천적이에요.

초식 동물
나뭇잎, 열매, 풀 등 식물을 주로 먹고 사는 동물을 말해요.

촉수
해파리 같은 동물의 입 주위나 몸 앞쪽에 가늘고 길게 튀어나온 돌기를 말해요. 보통 끝부분에 감각기관이 있어요.

최상위 포식자
'포식자'는 다른 동물을 먹이로 하는 동물을 말하며, '최상위 포식자'는 먹이 사슬에서 가장 꼭대기에 있어서 이들을 잡아먹을 천적이 없는 동물을 말해요. 최상위 포식자는 건강하고 균형 잡힌 생태계를 유지하는 데 중요한 역할을 맡고 있어요.

케라틴
단단하고 섬유 모양으로 된 단백질로, 머리카락, 손발톱, 뿔, 발굽, 깃털 같은 몸의 부분을 이루는 물질이에요.

크릴새우
물속에 사는 작은 갑각류예요. 식물성 플랑크톤을 먹고 살며, 물고기와 고래, 바닷새 들의 먹이가 되지요.

탄소(C)
화학 원소 가운데 하나로, 식물과 동물을 이루는 가장 기본이 되는 구성 요소 가운데 하나예요.

탈피
뱀이나 곤충이 자라면서 허물이나 껍질을 벗는 것을 말해요.

퇴화
몸의 어떤 부분이 약해지거나 크기가 줄어드는 일을 말해요. 더는 쓸 일이 없거나, 영양이 부족하거나, 그 밖에 여러 이유로 퇴화가 이루어져요.

페로몬
동물, 특히 곤충 몸에서 나오는 호르몬으로, 같은 종의 동물과 의사소통하는 데 쓰여요. 페로몬을 이용해서 짝을 유혹하거나, 집 또는 먹이를 찾으러 가는 길을 표시하거나, 위험을 알리기도 해요.

펙틴
여러 동물의 몸속에서 찾아볼 수 있는 머리빗처럼 생긴 기관이에요. 털을 고르거나 먹은 음식을 거르는 데도 쓰이고, 전갈 같은 동물 몸에 있는 펙틴은 주변에 무엇이 있는지 아주 예민하게 느끼는 감각기관으로 쓰이지요.

포유류
젖을 먹여 새끼를 키우는 동물이에요. 몸에 털이 있고, 정온 동물이며, 턱과 이빨이 있어 먹이를 씹을 수 있는 척추 동물이에요. 추운 극지방, 물속, 하늘, 사막 등 다양한 환경에 널리 퍼져 살고 있어요.

폭식증
식욕이 늘어나 평소보다 훨씬 더 많이 먹게 되는 상태를 말해요. 겨울잠 자는 동물들은 그 직전에 폭식증 상태가 되곤 해요. 겨울잠을 자는 동안에는 아무것도 먹지 않으니까요.

플랑크톤
물의 흐름에 따라 물속을 둥둥 떠다니는 작은 생물을 아울러 이르는 말이에요. 크게 식물성 플랑크톤과 동물성 플랑크톤으로 나뉘지요. 고래를 비롯한 수많은 동물의 먹이가 되어 줄 뿐만 아니라, 지구의 산소를 절반 넘게 만들어 내기도 하는 소중한 생물이랍니다.

호르몬
동식물의 몸 안에서 생겨나는 화학 물질이에요. 식물에서는 꽃이 피고 열매를 맺으며 성장할 수 있게 돕고, 동물에서는 온몸의 여러 기관이 필요한 일을 하도록 자극해요. 자라고, 잠자고, 체온을 조절하는 등 다양한 일에 영향을 미치지요.

환경 오염
해로운 물질로 주변 환경이 더럽혀지는 일을 말해요. 세 가지 주된 환경 오염으로 수질 오염, 대기 오염, 토양 오염을 들 수 있어요. 오염 물질로는 바다를 더럽히는 미세 플라스틱, 대기 중에 배출되는 온실가스, 농업에 사용되는 농약과 살충제 들이 있어요.

찾아보기

ㄱ

가시꼬리왕도마뱀 242
가위개미 183
갈라고 170, 179
갈색벌새 116
갈색사다새 111
감투해파리 18
강돌고래 34, 35, 38
개구리 24~27
개미 182~187
개미잡이 120, 123
거미 134~139
거미게 53
거미원숭이 176, 179
거북 68~71

검독수리 95
검목상어 41
검은가면올빼미 106
검은과부거미 135
검은코뿔소 203, 205
게 52~55
게거미 135
경보해파리 20
고깔머리귀상어 45
고깔해파리 18, 73
고래 28~33
고래상어 40, 41, 44
고롱고사피그미카멜레온 151
고릴라 170, 171, 174, 175
고양이고래 34
골리앗개구리 25

곰 140~145
공작거미 136
관해파리 18
괴물거미 137
굿펠로우나무타기캥거루 128, 129
귀신고래 28
그래넬돈 보레오파시피카 74
그리닝개구리 27
그린랜드상어 41, 42
기린 214~217
긴귀박쥐 87
긴부리돌고래 36
긴수염고래 29
긴팔원숭이 171, 179
긴꼬리수달 47

깔때기그물거미 137, 139
꼬리감기원숭이 175, 179
꼬리박각시 89
꼬마코끼리 198
꽃모자해파리 17

ㄴ

나그네앨버트로스 82
나무거북 69
나무늘보 156~159
나무타기캥거루 126~129
나방 88~91
나일악어 61
나일왕도마뱀 241, 243
낙타 226~227
날여우 86, 109
남방긴수염고래 31
남부흰코뿔소 205
남아메리카수달 47
내륙민물게 54
노란이스라엘전갈 197
노랑부리소등쪼기새 119
눈표범 164
느림보곰 142~144
늑대 166~169
늪악어 63

ㄷ

다약과일박쥐 86

다윈박각시 89
다이아나원숭이 177
다이어울프 167
단봉낙타 226, 227
달걀프라이해파리 17, 73
달마시안사다새(사다새) 113
담요문어 73
대나무딱따구리 121
대나무여우원숭이 174
대롱니쥐 160~161
대왕고래 29, 31, 32, 33
대왕문어 77
데스만 131
데스스토커 197
델토칠룸 발굼 235
도토리딱따구리 121
독수리 96~99
돌고래 34~39
돌묵상어 43
동굴곰 145
동굴사자 221
동부다이아몬드방울뱀 237
동부얼룩스컹크 155
돼지코스컹크 153~155
두꺼비 24~27
두루미 102~105
두발가락나무늘보 156~159
둥근귀코끼리 198, 199
뒤영벌박쥐 86
드라큘라개미 185
디카리잎카멜레온 150

딩기소 127~129
딱따구리 120~123
땅굴올빼미 107, 109
땅늘보 109, 158
땅카멜레온 150

ㄹ

라보드카멜레온 149
라켓꼬리털부츠벌새 116
렙타닐라개미 186, 187
로드러너 222~225
로리스 171, 179
로켓개구리 25
루펠독수리 99

ㅁ

마스토돈 198
마운틴고릴라 173, 177
마타마타거북 69
말벌나방 91
망치문어 75
매치나무타기캥거루 129
맥 202
맨드릴개코원숭이 171, 173
메갈로돈 7, 40
메리강거북 70
모래뱀상어 45
목수개미 184
목축개미 183

못난이돌고래 37, 38
몽구스여우원숭이 174
무당뿔개구리 25
문어 72~77
물고기올빼미 107
물까치라켓벌새 116
물해파리 19
미어캣 228~231
미크로티튀스 미니무스 194

바기라 키플링기 135
바다늑대 166, 168
바다수달 47
바다전갈 195
바바리마카크 170
바실리스크 146~147
바실리스크이구아나 146
바위왈라비 127
박각시 91
박쥐 84~87
반달가슴곰 142, 143
방울뱀 236~239
배얼룩하늘나방 91
백두루미 103
백상아리 31, 41, 44
벌거숭이두더지쥐 206~209
벌머과일박쥐 86
벌새 114~117
범고래 34, 38, 39

벚나무모시나방 89
베네수엘라자갈두꺼비 25
벨루가 32
별코두더지 130~133
병정게 53
보노보 171, 172, 177, 178
복어 50~51
볼린비단구렁이 239
부르난큰돌고래 38
부채머리수리 94
북극고래 29, 30, 32
북극곰 41, 141~145
북극늑대 166, 168, 169
북부흰코뿔소 205
북아메리카수달 47
분홍사다새 111
불곰 140, 142, 144, 145
붉은늑대 166
붉은머리재두루미 103
붉은목벌새 116, 117
붉은목여우원숭이 174
붉은배피라냐 22, 23
붉은부리소등쪼기새 119
붉은참새부엉이 109
붉은콜로부스 174
브라자원숭이 173
브라질큰귀박쥐 84
브루케시아 미크라 150
비단수달 47
빨간눈청개구리 26
뿔과일박쥐 87

뿔상어 45
뿔올빼미 108, 109
뿔잎카멜레온 151

ㅅ

사다리줄무늬딱따구리 121
사다새 110~113
사르코수쿠스 61
사막여우 188~189
사바나왕도마뱀 241
사자 218~221
사자갈기해파리 17
사향거북 69
산청개구리 26
살찐꼬리애기여우원숭이 176
상어 40~45
상자해파리 18, 21
서부얼룩스컹크 153
성게게 53
세띠아르마딜로 191
세리나무타기캥거루 127
세발가락나무늘보 156~159
소등쪼기새 118~119
속살이게 53
솜털모자타마린 172
쇠똥구리 232~235
쇠부리딱따구리 122
쇠올빼미 106, 109
쇠향고래 32
수달 46~49

수리 92~95
수리부엉이 106
수마트라코뿔소 203~205
수마트라호랑이 163
수염고래 29
스컹크 152~155
스컹크오소리 152, 154
스코트나무타기캥거루 127
시베리아호랑이 163, 164
시에라마드레숲왕도마뱀 241
쌍봉낙타 226, 227

ㅇ

아르마딜로 190~193
아마존강돌고래 38
아마존수달 47
아메리카사자 221
아메리카악어 63
아메리카큰곰 142
아메리카흰두루미 103, 104
아시아대왕자라 69
아시아사자 218~221
아시아코끼리 198~200
아이아이원숭이 171, 172, 174
아카이우스게 52
아키스거미 137
아틀라스나방 90
아프리카물수리 94
아프리카민발톱수달 47
아프리카사자 218~221

아프리카숲청개구리 25
아프리카코끼리 44, 198~200
아홉띠아르마딜로 190~192
악마개구리 27
악상어 44
악어 60~63
악어거북 69
악어왕도마뱀 242
안경곰 141, 142, 144
안경원숭이 170, 171, 174, 176
안나벌새 116
안데스독수리 99
안데스딱따구리 121
알락꼬리여우원숭이 172, 177, 178
알락돌고래 36
애기딱따구리 122
애기랜턴상어 44
애기복어 50, 51
애기아르마딜로 191~193
애기악어 61
애기해마 57
앨버트로스 80~83
야생쌍봉낙타 226, 227
야자대머리수리 97
야자집게 55
양털매머드 198
얼룩목수달 47
얼룩무늬케이프거북 71
얼룩스컹크 154, 155
에니날여우 86

에뮤 212~213
에티오피아늑대 168
여섯눈모래거미 137
여섯줄아가미상어 45
여우원숭이 170, 171, 173~176, 178, 179
엽낭게 53
영장류 170~179
오랑우탄 170, 171, 173, 176, 178
오르니메갈로닉스 109
오리너구리 64~67
오브두로돈 타랄쿠스킬드 65
오스트레일리아사다새 111, 112
오스트레일리아혹등돌고래 38
오스트레일리아흰점해파리 21
온두라스흰박쥐 87
온토파구스 타우루스 235
온토파구스 파부스 233
올가미턱거미 137
올빼미 106~109
왕거미 139
왕도마뱀 240~243
외뿔고래 29
우는긴털아르마딜로 191
원숭이올빼미 106, 109
월피문어 77
웨이만케 127
윔플피라냐 23
유라시아수달 47
유리개구리 25

융단상어 43
은무늬박쥐나방 91
이끼개구리 25
이루칸지해파리 17~19
이빨고래 29
이집트대머리수리 97, 99
인도대왕검은숲전갈 194
인도사자 221
인도악어 61
인도코뿔소 203, 205
인도호랑이 164, 165
인드리코테리움 202
일본원숭이 174, 178
일본피그미해마 58
잎코박쥐 87

자바코뿔소 203, 205
자이언트벌새 117
작은로드러너 222, 223
작은발톱수달 47, 49
작은악마개구리 25
장수거북 69, 71
장식나방 90
재주나방 91
잭슨카멜레온 149
전갈 194~197
조개치레 55
좀비개미 184
좀비해파리 16, 19

주름상어 45
주름얼굴박쥐 87
주머니긴팔원숭이 171
줄무늬복어 50
줄무늬스컹크 154
줄무늬주머니쥐 154
쥐여우원숭이 174, 178
즙빨기딱따구리 120~122
진환도상어 41
짖는원숭이 177

참고래 33
참나무산누에나방 89
참문어 73
참수리 93, 95, 112
창코박쥐 87
청게 55
청상아리 44
초원딱따구리 121
총알개미 186
칠면조독수리 98
침개미 187
침팬지 170, 171, 174~178

카니 마란잔두 55
카멜레온 148~151
칼리오페벌새 116

캐나다두루미 103, 105
캘리포니아해달 47
코끼리 198~201
코모도왕도마뱀 240~243
코뿔소 202~205
코스타벌새 116
코주부원숭이 174, 176, 178
코코넛개미 187
코코넛문어 75
콜로봅시스 엑스플로덴스 187
콜리플라워해파리 17
콧물해파리 17
콩고민발톱수달 47
콩벌새 117
쿠바큰눈귀신소쩍새 109
크낙새 120
크리스마스섬홍게 54
크산토판박각시 89
큰강수달 47
큰귀박쥐 86
큰돌고래 35, 37~39
큰뗏목거미 137
큰로드러너 222, 223
큰머리거북 71
큰문짝거미 139
큰배해마 58
큰수달 47, 49
큰수염수리 97
큰아르마딜로 192, 193
큰회색딱따구리 122

타마린 179
타파눌리오랑우탄 170
탈박각시 90
태양곰 141~144
털코뿔소 204, 221
털코수달 47
테디베어게 52
텐킬레 127
투명날개양털박쥐 87

파란고리문어 77
파슨카멜레온 150
파키세투스 31
판다 141~144
퍼렌티도마뱀 241
페도프리네 아마우엔시스 25
폼폼게 54
푸른눈검은여우원숭이 173
푸른목벌새 116
프랑수아랑구르 179
피그미나방 90
피그미마모셋 173
피그미세발가락나무늘보 157
피그미얼룩스컹크 153
피그미왕도마뱀 242
피그미하마 210
피그미해마 58

피라냐 22~23
피츠로이강거북 69
피파두꺼비 26
필리핀독수리 93
필리핀안경원숭이 176

하마 210~211
하스트수리 95
해골박각시 90
해달 46~49
해마 56~59
해파리 16~21
향고래 29, 30, 32, 33
호랑이 162~165
호아친 100~101
혹등고래 29, 32, 33
혹등돌고래 35
황금독화살개구리 27
황금두꺼비 26
황금들창코원숭이 172
황금사자타마린 173
황금이마딱따구리 121
황금해파리 20
황소상어 43
황제타마린 173
회색관두루미 103, 105
회색늑대(늑대) 166~168
흉내문어 75
흡혈나방 89

흡혈박쥐 84, 85
흰고래 30, 32
흰꼬리수리 93
흰등줄스컹크 154
흰머리수리 82, 92~95
흰문어 73
흰숲요정나방 91
흰얼굴사키원숭이 173
흰점복어 51
흰코뿔소 202, 203, 205
힐라딱따구리 121
힘센올빼미 109

감사의 말

이 책을 쓰도록 제안한 제인 노백과 하디 그랜트 에그몬트 출판사의 멋진 팀, 특히 엘라 미브에게 감사드립니다. 이분들의 노고가 없었다면 이 책은 세상의 빛을 보지 못했을 거예요. 뛰어난 일러스트레이션을 선보인 샘 콜드웰, 그리고 훌륭한 디자인 작업으로 책을 완성한 푸자 드사이와 크리스티 룬드화이트에게도 감사드립니다. 이 책을 쓰느라 함께하지 못한 시간을 잘 견뎌 준 아내 케이트 홀든과 아들 콜비에게도 깊은 감사를 보냅니다. 크리스 헬겐과 루이지 보이타니를 비롯해 여러 동물학자 동료들이 책을 쓰는 데 큰 도움을 주었습니다. 모두에게 감사 인사를 전합니다.

팀 플래너리

추천의 글

오랫동안 여러 어린이책의 감수를 맡아 왔지만, 탐험가이자 동물학자, 환경 운동가 팀 플래너리 교수가 어린이를 위해 쓴 이 두툼한 책에는 또 다른 즐거움이 있었습니다. 바로 저자가 오랜 세월 오지를 탐험하며 만난 동물들의 생생한 이야기가 담겨 있다는 점이지요. 책을 읽다 보면 당장 파푸아 뉴기니의 고산 지대로 달려가 수줍은 나무타기캥거루와 만나고, 험한 바다를 유유히 날아다니는 앨버트로스를 보러 가고픈 충동이 듭니다. 여러분도 이 책을 통해 우리나라와 전 세계의 다양한 동물들에 좀 더 관심을 가지기를, 그리고 이 아름답고 풍부한 자연을 아끼고 보호하는 마음을 갖게 되기를 바랍니다.

박시룡(동물학자, 한국교원대학교 명예교수)

팀 플래너리 박사님이 들려주는
신기한 동물 이야기

동물 세계 대탐험

초판 1쇄 인쇄 2021년 8월 30일 | 초판 1쇄 발행 2021년 9월 10일
글 팀 플래너리 | **그림** 샘 콜드웰 | **옮김** 최현경 | **감수** 박시룡 | **편집** 김은정 | **디자인** 손은영
펴낸곳 별숲 | **펴낸이** 방일권 | **출판신고** 2010년 6월 17일 | **주소** 경기도 파주시 광인사길 68, 403호
전화 031-945-7980 | **팩스** 02-6209-7980 | **전자우편** everlys@naver.com

ISBN 979-11-91204-75-9   76490

- 이 책 내용의 전부 또는 일부를 사용하려면 반드시 저작권자와 별숲 양측의 서면 동의를 받아야 합니다.
- 책값은 뒤표지에 표시되어 있습니다.
- 잘못된 책은 바꾸어 드립니다.
- 문학의 감동과 즐거움이 가득한 별숲 카페로 초대합니다.(http://cafe.naver.com/byeolsoop)

Original Title: Explore Your World: Weird, Wild, Amazing!
Text copyright © 2019 Tim Flannery
Illustrations copyright © 2019 Sam Caldwell
Design copyright © 2019 Hardie Grant Egmont
First published in Australia by Hardie Grant Egmont

Korean translation copyright © 2021 Byeolsoop Publishing
Published in the Korean language by arrangement with Hardie Grant Egmont PTY. LTD. through Icarias Agency.

이 책의 한국어판 저작권은 Icarias Agency를 통해 Hardie Grant Egmont PTY. LTD.와 독점 계약한 별숲에 있습니다.
저작권법에 의하여 한국 내에서 보호를 받는 저작물이므로 무단전재와 복제를 금합니다.